建筑设计子结构精细化分析
——基于SAP2000 的有限元求解

康永君　张晋芳　编著

中国建筑工业出版社

图书在版编目（CIP）数据

建筑设计子结构精细化分析：基于 SAP2000 的有限元求解/康永君，张晋芳编著.—北京：中国建筑工业出版社，2019.6
ISBN 978-7-112-23423-3

Ⅰ.①建… Ⅱ.①康… ②张… Ⅲ.①建筑结构-结构设计-计算机辅助设计-应用软件 Ⅳ.①TU318-39

中国版本图书馆 CIP 数据核字（2019）第 043634 号

　　对于复杂的子结构或者非常规设计内容，目前往往局限于简单的等效计算方法、结构设计工具箱等设计工具，采用各种简化、构造的方式处理，无法获得相对准确的求解。本书以 SAP2000 为分析软件，详细地介绍了地下室侧墙、地下室底板、异形楼板、墙体稳定性、复杂预应力、楼板舒适性等各种常见子结构问题的分析方法，给出了有限元计算的理论结果与截面抗剪验算、抗弯验算等工程方法之间的换算关系，并且，对比了现有的简化分析方法与有限元精细分析的不同之处，提出了相应的适用条件。

　　本书适用于设计院、咨询公司的结构设计人员，高校结构专业师生和其他学习有限元分析的专业人员。

责任编辑：李天虹
责任设计：李志立
责任校对：党　蕾

建筑设计子结构精细化分析
——基于 SAP2000 的有限元求解
康永君　张晋芳　编著

*
中国建筑工业出版社出版、发行（北京海淀三里河路 9 号）
各地新华书店、建筑书店经销
北京佳捷真科技发展有限公司制版
天津翔远印刷有限公司印刷
*
开本：787×1092 毫米　1/16　印张：26½　字数：661 千字
2019 年 6 月第一版　　2019 年 6 月第一次印刷
定价：**78.00** 元
ISBN 978-7-112-23423-3
（33734）

序

建筑之美需要结构来成就。当今，越来越多的建筑突破了常规的结构造型，需要精确深入的分析手段予以应对，而现实是，大量的施工图设计，还依赖于等效简化分析手段，缺乏精准的计算支持。高质量、精细化的设计，是行业发展的主要方向。

本书依托 SAP2000 有限元软件，对实际工程中经常遇到的子结构问题进行了对比分析，诸如地下室侧墙的计算边界条件如何确定，抗浮锚杆对底板与独立基础的共同受力有什么影响，复杂开洞条件下的楼板应力分析和配筋方法，折板屋面的空间力学行为如何表现，如何考虑楼梯间剪力墙与梯板之间的相互支承作用，人行作用的动力荷载模拟以及对应荷载作用下楼板的加速度响应求解等。针对这一类子结构问题，书中不仅给出了较为详细的有限元分析方法，而且对这些问题的主要力学特点、截面验算方式，都提出了作者自己的见解。

此外，本书还对软件使用中的操作经验进行了说明。解释了从单元节点力到工程内力的计算过程，对不同类型的有限元单元进行了刚度对比，还将软件的板配筋计算与规范配筋计算进行了比较，给出了这些技术条件在使用中的注意事项。

这些对计算原理、分析方法和配筋过程的演示与说明，形成了从问题提出到计算分析，再到施工图设计的一套完整流程和工程对策。

希望本书的出版，能为广大一线工程师实现高质量设计提供帮助和参考。

中国建筑西南设计研究院有限公司　总工程师
全国工程勘察设计大师　冯　远
2019 年 2 月 27 日

前　言

　　建筑结构是一个多自由度的复杂力学体系,在分析时,必须对结构进行力学上的简化处理,使其既能反映结构的受力性能,又适应于所选用的计算分析软件的力学模型。对整体结构的分析,已经有相对完善的分析手段,可以适应从简单的弹性分析到复杂的弹塑性非线性分析等不同的设计需要。但是对于复杂的子结构或者非常规设计内容,大量工程师往往局限于简单的等效计算方法、结构设计工具箱等非常有限的设计工具,采用各种简化、构造的方式处理,没有办法获得相对准确的求解,设计既不经济,也不一定保证结构安全。

　　对子结构精细化分析的方法和应用,予以研究和推广,可以弥补设计人员在基本结构设计和复杂弹塑性分析之间的能力空缺,有效地提升结构设计行业的综合实力,使得普通工程师在面临这些常见结构问题时,能更好地处理,有理有据,游刃有余。

　　本书以 SAP2000 为分析软件,详细地介绍了地下室侧墙、地下室底板、异形楼板、墙体稳定、复杂预应力、楼板舒适性等各种常见子结构问题的分析方法,给出了有限元计算的理论结果与截面抗剪验算、抗弯验算等工程方法之间的换算关系,并且,对比了现有的简化分析方法与有限元精细分析的不同之处,提出了相应的适用条件。此外,本书还对单元节点力和截面切割等技术条件进行了说明和对比解释。

　　附录 A 对 SAP2000 的交换文件进行了介绍,对.S2K 文件的格式进行了详细的说明,可以作为二次开发的参考。

　　本书总纲由康永君、张晋芳商定,其中第 1～4 章、第 8 章由康永君编写,第 5～7 章由张晋芳编写。感谢冯远大师为本书提出的宝贵意见和精彩序言,这些温暖的鼓励极大地坚定了本书的出版信心。此外,本书的出版得到了中国建筑工程总公司"结构设计数字化交换需求研究(现浇钢筋混凝土结构)"科研课题的大力帮助,在此一并感谢。

　　由于作者水平有限,不足之处在所难免,恳请广大读者批评指正。

康永君

2019 年 1 月 24 日

四川　成都

目　录

第1章 概论

1.1 有限元法基本介绍

有限元法是当下最流行的高效能数值计算方法，通过将连续体离散化，对有限个单元作分片插值以求解具体问题，方法广泛地应用于力学、物理学等各个领域。

从 20 世纪 40 年代开始，不同的数学家、物理学家和工程师开始逐步涉足有限单元的概念，直到 1960 年 Clough 第一次提出了"有限单元法"的名称，使人们开始认识了有限单元法的功效，几十年来，有限单元法无论在理论深度和应用范围上都得到了迅速、深远地发展[1]。

作为有限元法最重要的应用领域之一，结构工程中构件类型多、空间关系复杂、荷载类型多、材料非线性强，适合通过有限元手段进行复杂分析，一个典型的结构工程有限元求解主要包括如图 1-1 所示的内容。

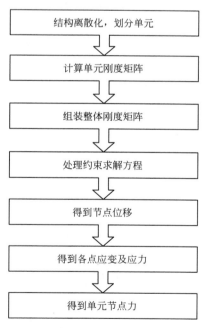

图 1-1 有限元法分析的主要过程

以下通过一个简单的例子来示范这个过程：

图 1-2 中是一个变截面杆，一端嵌固，一端承受向外的拉力，忽略自重，只考虑一维的轴向变形。

第一步，对结构进行单元划分，对杆件和节点进行编号，如图 1-3 所示。

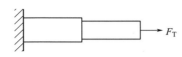

图 1-2 有限元法分析过程的示例   图 1-3 有限元单元划分的分析模型

第二步，形成刚度矩阵（以 Δx_i 表示 i 节点的位移，以 f_{ij} 表示 i 单元在 j 节点的内力）：

$$f_{10} = k_1(\Delta x_0 - \Delta x_1)$$
$$f_{11} = k_1(\Delta x_1 - \Delta x_0)$$
$$f_{21} = k_2(\Delta x_1 - \Delta x_2)$$
$$f_{22} = k_2(\Delta x_2 - \Delta x_1)$$

第三步，平衡节点力，组装矩阵（以 N 表示支座反力）：

$$\sum f_{i0} = N ，\sum f_{i1} = 0 ，\sum f_{i2} = F_T ，即：$$

$$\sum f_{i1} = f_{11} + f_{21} = k_1(\Delta x_1 - \Delta x_0) + k_2(\Delta x_1 - \Delta x_2) = 0$$

$$\sum f_{i2} = k_2(\Delta x_2 - \Delta x_1) = F_T$$

第四步，处理约束条件：

$$\begin{cases} k_1(\Delta x_1 - \Delta x_0) + k_2(\Delta x_1 - \Delta x_2) = 0 \\ k_2(\Delta x_2 - \Delta x_1) = F_T \\ \Delta x_0 = 0 \end{cases}$$

第五步，求解方程得到节点位移：

$$\begin{cases} \Delta x_1 = \dfrac{F_T}{k_1} \\ \Delta x_2 = \left(\dfrac{1}{k_1} + \dfrac{1}{k_2}\right) F_T \end{cases}$$

第六步，得到单元节点力和支座反力：

$$f_{11} = k_1(\Delta x_1 - \Delta x_0) = k_1\left(\frac{F_T}{k_1} - 0\right) = F_T$$

$$f_{21} = k_2(\Delta x_1 - \Delta x_2) = k_2\left(\frac{F_T}{k_1} - \left(\frac{1}{k_1} + \frac{1}{k_2}\right)F_T\right) = -F_T$$

$$N = f_{10} = k_1(\Delta x_0 - \Delta x_1) = k_1\left(0 - \frac{F_T}{k_1}\right) = -F_T$$

可以看到，通过单元划分后，复杂的力学求解过程，转化为规律性极强的矩阵求解，这个过程计算量大，但是算法相对固定，非常适合使用计算机程序，目前各国都编制了众多通用或者专用的有限元分析程序。这些程序应用广泛，计算结果也经过了大量工程的验证，是目前最主要的复杂结构分析手段。

1.2 SAP2000 基本介绍

SAP2000 是由美国 Computer and Structures Inc.（CSI）公司开发研制的通用结构分析与设计软件，可以对建筑结构、工业建筑、桥梁、管道、大坝等不同体系类型的结构进行分析和设计。该程序诞生于 1969 年，美国加州大学 Berkeley 分校的 Wilson 教授原创性地开发了静力与动力分析的 SAP（Structural Analysis Program）程序，随后，经过多次更新，逐步由 SAP5、SAP80、SAP90 发展到目前最新的 SAP2000 版本[2]。

SAP2000 采用基于对象的非线性有限元技术，成为集成化的结构工程软件，可以方便地模拟：顺序施工、Pushover 分析、混凝土徐变与收缩、冲击分析、多基激励、基础隔震、大位移分析、屈曲分析、频域分析等各类结构问题。更为难得的是 SAP2000 集合了包含中国规范在内的大多数国家和地区的结构设计规范，涵盖了结构材料、荷载导算、截面复核、配筋计算等各种内容。最新版的 SAP2000 包含的中国规范有《建筑结构荷载规范》《混凝土结构设计规范》《建筑抗震设计规范》和《钢结构设计规范》等。

SAP2000 界面主要划分为下拉菜单、快捷工具条、显示窗口和状态栏四个部分（图1-4）。其中下拉菜单集中了 SAP2000 的全部命令以及帮助文档，快捷工具条通过分组的方式提供了不同的常用命令的快捷按钮，显示窗口是程序的具体执行部位，可以设置不同的视角和多窗口组合，状态栏提供了当前鼠标位置、选择情况等与窗口操作有关的基本信息，以及当前物理单位体系切换的方式。

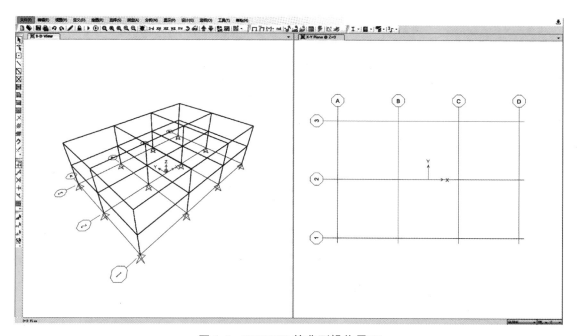

图 1-4 SAP2000 的典型操作界面

　　一个最基本的 SAP2000 有限元分析过程包括的内容如图 1-5 所示，其余各类复杂计算均是在基本流程之上附加其他的建模、计算或结果模块而成。

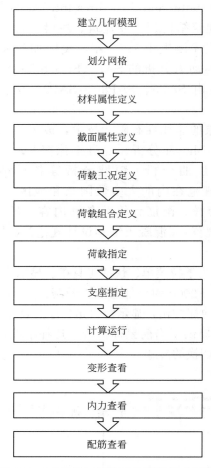

图 1-5　SAP2000 有限元分析的基本过程

第 2 章　地下室侧墙

地下室侧墙设计是结构设计中常见的内容，在日常设计中往往简化为连续梁，或者四边支撑板来考虑，这种计算通过较为简单的分析工具或者静力手册就可以实现。但是由于建筑功能、设备要求等影响，侧墙与主体结构的关系不会一成不变，常常出现楼板开洞、坡道支撑等复杂的荷载和约束条件，普通的简化分析难以适应，这时采用有限元软件对实际情况建模分析就非常必要了。

2.1　简化地下室侧墙

2.1.1　问题说明

本节以一个 3 层地下室的侧墙模型为例（图 2-1），主要用以示范 SAP2000 软件的主要操作流程和地下室侧墙计算的边界条件的基本规则。

该模型地下 3 层，各层层高均为 4m，侧墙厚度 400mm，各楼层处均有楼板，侧墙底部为条形基础，室外标高即墙顶标高为 ±0.000，仅考虑土压力作用。模型忽略扶壁柱等竖直向支撑构件，侧墙简化为竖向受力的单向连续板。混凝土强度等级 C30，受力钢筋等级 HRB400。

2.1.2　几何建模

本例采用自带模板建模，以便更快熟悉流程。运行 SAP2000，出现【新模型】对话框（图 2-2），选择"墙"模板，进入【剪力墙】对话框（图 2-3）。其中"X 向分段数"填 3，"Z 向分段数"填 3，"X 方向宽度"填 8400，"Z 方向宽度"填 4000，其余均为默认，点击确定，系统即按所填写尺

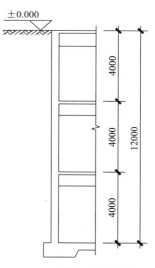

图 2-1　3 层地下室侧墙模型

寸自动生成一个底部嵌固的剪力墙几何模型（图 2-4）。接下来需要对材料、截面、约束、荷载等信息进行输入。

> ✏ Tips:
> ➡ 若进入系统后未出现【新模型】对话框，可使用 Ctrl＋N 快捷键调出。
> ➡ 输入长度等几何尺寸时，一定要注意当前的度量单位。

2.1.3　材料及截面定义

选择下拉菜单：定义/材料。在【定义材料】对话框（图 2-5）中看到，当前的材料有

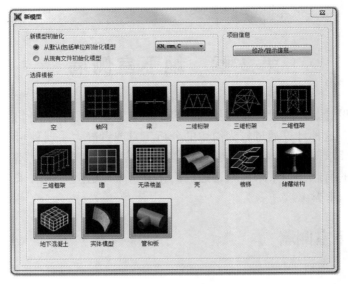

图 2-2　【新模型】对话框

图 2-3　【剪力墙】对话框

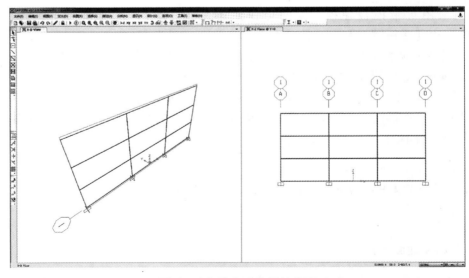

图 2-4　自动生成的侧墙模型

C30 混凝土和 Q345 钢材，需要添加 HRB400 级钢筋。点击"添加新材料"，在【添加材料属性】对话框中（图 2-6），依次选择 "China" "Rebar" "GB" "GB50010 HRB400"，点击"确定"，返回【定义材料】对话框，即可看到，新增 "HRB400" 材料，点击"确定"完成添加。

图 2-5　【定义材料】对话框

图 2-6　【添加材料属性】对话框

✎ Tips：
➡ SAP 中已经集成了绝大多数结构材料的定义，可直接根据规范选择对应编号即可。

　　选择下拉菜单：定义/截面属性/面截面。在【面截面】对话框（图 2-7）中看到，当前的面截面为 "ASEC1"，这是在自动生成侧墙模型时，系统默认的壳单元的截面，所以不需要再新加截面，点击"修改/显示截面"，在【壳截面数据】对话框（图 2-8）中，选择壳类型为"壳-厚壳"，修改"膜厚度"为 400，修改"弯曲厚度"为 400，点击"修改/显示壳设计参数"，在【混凝土壳设计参数】对话框中，选择钢筋材料为 "HRB400"，选择钢筋布局为"两层"，所有的覆盖到钢质心的距离都填 "35"，依次点击确定，完成面截面定义。

图 2-7　【面截面】对话框

图 2-8　【壳截面数据】对话框

> 🖉 Tips：
>
> ➡ SAP2000 中提供改了六种不同的面单元类型（或者说属性），根据是否考虑剪切变形和面内外刚度的计入不同，区分如下：
>
> | | 考虑剪切变形 | 不考虑剪切变形 |
> | --- | --- | --- |
> | 面内刚度＋面外刚度 | 壳-厚壳 | 壳-薄壳 |
> | 面外刚度 | 板-厚板 | 板-薄板 |
> | 面内刚度 | 膜 | |
>
> 简单地说，板、膜单元是壳单元的退化，薄壳单元是厚壳单元的退化。所以，一般的地下室侧墙选择厚壳即可。
>
> ➡ 关于 SAP2000 壳单元更详细的使用示范可参看第 8 章。
>
> ➡ 壳的厚度分为膜厚度和弯曲厚度，其中膜厚度用以定义壳的自重和面内刚度，弯曲厚度用以定义面外弯曲和横向剪切刚度。在地下室侧墙中，这两者相同。
>
> ➡ 混凝土壳设计参数用以提供 SAP2000 进行壳的配筋设计，其中覆盖（表面）到钢筋质心的距离可近似理解为混凝土规范中正截面受弯公式中的 a_s。

2.1.4　单元划分

在"3-D View"视图中，框选所有壳单元，选择下拉菜单：编辑/编辑面/分割面。在【划分选择面】对话框（图 2-9）中，选择"按最大尺寸分割面"，两个尺寸均填 1000（注意应为 mm 单位），点击"确定"，完成网格划分，在视图中可看到划分效果（图 2-10）。

> 🖉 Tips：
>
> ➡ SAP 中的框选方法与 AutoCAD 类似，分左框选与右框选。在已经选择的选择对象中直接点击不需要的对象，即可从当前选择集中去掉，这一点与 AutoCAD 需要同时按住 Shift 键不同。更多的选择方法可尝试下拉菜单的"选择"项。

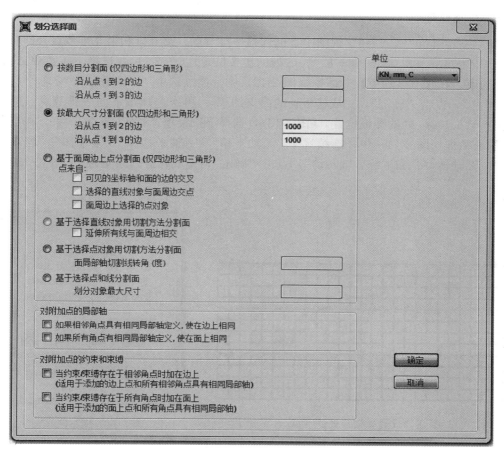

图 2-9 【划分选择面】对话框

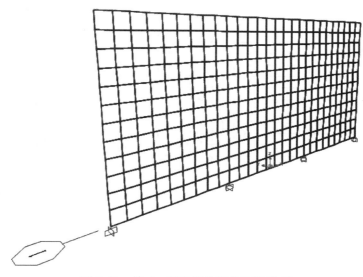

图 2-10 按 1m 间距划分网格后的模型

2.1.5　定义约束条件

在 "X-Z Plane @ Y=0" 视图中，框选第一排节点、第五排和第九排节点（即对应标高为±0.000m、-4.000m 和-8.000m 处的楼板位置）（图 2-11），选择下拉菜单：指定/节点/约束，在【节点约束】对话框（图 2-12）中，连续选中 "1 轴平移""2 轴平移" 和 "3 轴平移"，点击 "确定"，完成楼板处的简支约束。再次选择最下面一排节点（即对应标高为-12.000m 处的楼板位置）（图 2-13），选择下拉菜单：指定/节点/约束，在【节点约束】对话框（图 2-14）中，连续选中 "1 轴平移""2 轴平移""3 轴平移""绕 1 轴转动""绕 2 轴转动" 和 "绕 3 轴转动"，点击 "确定"，完成底板的固支约束（图 2-15）。

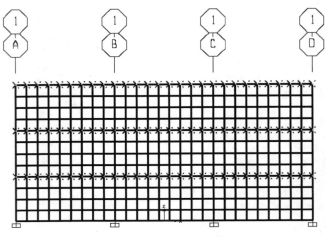

图 2-11　选择楼板处的节点

图 2-12　指定简支约束

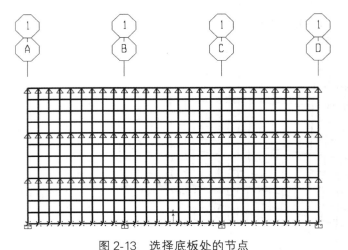

图 2-13　选择底板处的节点

图 2-14　指定固支约束

✎ Tips：

➡ SAP2000 中的约束通过节点实现，可以按局部坐标定义 6 自由度的不同组合。系统提供了固支、简支、滑动和自由四种快速设置方式，可直接点取。

▓➡ SAP2000 中的节点约束（restraint）与束缚（constraint）是不同的概念，约束是限制被约束节点的绝对自由度，而束缚是在一定规则下限制被束缚节点的相对自由度，这样减少了整个系统求解方程的维数，提高计算效率。例如强制刚性楼板假定，即可对一层内的所有节点，添加隔板束缚，限制所有节点作为一个刚性平面来移动，但平面外变形不受影响。

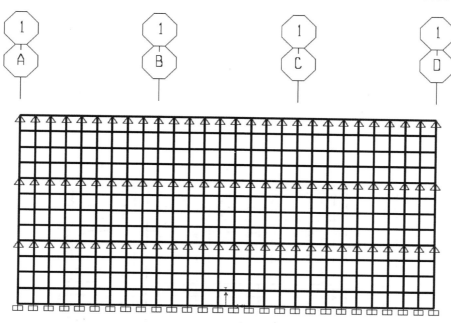

图 2-15   模型的全部约束条件

2.1.6   定义荷载

在 "X-Z Plane @ Y=0" 视图中，框选第一排壳单元（图 2-16），选择下拉菜单：指定/面荷载/均匀（壳），在【面均布荷载】对话框（图 2-17）中，选择单位为 "kN，m，C"，荷载填 "10"，方向选 "Y"，点击 "确定"，完成-1.000m 标高处土压力的添加。继续选择第二排、第三排直至最后一排壳单元，依次添加 20、30 直至 120 的 Y 向荷载。完成整个侧墙的土压力添加。选择下拉菜单：显示/显示荷载指定/面，在【显示面荷载】对话框（图 2-18）中，选择 "均布荷载等值线"，方向选 "Y"，点击 "确定"，即可用图形方式查看荷载添加效果（图 2-19）。

✎ Tips:
▓➡ 本例中土压力的计算方法：

$$p_a = k_a \gamma h$$

式中 k_a ——土压力系数，取主动土压力系数 0.5；

　　　　γ ——土的容重，取 20 kN/m³；

➡ SAP2000 中面荷载只能添加均布荷载，对土压力这样的线型分布荷载，或者根据标高不同逐步添加，或者采用节点样式的方式，通过系统计算空间坐标来自动添加不同荷载。具体操作方法详 2.3 节。

➡添加荷载时一定要注意单位，因为一般建模时的单位采用"N，mm"，添加荷载时习惯采用工程单位"kN，m"。为避免每次添加荷载阶段均手动调整单位，添加荷载阶段，可直接在主界面的右下角，将系统单位调整为"kN，m"。

➡在显示荷载以及其他特殊显示界面，点击 ▢ 按钮或者使用"F4"快捷键即可恢复普通的网格显示界面。

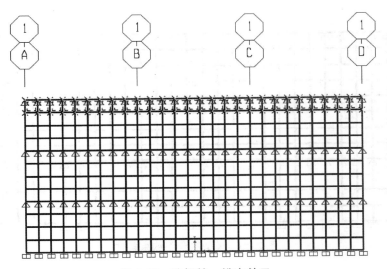

图 2-16　选择第一排壳单元

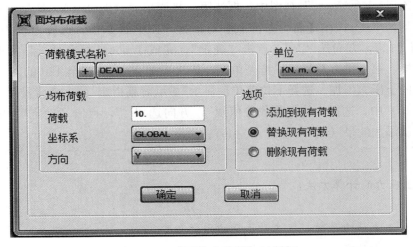

图 2-17　【面均布荷载】对话框

图 2-18 【显示面荷载】对话框

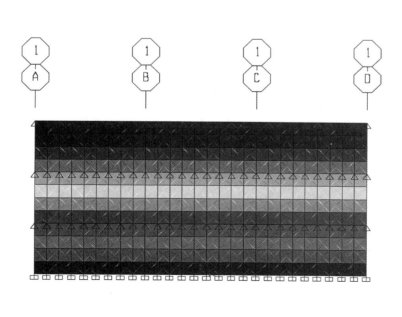

图 2-19 面荷载云图

2.1.7　计算分析及结果查看

选择下拉菜单：分析/运行分析，进入【设置运行的荷载工况】对话框（图 2-20），点击"运行分析"，开始分析计算。

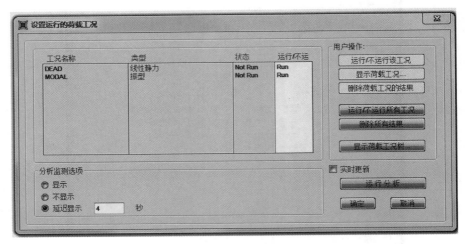

图 2-20　【设置运行的荷载工况】对话框

计算结束后，系统会自动显示变形后形状。选择下拉菜单：显示/显示力、应力/壳，进入【单元内力图】对话框（图 2-21），选择分量类型为"内力"，对应组成选为"M22"，即可看到 2 方向的弯矩云图，为方便工程使用，可在右下角切换单位为"kN，m，C"（此时系统的弯矩单位是"kN·m/m"），具体弯矩数值，可将鼠标停留在具体单元格上，即会自动显示对应的弯矩大小（图 2-22）。

图 2-21　【单元内力图】对话框

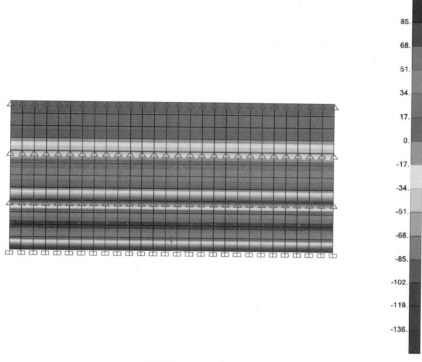

图 2-22 2 方向弯矩云图

📎 Tips：

➡️壳单元的内力均以局部坐标系为准，其主要的内力输出与工程表达的关系如下，需要注意的是如果局部坐标与整体坐标关系变化，对应关系随之变化。

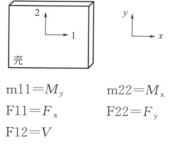

$$m11 = M_y \qquad m22 = M_x$$
$$F11 = F_x \qquad F22 = F_y$$
$$F12 = V$$

➡️壳单元的配筋设计与混凝土规范略有不同，具体情况详第 8 章。

选择下拉菜单：显示/显示力、应力/壳，进入【单元内力图】对话框（图 2-23），选择分量类型为"混凝土设计"，输出类型为"绝对最大"，对应组成选为"ASt2"，即可看到 2 方向（即竖向）的钢筋配筋面积，为方便工程使用，可切换单位为"N，mm，C"，需要注意的是，此时系统的钢筋面积单位是"mm²/mm"，与平常使用的每米板宽配筋面积相差 1000 倍，需放大 1000 倍后使用（图 2-24）。

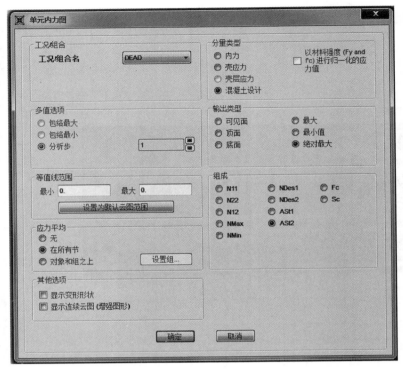

图 2-23　【单元内力图】对话框

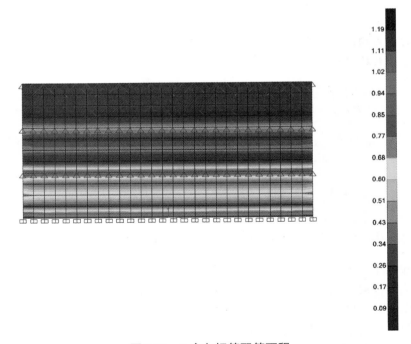

图 2-24　2 方向钢筋配筋面积

2.2 带框架和底板的地下室侧墙

2.2.1 问题说明

上一节中，通过对简化模型的分析，基本明确了使用 SAP2000 软件进行对地下室侧墙的分析方法和结果要点。但简化模型直接给出了支座条件，本节将对此进行验证。明确侧墙模型的简化条件，以便后续复杂侧墙分析使用。

本节模型与上节基本相同（图 2-25），地下 3 层，各层层高均为 4m，侧墙厚度 400mm，各楼层处均有楼板，侧墙底部为条形基础，室外标高即墙顶标高为 ±0.000，仅考虑土压力作用。模型中考虑主梁和柱的影响。柱截面 700mm×700mm，地下室顶板主梁截面 400mm×900mm，负一层、负二层主梁截面 300mm×750mm，地下室顶板板厚 160mm，负一层、负二层板厚 120mm。混凝土强度等级 C30，受力钢筋等级 HRB400。

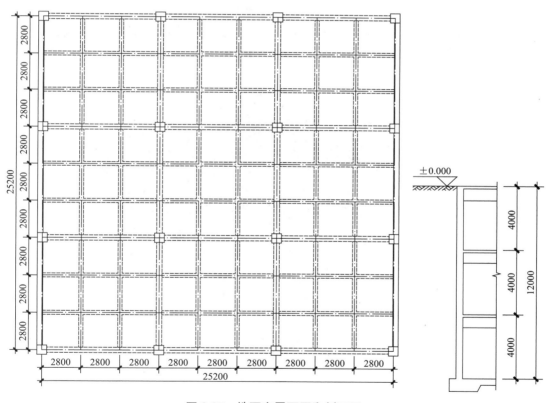

图 2-25 地下室平面图和剖面图

2.2.2 几何建模

本例继续采用模板快速建模的方式。进入 SAP2000，在【新模型】对话框中选择"三维框架"，进入【三维框架】对话框（图 2-26）。其中，三维框架类型选择"Beam-Slab Building"，即梁-板模型，层数填"3"，楼层高度填"4000"，X 方向跨数填"5"，X 方向跨度填"8400"，Y 方向同样设置，点击"确定"，基本模型搭建完毕（图 2-27）。

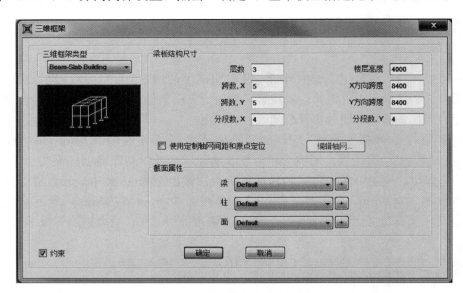

图 2-26　【三维框架】对话框

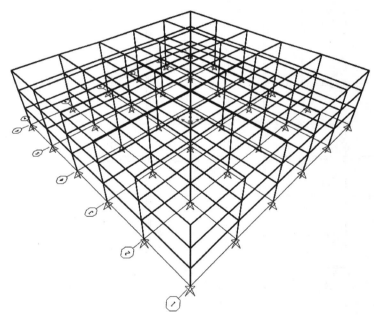

图 2-27　使用快速建模方式建立的框架模型

⊗ Tips：

➡️三维框架快速模板中，提供了四种框架类型，分别是：

Open Frame Building　　　　　开放框架模型，只有梁柱，没有楼板；

Perimeter Frame Building　　　外框架模型，没有中间框架，没有楼板；

Beam-Slab Building　　　梁板模型，完整框架，含楼板；

Flat Plate Building　　　无梁楼盖模型，只有板、柱，没有梁。

➡在使用快速模板建模时，默认的各方向间距是均匀的，用户可通过定制轴网间距实现不同跨度和不同层高的组合，本例为与 2.1 节模型验证，继续沿用均匀轴网，定制轴网功能，用户可自行验证。

该模型中已经建立了梁、柱和楼层板，柱底采用铰接，但未正确模拟底板对侧墙的约束，尚需建立底板和侧墙。

在另一侧视图，点击 **XY** 按钮，切换至 X-Y 视图，点击 ⬆ 及 ⬇ 按钮，切换平面至柱底（Z＝0），选择下拉菜单：绘图/绘制矩形面，依次点击各个底板格子的两个角点，绘制底板面单元（图 2-28）。

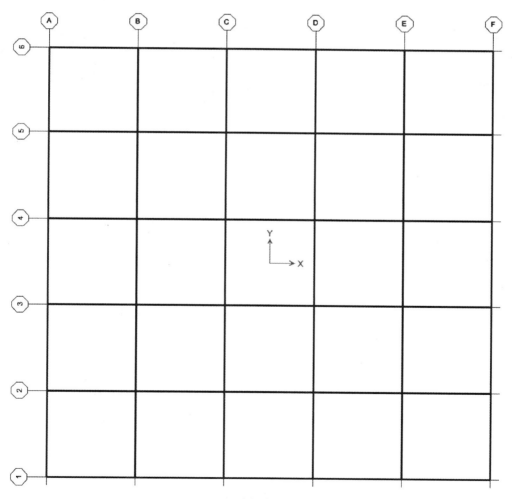

图 2-28　绘制底板面单元

点击 **xy** 按钮，切换至 X-Z 视图，点击 及 按钮，切换平面至一侧侧墙（Y＝21000），选择下拉菜单：绘图/绘制矩形面，依次点击各个侧墙格子的两个角点，绘制一侧侧墙面单元。点击 及 按钮，切换平面至另一侧侧墙（Y＝－21000），选择下拉菜单：绘图/绘制矩形面，依次点击各个侧墙格子的两个角点，绘制另一侧侧墙面单元（图 2-29）。在框架模型中，由于框架单元和板单元重叠，往往很难看清单元绘制是否正确，可通过点击对象收缩开关 ，收缩对象，清晰显示单元绘制情况。

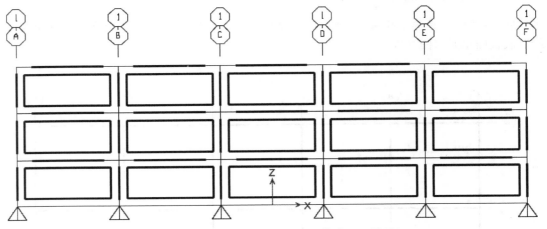

图 2-29　绘制侧墙面单元（对象收缩显示效果）

✎ Tips：
➠视图切换是 SAP2000 中重要的建模手段，除了点击快捷按钮，也可通过下拉菜单：视图/设置二维视图，在对话框中精确指定。

2.2.3　材料及截面定义

选择下拉菜单：定义/材料。在【定义材料】对话框，添加 HRB400 级钢筋，点击"添加新材料"，在【添加材料属性】对话框中，依次选择"China""Rebar""GB""GB50010 HRB400"，点击"确定"，完成添加。

选择下拉菜单：定义/截面属性/框架截面。在【框架属性】对话框（图 2-30）中看到，已经有默认的框架截面属性"FSEC1"，为命名清晰，将全部重新定义框架截面属性。

梁：点击"添加新属性"，在【添加框架截面属性】对话框（图 2-31）中，框架截面属性类型选择"Concrete"，点击"矩形"截面。在【矩形截面】对话框（图 2-32）中，填写截面名称"B 400×900"，高度（t3）填"900"，宽度（t2）填"400"。点击"配筋混凝土"按钮，进入【配筋数据】对话框（图 2-33），设计类型选择"梁"，顶和底到纵筋中心边保护层填"45"，依次点击"确定"，完成顶板层梁截面定义。类似的，可继续添加负一层和负二层的梁截面属性，截面名称为"B 300×750"，截面高度为 300×750，其余设

图 2-30 默认的框架属性

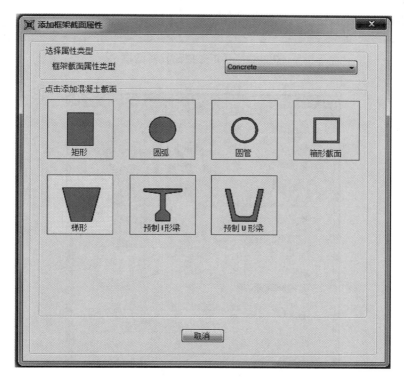

图 2-31 【添加框架截面属性】对话框

置同"B 400×900"。

柱：点击"添加新属性"，在【添加框架截面属性】对话框中，框架截面属性类型选择"Concrete"，点击"矩形"截面。在【矩形截面】对话框（图 2-34）中，填写截面名称"C 700×700"，高度（t3）填"700"，宽度（t2）填"700"。点击"配筋混凝土"按钮，进入【配筋数据】对话框（图 2-35），设计类型选择"柱"，配筋构造选"矩形"，箍

21

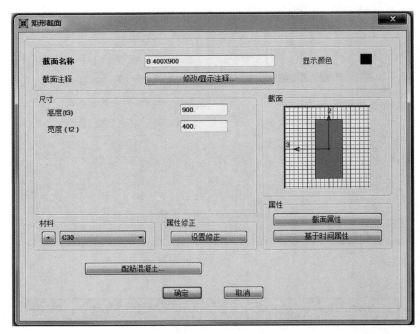

图 2-32　【矩形截面】对话框

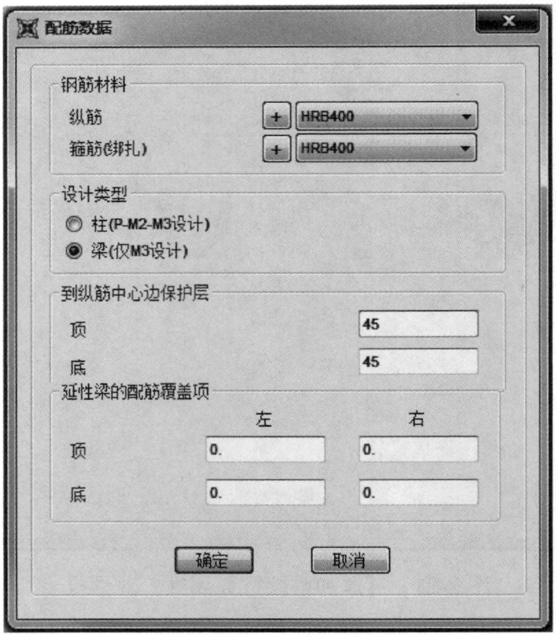

图 2-33　【配筋数据】对话框—梁设置

筋选 "绑扎", 箍筋净保护层填 "40", 沿 3 方向和 2 方向的单边纵筋数都填 6, 纵筋尺寸选 "20d", 箍筋尺寸选 "8d", 箍筋纵向间距填 "200", 3 方向和 2 方向的箍筋数都填 "6", 依次点击 "确定", 完成柱截面定义。

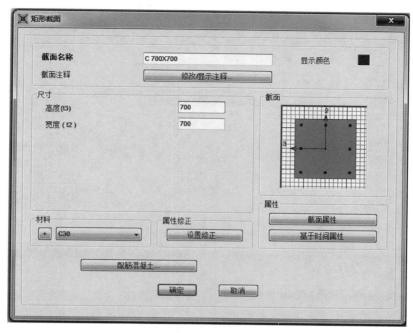

图 2-34 【矩形截面】对话框—700×700 柱设置

选择下拉菜单：定义/截面属性/面截面。在【面截面】对话框中看到，已经有默认的框架截面属性"ASEC1"，为命名清晰，将全部重新定义面属性。点击"添加新截面"，在【壳截面数据】对话框（图 2-36）中，填写截面名称为"W 400"，选择壳类型为"壳-厚壳"，修改"膜厚度"为 400，修改"弯曲厚度"为 400，点击"修改/显示壳设计参数"，在【混凝土壳设计参数】对话框（图 2-37）中，选择钢筋材料为"HRB400"，选择钢筋布局为"两层"，所有的覆盖到钢质心的距离都填"35"，依次点击"确定"，完成侧墙面截面定义。

继续点击"添加新截面"，在【壳截面数据】对话框中（图 2-38），填写截面名称为"S 300"，选择壳类型为"壳-厚壳"，修改"膜厚度"为 300，修改"弯曲厚度"为 300，其余参数定义同"W 400"，完成底板面截面定

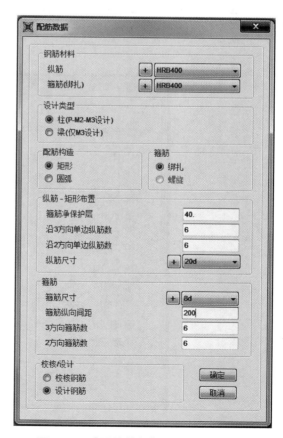

图 2-35 【配筋数据】对话框—柱设置

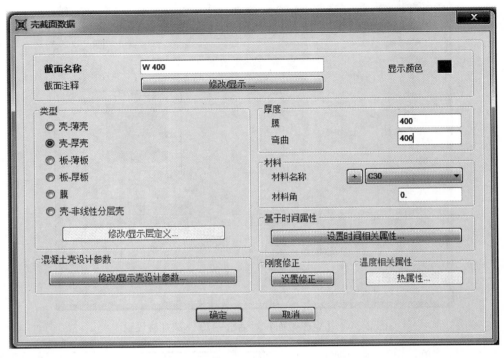

图 2-36　【壳截面数据】对话框—侧墙设置

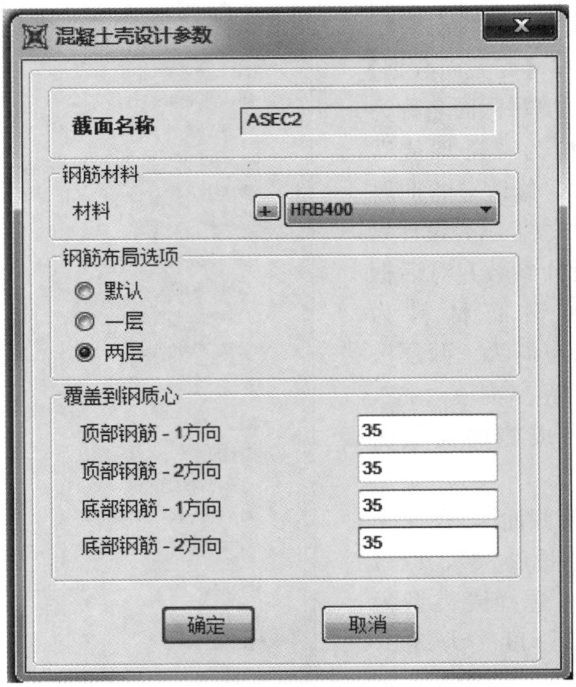

图 2-37　【混凝土壳设计参数】对话框—侧墙设置

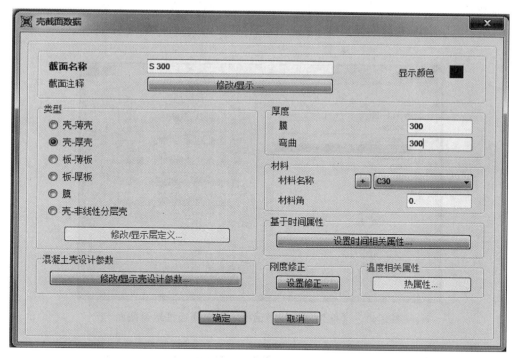

图 2-38 【壳截面数据】对话框—底板设置

义。同样操作，添加各层楼板截面，含 120mm 厚的 "S 120" 和 160mm 厚的 "S 160"（图 2-39）。

切换视图至 "X-Y Plane @Z＝12000"，即顶板层，框选全部对象，选择下拉菜单：指定/面/截面，在【面截面】对话框（图 2-40）中，选择 "S 160"，点击 "确认"，完成对顶板楼板截面的指定。再次框选全部对象，选择下拉菜单：指定/框架/框架截面，在【框架属性】对话框（图 2-41）中，选择 "B 400×900"，点击 "确认"，完成对顶板梁截面的指定。为确认是否指定成功，选择下拉菜单：视图/设置显示选项，在【激活窗口选

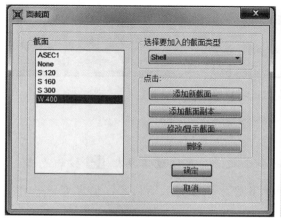

图 2-39 【面截面】对话框

图 2-40 【面截面】对话框—指定顶板截面

项】（图 2-42）中，在"框架/索/钢束"栏勾选"截面"，在"面"栏勾选"截面"，点击"确定"。在窗口中即可直观看到每个框架单元和面单元的截面定义（图 2-43）。

图 2-41 【框架属性】对话框—指定顶板框架梁截面

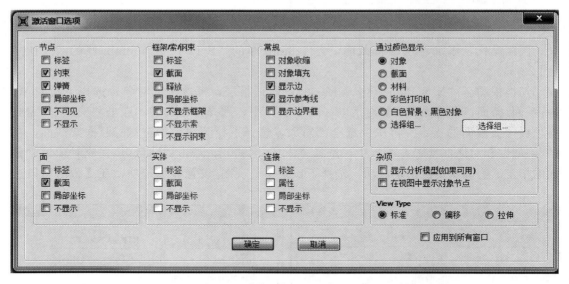

图 2-42 【激活窗口选项】对话框

✎ Tips：

➡设置显示选项命令是 SAP2000 中最常用的命令之一，可通过工具栏 ✅ 按钮点击，或者使用 Ctrl＋W 快捷键调用。该命令可通过多种方式控制显示内容，读者可一一自行尝试，不再赘述。

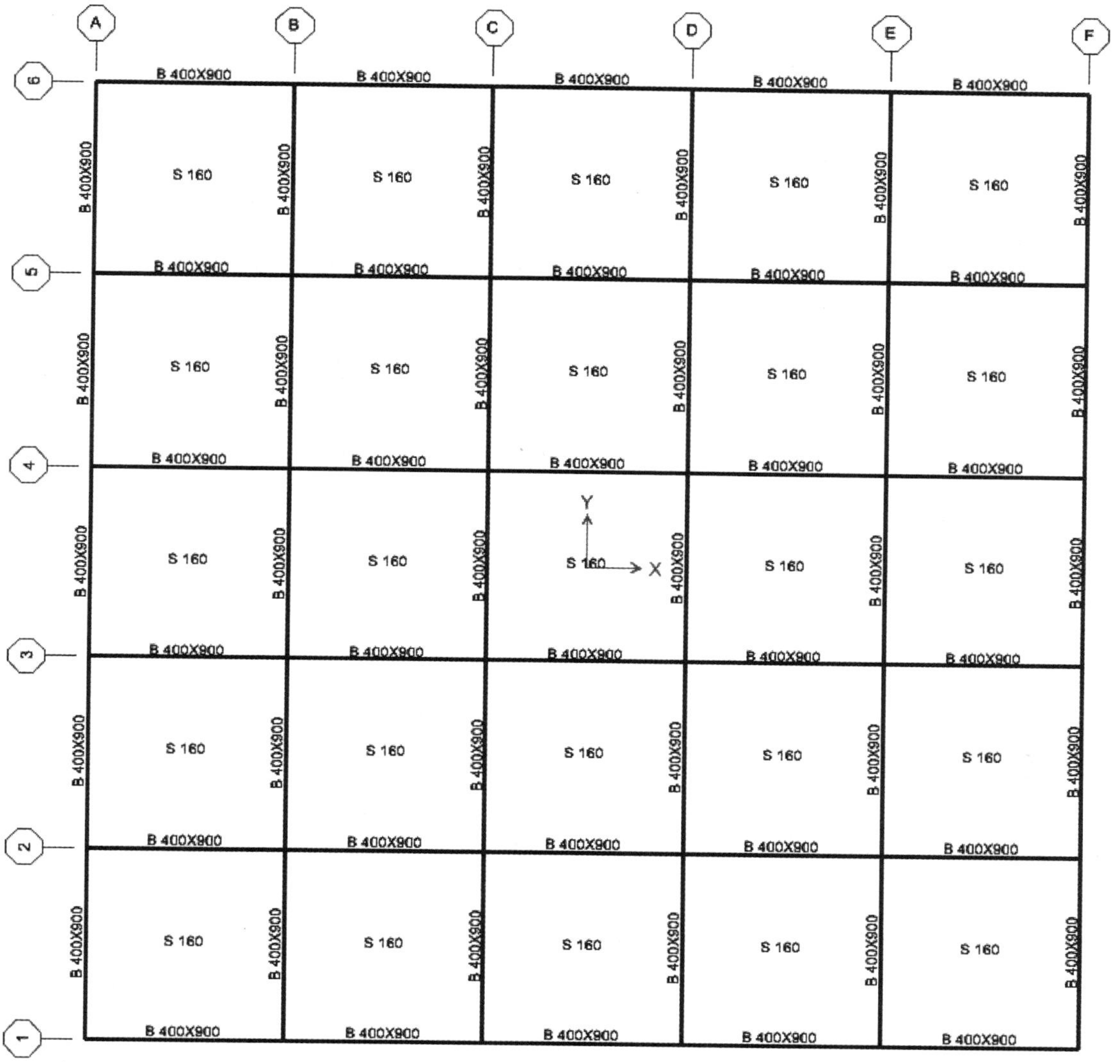

图 2-43 顶板层框架和板单元属性

同样的操作，依次切换平面为 "X-Y Plane @Z＝8000" 和 "X-Y Plane @Z＝4000"，即负一层和负二层（图 2-44），指定板单元属性为 "S 120"，指定框架单元属性为 "B 300×750"。切换平面为 "X-Y Plane @Z＝0"，即底板层（图 2-45），指定板单元属性为 "S 300"。完成所有水平构件单元属性指定。

切换视图至 "X-Z Plane @Y＝21000"，即一侧侧墙，框选全部对象，选择下拉菜单：指定/面/截面，在【面截面】对话框中，选择 "W 400"，点击 "确认"，完成对一侧侧墙截面的指定。同样方法，切换视图至 "X-Z Plane @Y＝-21000"，指定另一侧侧墙截面为 "W 400"，完成所有侧墙截面的指定（图 2-46）。

切换至 3-d 视图，选择下拉菜单：选择/选择/选择线平行于/点击直线对象，然后在视图中点击任意一柱单元，系统随即自动选择所有平行与该单元的杆单元，在本例中，即所有柱单元自动选择。选择下拉菜单：指定/框架/框架截面，在【框架属性】对话框

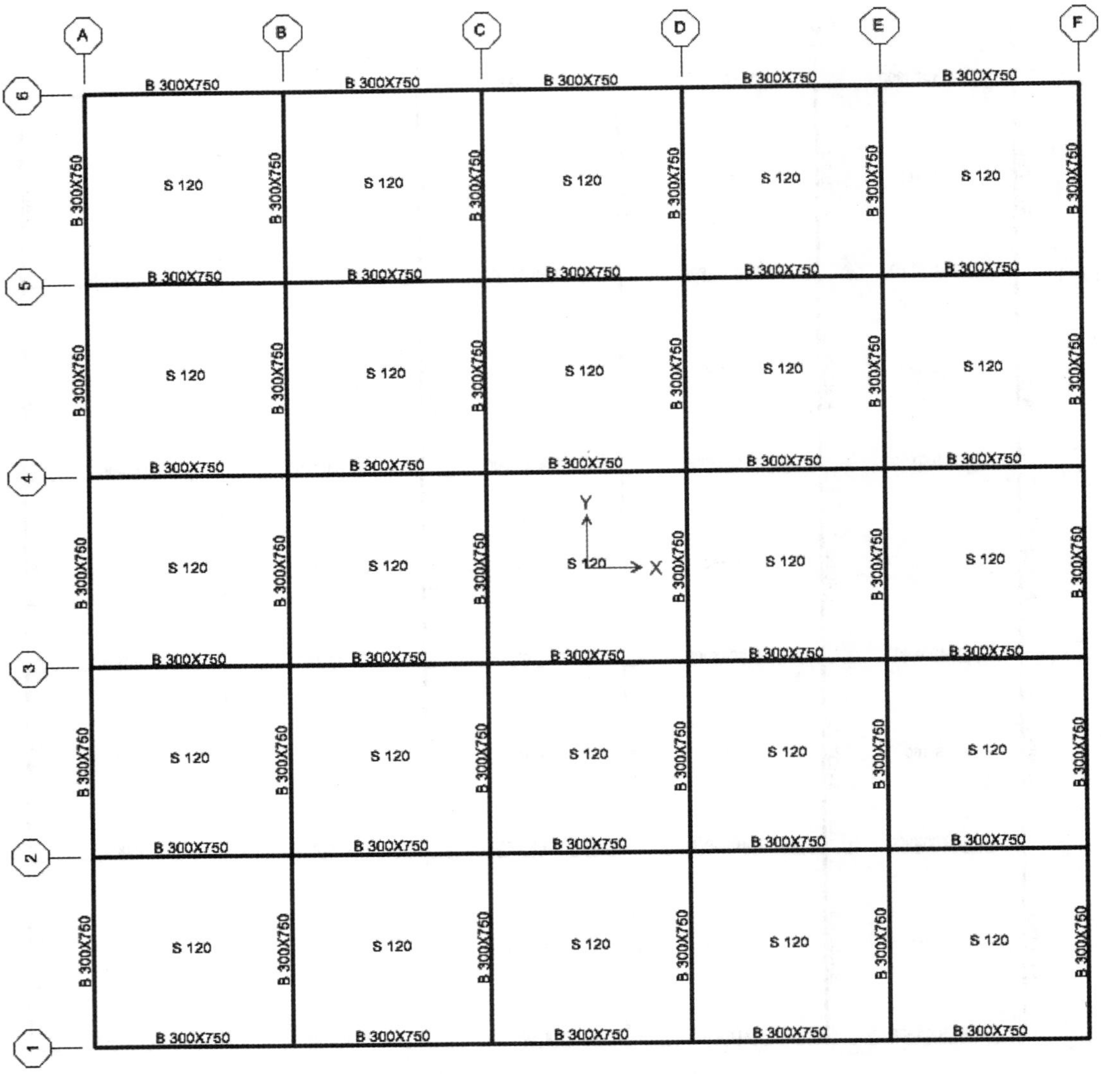

图 2-44　负一层和负二层框架和板单元属性

中，选择"C 700×700"，点击"确认"，完成对柱单元截面的指定。使用快捷键 Ctrl＋W，调出【激活窗口选项】，勾选常规中的"对象填充"和 View Type 中的"拉伸"（图 2-47），即可显示实体形状，可以比较方便地检查单元绘制情况（图 2-48）。

⊘ Tips：
➡ SAP2000 提供了多种选择方法，从几何位置到截面属性等，读者可一一尝试，根据具体情况选择适合的快速选择方法。
➡ 从三维图上可以看到，当前建模方式中梁单元与板单元的中心是一个标高，实际情况是梁顶与板顶平齐，这种中心对齐的方式，会导致刚度计算不准确。但在本例中，为便于快速掌握软件的基本操作，并未仔细考虑这一细节差异，关于梁顶对齐的详细说明可参见软件说明。

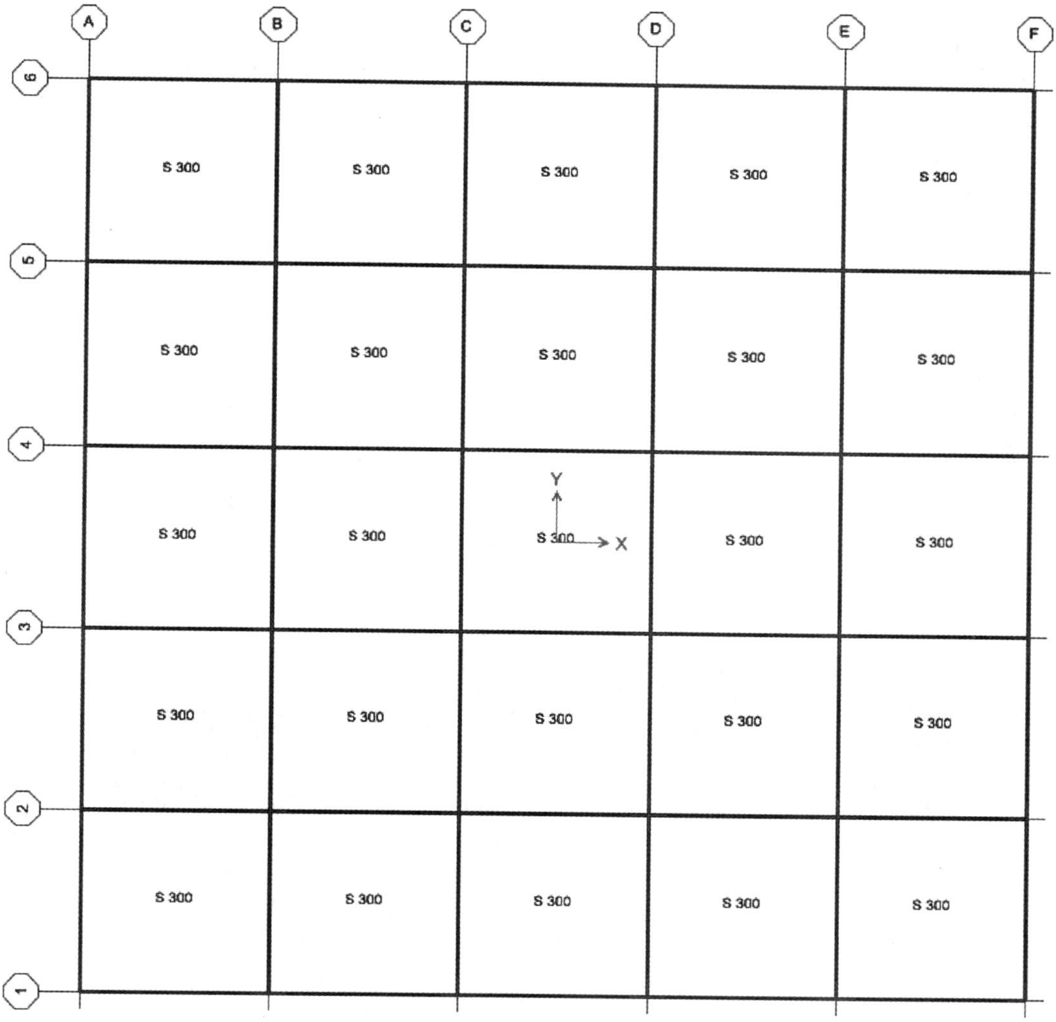

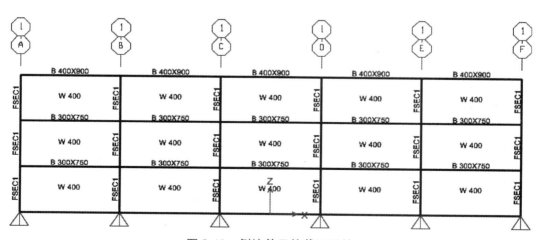

图 2-45 底板层的板单元属性

图 2-46 侧墙单元的截面属性

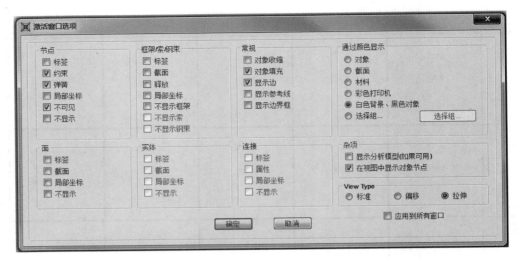

图 2-47　设置实体显示的选项

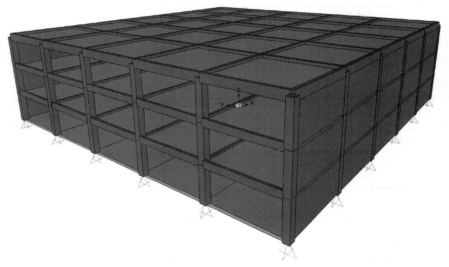

图 2-48　以实体拉伸和填充后显示的模型

2.2.4　单元划分

选择下拉菜单：选择/选择/选择线平行于/坐标轴或平面，在对话框中选中"XY 平面"（图 2-49），所有梁单元被选中。选择下拉菜单：编辑/编辑线/分割框架，在【分割选择框架】对话框（图 2-50）中，点选"分割框架数"，"框架数"填"6"，"结束/开始长度比例"选 1，点击"确定"，完成梁划分。选择下拉菜单：选择/选择/选择线平行于/点击直线对象，然后在视图中点击任意一柱单元，所有柱单元被选中。选择下拉菜单：编辑/编辑线/分隔框架，在【分割选择框架】对话框（图 2-51）中，点选"分割框架数"，"框架数"填"4"，"结束/开始长度比例"选 1，点击"确定"，完成柱划分。

图 2-49 使用平行平面功能选择梁单元

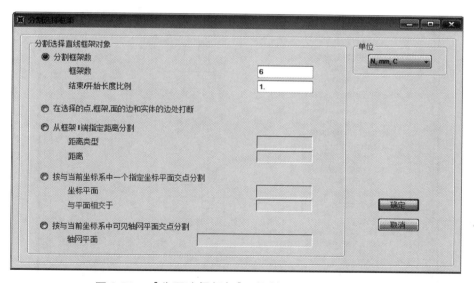

图 2-50 【分隔选择框架】对话框—梁的分隔参数

在 3-d 视图，框选所有对象。选择下拉菜单：编辑/编辑面/分割面，点选"基于面周边上点分割面"（图 2-52），勾中"面周边上选择的点对象"，点击"确定"，完成侧墙和楼板单元划分（图 2-53）。

切换"X-Y Plane@Z＝0"视图，选中所有底板单元，选择下拉菜单：编辑/编辑面/分割面，在【划分选择面】对话框中，选择"按数目分割面"，"沿从点 1 到 2 的边"和

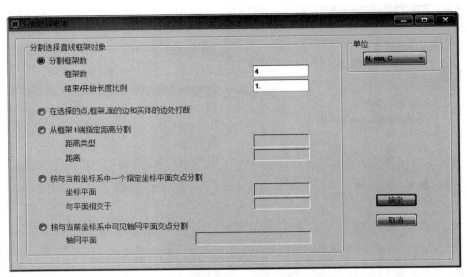

图 2-51　【分隔选择框架】对话框—柱的分隔参数

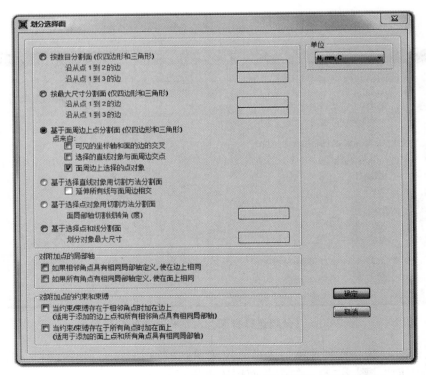

图 2-52　【划分选择面】对话框—划分楼板和侧墙参数

"沿从点 1 到 3 的边"的数目都填"6"（图 2-54），点击"确定"，完成底板划分。图 2-53 可看到划分结果。

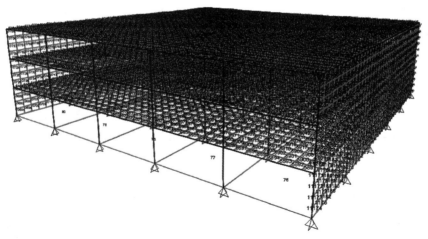

图 2-53 楼板和侧墙单元的划分结果

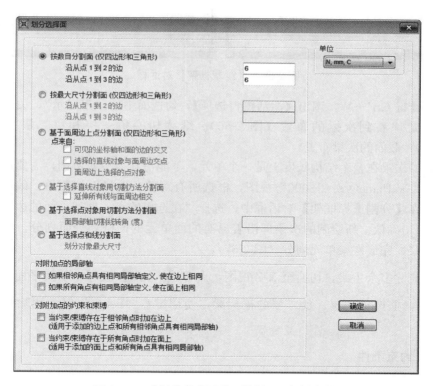

图 2-54 【划分选择面】对话框—底板参数

✎ Tips:

➠本例中的单元划分采用了最繁琐的手动划分方式，一方面为了和 2.1 节例题相引证，一方面也为了介绍 SAP2000 的手动划分思路。但是，这种划分的局限性比较大，更常用的是划分与细分结合的方式，后续算例将陆续介绍。

2.2.5　补充建模

对比 CAD 模型，可以发现使用快速建模生成的模型缺少次梁，多了侧墙部分的框架梁，以下进行补充建模。

切换"X-Y Plane@Z＝12000"视图，选择下拉菜单：绘图/绘制框架、索、钢束，在【绘制框架】对话框（图 2-55）中，选择截面为"B 300×800"，在 1 轴的第一个次梁位置上单击，沿着橡皮线，继续在 9 轴的第一个次梁位置上单击，点击回车，完成第一根次梁布置，继续绘制操作完成本层所有次梁布置，需要注意的是，由于在单元划分时划分框架梁为 6 段，而次梁的布置为井字布置，即次梁的位置应该为三等分点，正好与主梁的划分重合。

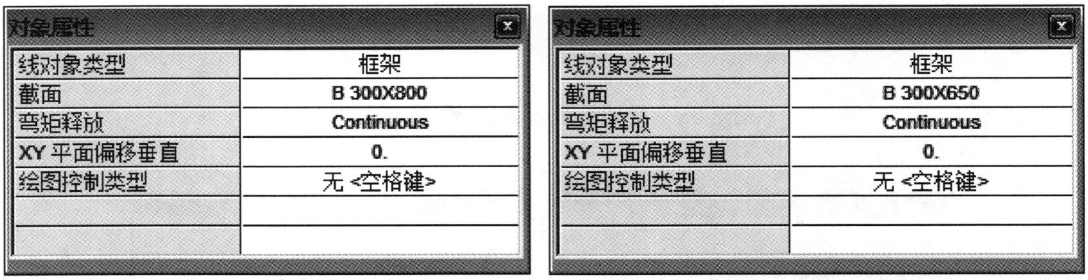

对象属性	
线对象类型	框架
截面	B 300X800
弯矩释放	Continuous
XY 平面偏移垂直	0.
绘图控制类型	无 <空格键>

对象属性	
线对象类型	框架
截面	B 300X650
弯矩释放	Continuous
XY 平面偏移垂直	0.
绘图控制类型	无 <空格键>

图 2-55　【绘制框架】对话框

使用快捷键 Ctrl＋W，调出【激活窗口选项】，勾选面中的"不显示"，关闭面对象显示，可以清楚地看到次梁的布置（图 2-56）。继续切换负一层和负二层视图，完成"B 300×650"截面的次梁布置。

新绘制的次梁在整个结构长度上是一个单元，不能与其他单元协调，需要进行单元划分，切换"X-Y Plane@Z＝12000"视图，框选所有对象，选择下拉菜单：编辑/编辑线/分隔框架，在【分割选择框架】对话框中，选择"在选择的点、框架、面的边和实体的边处打断"，点击确认。新绘制的次梁即沿着已有的面单元的网格划分而划分。继续切换负一层和负二层，完成次梁单元划分（图 2-57）。

接下来删除多余主梁，切换至 X-Z 视图，点击 ⬆ 及 ⬇ 按钮，切换平面至一侧侧墙（Y＝21000），框选负一层、负二层的框架梁，使用键盘"delete"键，删除框架梁单元（图 2-58）。

2.2.6　定义约束条件

由于自动建模时约束条件是在柱底施加简支支座，实际情况应该是整个底板与地基接触，在独立基础和墙下条基范围内考虑支撑作用，本例中为简便考虑，采用对所有底板单元施加面弹簧来模拟。

切换"X-Y Plane@Z＝0"视图，选中所有底板单元，选择下拉菜单：指定/面/面弹簧，在【面弹簧】对话框中（图 2-59），弹簧支座选择"Compression Only"，即只受压弹簧，切换单位为"kN，m，C"，单位面积弹簧刚度即地基土的基床系数，按基岩考虑，取"1000000"，点击"确认"，完成面弹簧指定。

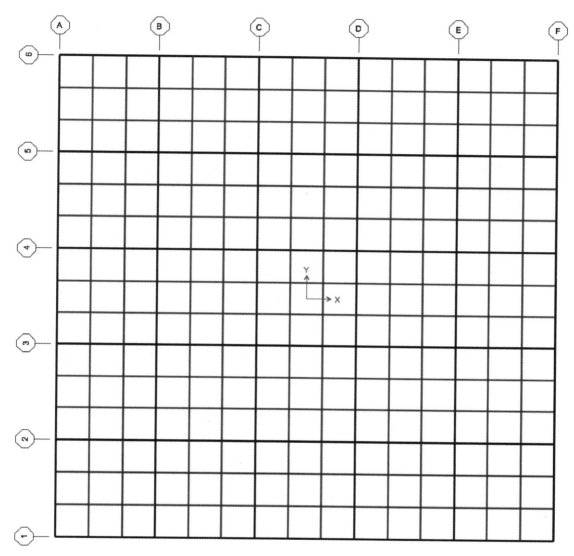

图 2-56　次梁绘制结果

选择 1 轴线和 6 轴线的左右节点（即所有的侧墙的底端节点），选择下拉菜单：指定/节点/约束，在【节点约束】对话框中，勾选"1 轴平移"和"2 轴平移"（图 2-60），点击"确认"，完成水平方向约束指定。

选择下拉菜单：显示/显示其他指定/面，选中"面弹簧"（图 2-61），点击"确认"，可以看到面弹簧设置情况，有设置面弹簧的单元，以"Yes"标识（图 2-62）。

2.2.7　定义荷载

在"X-Z Plane @ Y=-21000"视图中，框选第一排壳单元，选择下拉菜单：指定/面荷载/均匀（壳），在【面均布荷载】对话框中，选择单位为"kN，m，C"，荷载填"10"，方向填"Y"，点击"确定"，完成−1.000m 标高处土压力的添加。继续选择第二

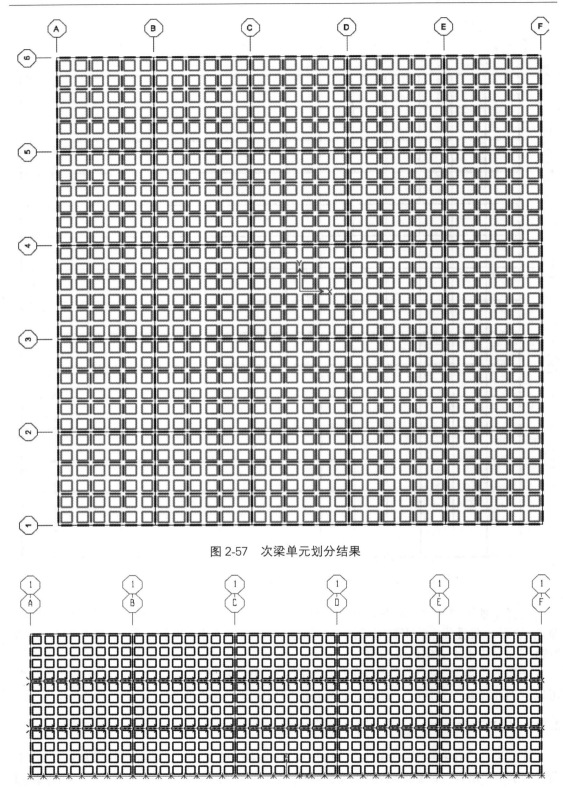

图 2-57　次梁单元划分结果

图 2-58　删除侧墙侧的框架梁

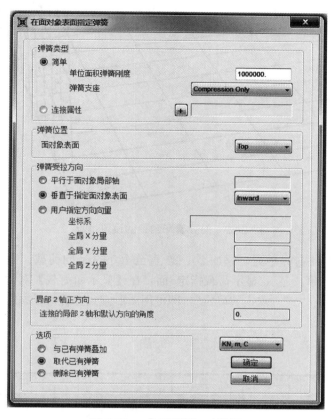

图 2-59 【面弹簧】对话框

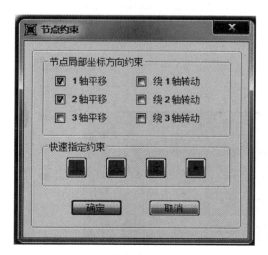

图 2-60 指定水平方向约束

图 2-61 设置面弹簧显示

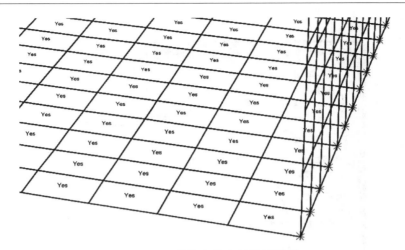

图 2-62　面弹簧和约束的设置情况

排、第三排直至最后一排壳单元，添加 20、30 直至 120 的 Y 向荷载。完成单侧侧墙的土压力添加。选择下拉菜单：显示/显示荷载指定/面，在【显示面荷载】对话框中，选择"均布荷载等值线"，方向选"Y"，点击"确定"，即可用图形方式查看荷载添加效果（图 2-63）。

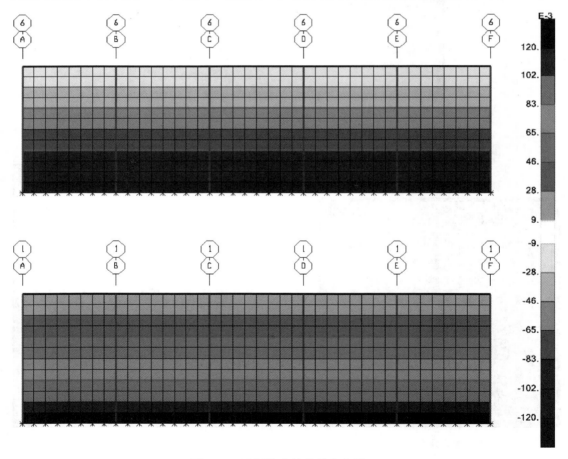

图 2-63　两侧挡土墙荷载指定情况

2.2.8 计算分析及结果查看

直接按快捷键"F5",进入运行对话框,点击"运行分析"。计算结束后选择下拉菜单:显示/显示力、应力/壳,进入【单元内力图】对话框,选择分量类型为"内力",对应组成选为"M22",即可看到竖向弯矩云图(图2-64)。

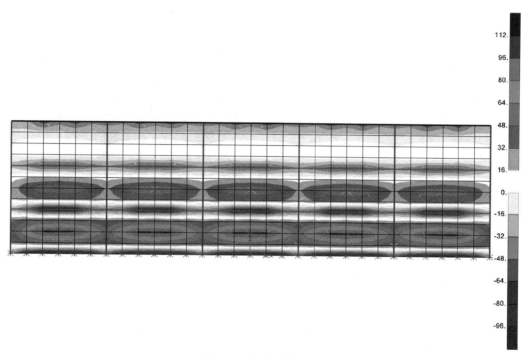

图 2-64　竖向弯矩云图

SAP2000 中可在面单元上点击右键,面单元将会放大显示,可以更准确地查询计算结果。右键点击最下排最中间的面单元,在放大窗口中,查询到最大弯矩为−109kN·m/m(图2-65),此弯矩即底板支座处弯矩,使用同样的方法提取顶板、负一层跨中、负一层支座、负二层跨中、负二层支座和负三层跨中的弯矩(图2-66)。汇集于表2-1,其中实线表示2.2节的完整模型,虚线表示2.1节的简化模型。

由此可以看出:

(1)简化模型中顶板为简支边界,实际分析发现有一定的嵌固作用,但该嵌固作用很小,产生的弯矩也很小,仅采用构造配筋即可满足。实际中为更好地约束墙顶,减少裂缝的出现,在施工图设计时,往往通过加强顶板处的水平筋以应对(图2-67)。

(2)简化模型的楼层板处采用连续支座,实际分析发现,由于楼层板及次梁有面外变形,对侧墙的约束有限,因此楼层板处的负弯矩比简化分析小,而跨中正弯矩比简化分析大(约18%),因此在实际绘制施工图时,各层跨中正弯矩钢筋可适当加大,且为应对次梁下的劈裂作用,应加强次梁下水平分布筋的设置。

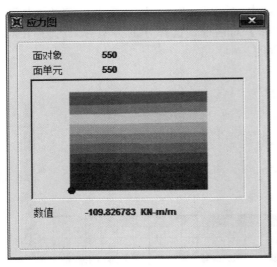

图 2-65　使用放大图查看结果

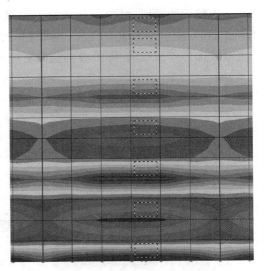

图 2-66　提取相关弯矩的单元

侧墙弯矩汇总　　　　　　　　　　　　　　　　　　　　　　表 2-1

	弯矩(kN·m/m)	2.1 模型	2.2 模型
顶板 负一层 实线 2.2模型 虚线 2.1模型 负二层 底板	顶板负弯矩	0	−40
	负一层正弯矩	21	10
	负一层负弯矩	−56	−53
	负二层正弯矩	47	58
	负二层负弯矩	−108	−79
	负三层正弯矩	83	100
	底板负弯矩	−143	−109

（3）简化模型中底板为固支边界，实际分析发现底板未能实现对侧墙的完全嵌固，简化模型的支座负弯矩偏大，而底层的跨中正弯矩偏小（约 17%）。实际施工图中，由于侧墙下往往设置有条形基础或者整体筏板基础，约束作用比本例的 300mm 厚抗水板强，应根据实际情况，考虑底板的约束能力，进而决定对计算结果的修正。

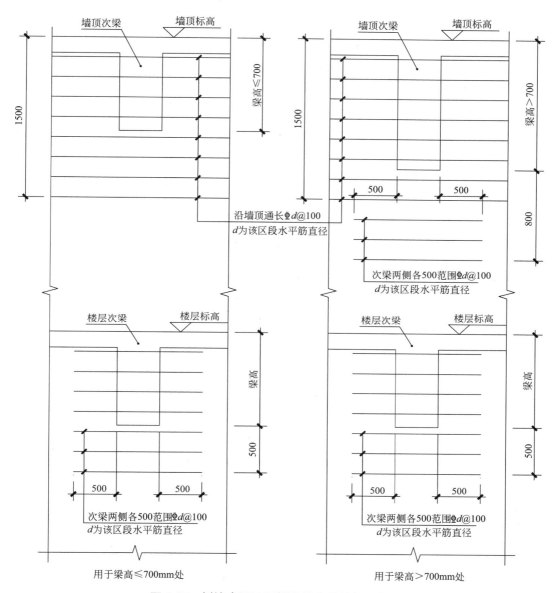

图 2-67 侧墙次梁及顶板处的水平筋加强做法

2.3 有支撑墙的侧墙

2.3.1 问题说明

在实际工程中常遇到地下室侧墙顶部无法约束的情况，例如风井洞口或者楼板太窄等，在解决这种问题时最常见的处理方法就是添加支撑墙，将侧墙的约束从水平向转移到竖直方向。本例选取一个实际的工程模型，该模型中侧墙顶部无法约束，故采用添加支撑墙的方式约束墙体。

模型如图 2-68 及图 2-69 所示，共四层地下室，层高分别为 5.65m、4.2m、3.9m 和 3.9m，其中地下室顶板设计下沉式中庭，中庭右侧的侧墙在顶部只有 2.8m 宽的局部楼板，无法实现有效的顶部支撑，考虑在负一层设置支撑墙，改变侧墙主要受力方向为水平向，由于建筑设计要求，支撑墙在负二层及以下都不能设置，无法以底板为基础，因此设计在负一层由框架梁来承担。

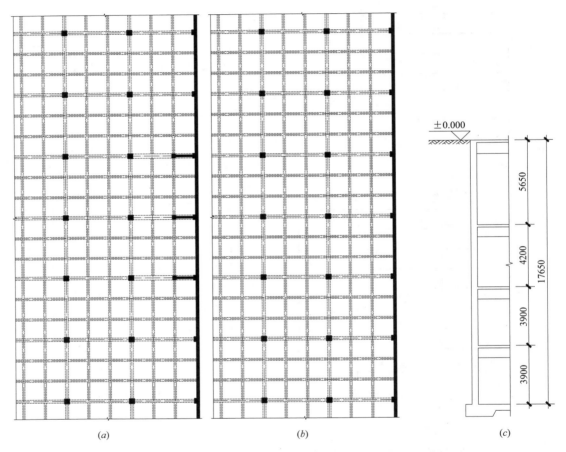

图 2-68　有支撑墙的侧墙模型图（一）

（a）负一层布置图；（b）负二层、负三层布置图；（c）层高关系图

2.3.2　几何建模及单元绘制

本例继续采用模板快速建模的方式。进入 SAP2000，在【新模型】对话框中选择"轴网"，进入【快速网格线】对话框。X、Y、Z 方向的轴网数量依次填 2、7、5，轴网间距依次填 2800、8400、3000，点击"确认"，生成轴网。

需要注意，此时地下各层的层高都是 3m，与实际不符，需要调整。选择下拉菜单：定义/坐标系统、轴网，点击"修改、显示轴网"，进入【定义网格系统数据】对话框（图 2-70）。选择轴网显示方式为"间距"，以便更符合工程习惯，依次修改 Z 轴网数据中的轴

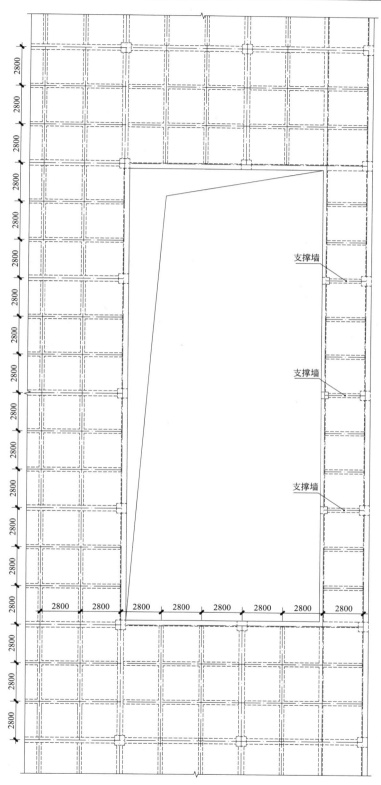

图 2-69 有支撑墙的侧墙模型图（二）顶板层布置图

网间距为 5650、4200、3900、3900，点击"确认"，完成轴网修改。

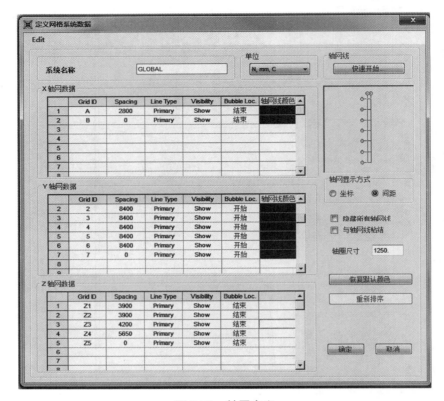

图 2-70 轴网定义

✎ Tips：

➡ SAP2000 中，当鼠标停留在网格交点处时，系统提示"Grid Point"，此时双击，即可快速调出【定义网格系统数据】对话框。

此时，模型中只有轴网，需要手动绘制单元，在绘制单元前，可先进行材料和截面定义，以减少事后指定。

选择下拉菜单：定义/材料。在【定义材料】对话框，添加 HRB400 级钢筋，点击"添加新材料"，在【添加材料属性】对话框中，依次选择"China""Rebar""GB""GB50010 HRB400"，点击"确定"，完成添加。

选择下拉菜单：定义/截面属性/面截面，添加"W400"侧墙截面、"W250"支撑墙截面和"S160"楼板截面（图 2-71～图 2-73）。

切换视图至"X-Y Plane @ Z＝17650"，选择下拉菜单：绘制/快速绘制，选择截面为"S160"，框选视图中全部网格，系统自动绘制顶板层全部面单元（图 2-74）。

切换视图至"Y-Z Plane @ X＝2800"，选择下拉菜单：绘制/快速绘制，选择截面为"W400"，框选视图中全部网格，系统自动绘制侧墙全部面单元。

切换视图至"X-Z Plane @ Y＝16800"，选择下拉菜单：绘制/快速绘制，选择截面为

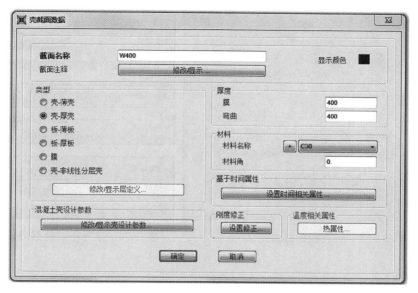

图 2-71 "W400" 侧墙截面定义

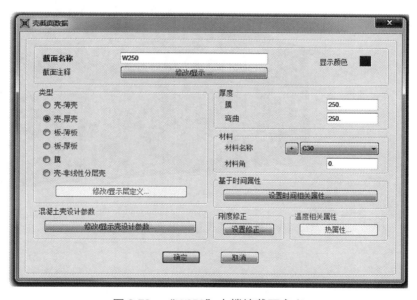

图 2-72 "W250" 支撑墙截面定义

"W250"，框选视图中负一层的网格，系统自动绘制支撑墙面单元。使用 切换视图至

"X-Z Plane @ Y＝25200"，使用同样方法，绘制第二面支撑墙单元；使用 切换视图至

"X-Z Plane @ Y＝33600"，使用同样方法，绘制第三面支撑墙单元。

图 2-75 给出了所有面单元的绘制结果。

45

图 2-73　"S160"楼板截面定义

图 2-74　选择不同的截面绘制壳单元

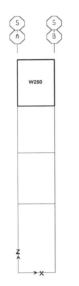

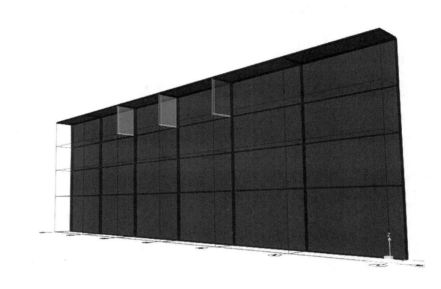

图 2-75　支撑墙的设置情况和整体模型

✎ Tips：

➠ 在【显示选项】窗口（Ctrl＋W 快捷键）中，打开"对象填充"和"拉伸"选项，可以比较直观地观察建模结果。

➠ 在【显示选项】窗口中，选择通过颜色显示"截面"，可以比较直观地观察截面定义是否正确，不同截面的颜色定义需要在面截面定义中预先指定。

2.3.3　单元划分

在"3-D View"视图中，框选所有壳单元，选择下拉菜单：编辑/编辑面/分割面。在

【划分选择面】对话框中，选择"按最大尺寸分割面"，两个尺寸均填 1000（注意应为 mm 单位），点击"确定"，完成网格划分，在视图中可看到划分效果（图 2-76）。

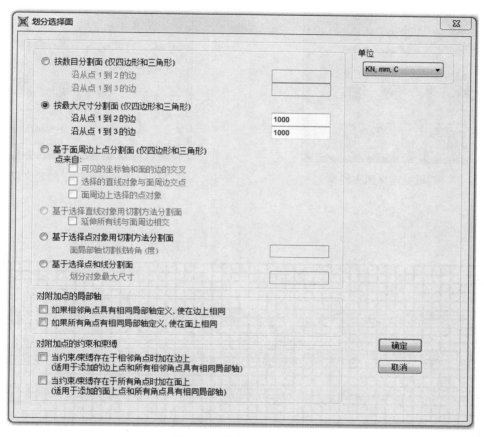

图 2-76　按长度划分单元

2.3.4　定义约束条件

本例由于有支撑墙的介入，模型约束相对比较复杂，需要分别设置。

首先设置底板处约束，根据前例分析可知，侧墙根部约束可简化为固支约束，在"Y-Z"视图中，选择最下排节点，选择下拉菜单：指定/节点/约束，定义固支约束（图 2-77）。

其次设置负一层、负二层、负三层楼板处约束，根据前例分析可知，中间楼层可简化为简支约束，在"Y-Z"视图中，依次选择负一层、负二层、负三层节点，选择下拉菜单：指定/节点/约束，定义简支约束。注意，使用快速指定约束的简支会约束 3 个方向的平动，在本例中应取消 3 轴平动（图 2-78），以便侧墙轴向压力传递。所有侧墙面的约束设置结果详图 2-79。

切换"X-Y"视图，选择 1～2 轴以及 6～7 轴的左侧节点，选择下拉菜单：指定/节点/约束，定义简支约束（图 2-80）。

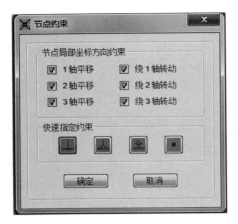

图 2-77 底板处定义固支约束

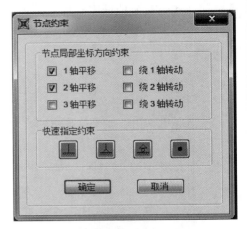

图 2-78 负一到负三层处定义简支约束

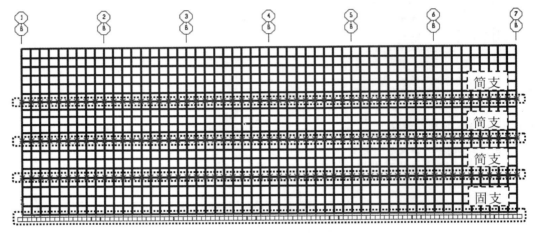

图 2-79 Y-Z 平面上约束定义

✎ Tips：

➡本例为了计算顶板层开口处局部楼板的作用，顶板层建了局部楼板，所以约束应施加在该楼板上，而不是侧墙顶部。

最后定义支撑墙约束，切换"X-Z Plane@Y＝33600"，选择底部节点，选择下拉菜单：指定/节点/约束，定义简支约束。注意，该简支支座不能约束 Z 方向平动，因为靠外墙的那个节点为了传递侧墙轴向压力，并未约束 Z 方向平动，如果此处约束 Z 向平动，将造成局部 Z 方向变形的凸点，引起应力集中。实际中，侧墙支撑在转换梁上，在忽略转换梁的挠度的情况下，支撑墙的墙底竖向变形应该与对应处的侧墙一致。这种节点的变形协调可以使用"束缚"功能实现。

选择底部全部 4 个节点，选择下拉菜单：指定/节点/束缚，在【指定/定义束缚】窗口（图 2-81）中，束缚类型选择"Body"，点击"添加新束缚"，在【Body 束缚】窗口（图 2-82）

48

中，勾选"Z轴平移"，点击确定，完成支撑墙底部节点的 Z 向平动束缚（图 2-83）。

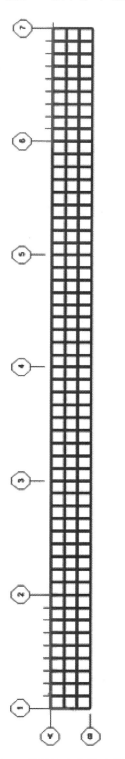

图 2-80 顶板处定义简支约束

图 2-81 【指定/定义束缚】对话框

图 2-82 【Body 束缚】对话框

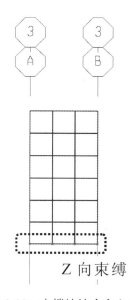

图 2-83 支撑墙墙底定义束缚

49

同样的方式，定义全部三片支撑墙的底部节点约束和束缚。

✎ Tips：

➡束缚功能是 SAP2000 提供的一个灵活的应用功能，最常使用的是 Body 型的束缚，即刚体束缚，添加束缚后，系统自动将被束缚节点的对应自由度取同，即限制相对自由度。以下给出一个简单的例子，可以方便地了解束缚的含义：

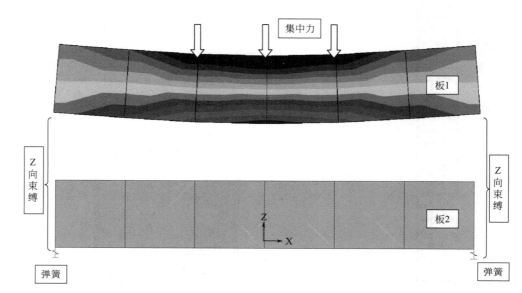

图中板 1 及板 2 均由六个壳单元组成，板 2 的左下节点和右下节点分别设置弹簧支座，板 1 左下节点与板 2 左下节点添加 Z 向束缚，板 1 右下节点与板 2 右下节点添加 Z 向束缚，板 1 的中间三个节点添加集中荷载。从变形图可以看到，板 1 虽然没有添加约束，但两侧节点均与板 2 的对应弹簧支座束缚，也就相当于添加了弹簧支座，发生了弯曲变形，面内产生弯曲内力，板 2 虽然与板 1 的对应支座束缚，但没有外荷载（本例去掉了重力），束缚传来的只是对称的 Z 向平移，所以板 2 只有 Z 向平动，没有任何内力。

➡刚体束缚是需要成组设置的，如上例中左侧两节点为一组，右侧两节点为一组，同组内的对应节点彼此束缚。

➡刚体束缚是束缚中最常见的一种，其他的类型可实现强制刚性楼板假定等不同功能，具体可以查阅软件说明书。

2.3.5　定义荷载组合

本例在土压力之外，将添加车道活载，因此需要进行荷载组合。SAP2000 中提供了非常丰富的荷载布置方式，主要分为三个步骤：【荷载模式】→【荷载工况】→【荷载组合】，在荷载添加之前，需要提前完善各种荷载定义。

选择下拉列表：定义/荷载模式，在【定义荷载模式】对话框（图 2-84）中，可以看到已经有恒载的定义（名称为 DEAD），在名称中填 "LIVE"，类型选 "LIVE"，点击

"添加新的荷载模式"，完成活载的定义。

图 2-84 【定义荷载模式】对话框

✎ Tips:
➡在定义荷载模式的时候，需要注意自重系数，该系数用以反映自重荷载的归属，所以一般来言，恒载 DEAD 的自重系数为 1，即自重统计入恒载。所有的荷载模型只应有一个自重系数为 1，否则自重将重复计算。

选择下拉列表：定义/荷载工况，在【定义荷载工况】对话框中，可以看到，系统已经自动添加了 "DEAD" "MODAL" 和 "LIVE" 三个工况，其中 DEAD 为恒载，LIVE 为活载，MODAL 为振型分析。该设置可满足设计要求，直接点击 "确定"（图 2-85）。

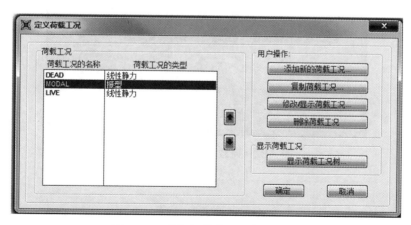

图 2-85 【定义荷载工况】对话框

选择下拉列表：定义/荷载组合，在【定义荷载组合】对话框（图 2-86）中，点击 "添加新组合"，在【荷载组合数据】对话框中，荷载组合名称填 "1.2D＋1.4L"，荷载工况名称选 "DEAD"，比例系数填 "1.2"，点击 "添加"，再选择荷载工况名称为 "LIVE"，比例系数填 "1.4"，点击 "添加"，完成基本组合一的设置（图 2-87）；同样的方法，添加 "1.35D＋0.98L" 的基本组合二（图 2-88）。

图 2-86　【定义荷载组合】对话框

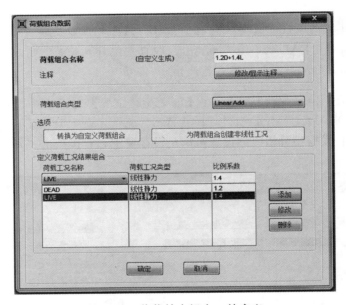

图 2-87　荷载基本组合一的定义

✎ Tips:
➡ 与荷载规范不同，SAP2000 中的荷载组合是不区分基本组合、标准组合与准永久组合等概念，用户需根据荷载组合的要求，将各种分项系数、组合系数等相乘，统一为比例系数填入软件的比例系数中。在计算完成后，用户自行选择需要的荷载组合，查看计算结果。

2.3.6　定义荷载

本例中考虑土压力和车道荷载。侧墙上的土压力为三角形分布，在前例中，采用人为

图 2-88 荷载基本组合二的定义

统计每个标高上的土压力,再分段输入的方式。本例将采用节点样式的方式,更为便捷。

切换"Y-Z"视图,框选全部侧墙节点,选择下拉菜单:指定/节点样式,在【样式数据】对话框中,指定类型样式选择"X,Y,Z乘数"(图 2-89),常数 A、B、C、D 分别填写"0、0、-10、176.5",点击"确认",完成节点样式指定。

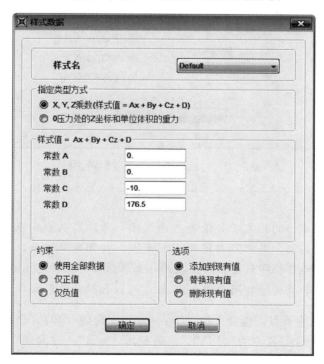

图 2-89 【样式数据】对话框

📎 Tips：

➡ 节点样式为选定的节点提供一组无量纲的分布函数，可作为荷载等属性的乘子。最常见的使用为指定分布荷载、分布温度等。本例中的乘子计算如下：

主动土压力：$p = k_a \gamma h$

其中：$k_a = 0.5$；$\gamma = 20$；$h = 17.65 - z$

故：$p = k_a \gamma h = 0.5 \times 20 \times (17.65 - z) = 176.5 - 10 \times z$

所以常数 $C = -10$，$D = 176.5$。

➡ 节点样式是一个分组的分布，可以为不同的分布函数分别指定不同的节点样式。

➡ 需要特别注意的是，虽然 SAP2000 有完善的单位定义系统，可自由切换单位，但是节点样式本身无量纲，在设定时一定需要注意当前单位，尤其是长度单位。

　　再次框选全部侧墙节点，选择下拉菜单：指定/面荷载/表面压力，在【面表面压力荷载】对话框中，选择荷载模式名称为"DEAD"，面选为"Bottom"，选择压力选项为"通过节点样式"，乘数填"1"，点击"确定"，完成土压力指定（图 2-90）。

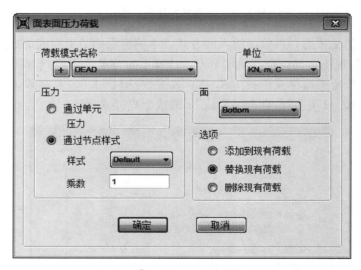

图 2-90　【面表面压力荷载】对话框

📎 Tips：

➡ 需要注意，表面压力的指定中并没有方向选项，系统默认表面压力垂直表面，指向表面内部，对于壳单元，用户可以使用 Ctrl＋W，打开窗口选项，勾选面的"局部坐标"选项，壳单元的 3 轴即蓝色轴就是顶面，如果选择作用面为 top，则蓝色轴就是表面压力的负方向，如果选择作用面为 bottom，则蓝色轴就是表面压力的正方向。

　　再次框选全部侧墙节点，选择下拉菜单：指定/面荷载/均匀（壳），在【面均布荷载】对话框中，选择荷载模式名称为"LIVE"，荷载填"－2"，方向填"X"，点击"确定"，完成车道荷载传导到侧墙上的压力指定（图 2-91）。

图 2-91 定义侧墙活载

✎ Tips：

➡ 为简便起见，本例中只添加了土压力和车道荷载，实际荷载应该还有顶板覆土荷载，各楼层地面做法和使用活载。用户可在熟悉后，自行添加。

2.3.7 对比模型及计算分析

为了比对支撑墙的支撑效果，需建立一个对比模型，该模型几何尺寸与本例同，但修改顶板宽度及支撑墙宽度为 1m（图 2-92），参见本例建模流程，按同样方法依次进行单元划分、约束添加和荷载定义。为便表达，本节后续中分布以模型一和模型二表达这两个模型，其中模型一为施工图模型，模型二为对比模型。

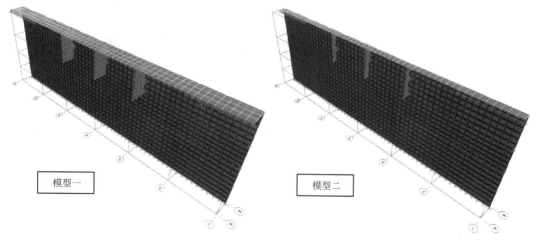

图 2-92 建立对比模型

直接按快捷键"F5"，进入运行对话框，点击"运行分析"，分别计算模型一和模型二。计算完成后，依次查看侧墙、顶板和支撑墙的分析结果。

2.3.8 侧墙分析结果查看

首先，切换模型一至"Y-Z"视图，查看侧墙，按快捷键"F9"，在单元内力图中，选择工况组合名为"1.35D+0.98L",分量类型选择"内力",组成选择"M11",显示水平弯矩(图 2-93),可以看出支撑墙明显发挥作用,且支座弯矩在竖向没有明显衰减,对比模型二的水平弯矩图,支撑墙处的负弯矩在靠近顶板的附近明显减弱,因为支撑墙本身近似单悬挑受力,模型二的支撑墙宽度太小,刚度不够,顶部变形太大,无法对侧墙形成有效约束。

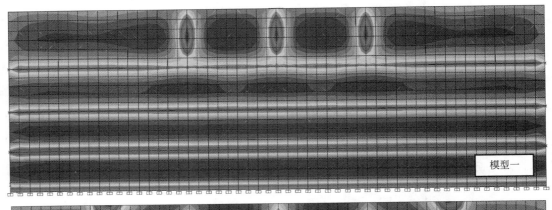

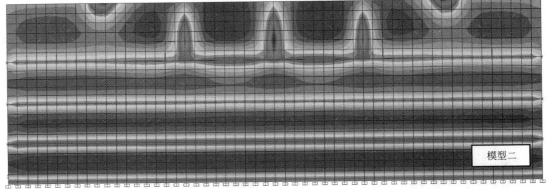

图 2-93　侧墙水平弯矩分布图

✎ Tips:
➡ 注意,SAP2000 中结果查看需要指定荷载组合,但是无法直接给出最大组合,用户需要根据自己需要,选择对应组合查看,本例中控制组合为"1.35D+0.98L"。

切换"M22",显示竖向弯矩(图 2-94),可以看到模型一由于支撑墙和墙顶 2.8m 宽楼板的作用,在竖向上并非完全悬挑板,呈现明显的四边支撑的效果,而模型二的支撑墙和墙顶楼板刚度不够,无法形成有效的侧向支撑,凌空墙的受力近似悬挑板。

统计模型一和模型二的凌空墙的板弯矩,如图 2-95 所示,从弯矩数值上来看,支撑墙处的负弯矩差别不大,但模型二的弯矩分布更不均匀,且两侧支撑墙的弯矩也明显不同,印证了模型二的顶板刚度不够,三片支撑墙无法协同工作,每个单片支撑墙的变形接近单悬挑。

在另一个方向,竖向弯矩则有很大不同,由于模型一的支撑墙的作用,墙体呈明显的四边受力形态,负一层支座弯矩为−141,只有模型二支座弯矩的 64%。模型二的支撑作

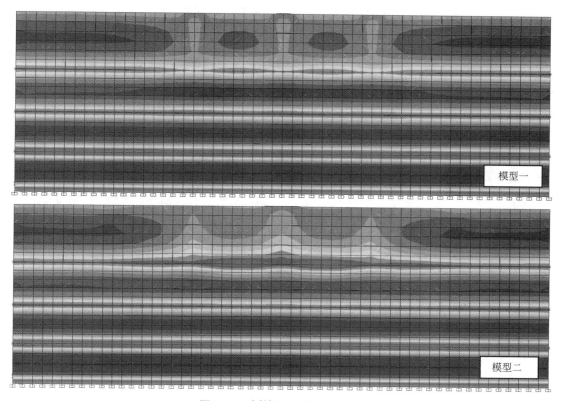

图 2-94 侧墙竖向弯矩分布图

用较差，竖向弯矩在跨中仍为负值，呈现出更多的单向受力形态。

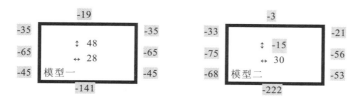

图 2-95 负一层侧墙的板弯矩

据此，可以看出设置支撑墙的悬空侧墙，需保证必要的支撑墙宽度，以提供足够的约束刚度，且在此情况下，侧墙受力并不会因为支撑墙的设置而变为水平单向受力，而是以四边支撑板的双向受力为主。配筋设计中，在保证足够的水平向受力钢筋的同时，也不能忽略竖向钢筋的配置。

按快捷键"F9"，进入【单元内力图】对话框，选择分量类型为"混凝土设计"，输出类型为"顶面"，对应组成选为"Ast1"，即可看到 1 方向（即水平向）的正弯矩钢筋配筋面积（图 2-96），最大值约为 $250mm^2/m$，构造配筋即可满足。继续查看"Ast1"配筋，切换输出类型为"底面"，即可看到 1 方向的负弯矩钢筋配筋面积，最大值约为 $550mm^2/m$，从云图上看，负弯矩钢筋的利用长度约为 2 个网格，即 2m 长，但在实际配筋时，考虑地下室抗渗的要求，往往通长设置。

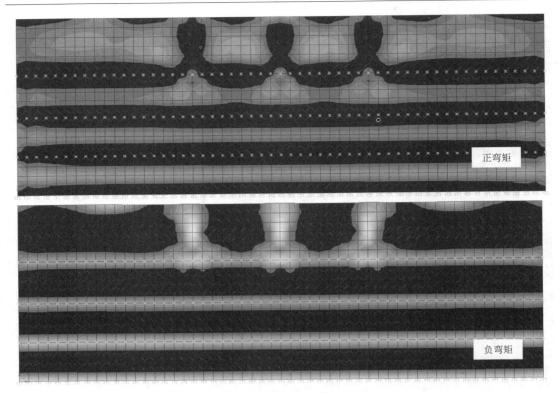

图 2-96　侧墙水平配筋分布图

2.3.9　支撑墙分析结果查看

切换 "X-Z Plane @Y=25200" 视图，按快捷键 "F6"，在【变形形状】对话框（图 2-97）中，选择工况/组合名为 "1.35D+0.98L"，比例系数填 "200"，勾选 "在面对象上绘制位移等值线"，等值线分量选 "Uz"，点击 "确定"，显示变形形状，并在单元上绘制 Z 向位移。

对比两个模型的变形，在同等比例下，模型二的变形显著地大于模型一，其中模型一两侧角点的 Z 向位移比例 Uz1/Uz2=4，模型二的对应比例 Uz1/Uz2=18，可见，模型一的支撑墙变形呈现明显的剪切形态，而模型二的变形则呈现明显的弯曲形态（图 2-98）。

从结构概念判断，如果需要支撑墙发挥显著的支撑效果，且对侧墙形成有效的水平约束，则支撑墙的变形应以剪切变形为主，所以从变形图上也可直观地给出模型二支撑墙刚度不够的判断。

在模型一中，按快捷键 "F9"，在单元内力图

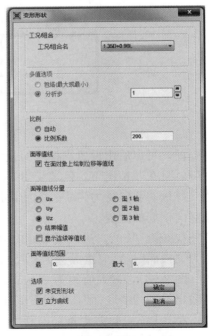

图 2-97　【变形形状】对话框

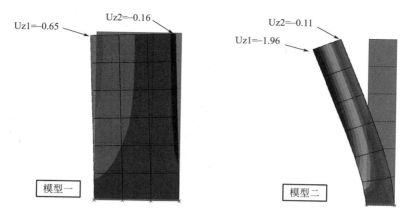

图 2-98　支撑墙的变形

中，选择工况组合名为"1.35D＋0.98L"，分量类型选择"内力"，组成选择"F12"，显示剪力云图（图 2-99），最大剪力 376kN/m，发生在靠近根部的部位，按此剪力可对支撑墙的分布钢筋设计，根据《混凝土结构设计规范》：

6.3.1 $\quad V \leqslant 0.2\beta_c f_c bh_0 = 0.2 \times 1 \times 14.3 \times 1000 \times 250 = 715kN$，截面厚度满足抗剪设计需要；

6.3.4 $\quad V \leqslant \alpha_{cv} f_t bh_0 + f_{yv} \dfrac{A_{sv}}{s} h_0$

$$\dfrac{A_{sv}}{s} \geqslant \dfrac{V - \alpha_{cv} f_t bh_0}{f_{yv} h_0} = \dfrac{376 \times 10^3 - 0.7 \times 1.43 \times 1000 \times 250}{360 \times 250} = 1.40 \text{mm}^2/\text{mm}$$

实际分布钢筋选Φ12@150，$\dfrac{A_{sv}}{s} = \dfrac{113 \times 2}{150} = 1.50 \geqslant 1.40$，满足计算需要。

按快捷键"F9"，在单元内力图中，选择工况组合名为"1.35D＋0.98L"，分量类型选择"壳应力"，输出类型选"绝对最大"，组成选择"S22"，显示竖向应力云图（图 2-100），可以清楚地看出，在侧墙土压力的作用下，支撑墙的竖向应力形成一对力偶，抵抗土压力产生的弯矩，最大压应力为 5.6MPa，未超过混凝土抗压强度设计值，最大拉应力为 1.8MPa，超过混凝土抗拉强度设计值。

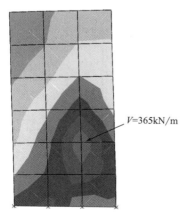

图 2-99　支撑墙的剪力分布图

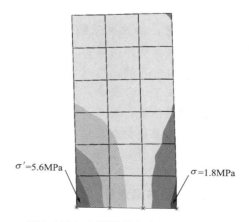

图 2-100　支撑墙的竖向应力分布图

以最大压应力点为代表复核支撑墙的受压，忽略受压钢筋的贡献，根据《混凝土结构设计规范》：

6.2.15　　$N \leqslant 0.9\varphi f_c A$

$[\sigma'] = 0.9\varphi f_c = 0.9 \times 0.7 \times 14.3 = 9\text{MPa}$，$\sigma' < [\sigma']$，截面满足规范要求。

以最大拉应力点为代表复核支撑墙的受拉，竖向分布钢筋配筋为$\Phi 14@150$，双排钢筋，每米板宽的钢筋面积为$1026 \times 2 = 2052\text{mm}^2$，根据《混凝土结构设计规范》6.2.22：

$N \leqslant f_y A_s$

$[\sigma] = f_y \dfrac{A_s}{A} = 360 \times \dfrac{2052}{250 \times 1000} = 2.96\text{MPa}$，$\sigma < [\sigma]$，配筋满足规范要求（图 2-101）。

> ◈ Tips:
> ➠支撑墙是一个简单的受力构件，但受力形式相对复杂，规范并未给出明确的计算方法，本例借用规范的对应公式，配合 SAP2000 的输出结果，给出了抗剪和拉、压的复核方法。
> ➠本文采用极值点附近结果进行复核，容易看到，这种方法是"以偏概全"，但笔者认为这种方式在支撑墙的设计中是合适的，其一，支撑墙的剪力在整个墙体上确实是不均匀的分布，但工程中其配筋结果必然是统一的，所以采用极值点进行复核是偏于安全的做法，当然读者也可以对整个断面的剪力分布进行积分，得到截面剪力（这一步可由"绘制截面切割功能"完成），再行复核；其二，支撑墙在侧墙压力作用下受弯，按照规范偏心受压的计算，受力钢筋应配置在墙体两端，但工程中其受力配筋必然是均匀分布的，所以借用轴心拉压的公式，不仅保证了工程安全，而且可以较快地获得可行的配筋结果；其三，根据极值点复核的配筋结果并未显得特别离谱，完全在正常的工程经验范围内，符合工程中半定量的判断。

2.3.10　顶板分析结果查看

切换"X-Y"视图，按快捷键"F9"，在单元内

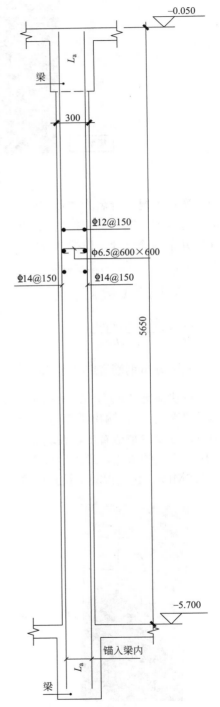

图 2-101　支撑墙配筋图

力图中，选择工况组合名为"1.35D＋0.98L"，分量类型选择"壳应力"，输出类型选"绝对最大"，组成选择"S22"，显示长向应力云图（图2-102）。

可以看到，由于顶板为侧墙提供了有效的支撑，顶板的左侧半边出现了明显的受拉区，最大拉应力为1.8MPa。实际配筋时，此处板配筋有意加强，采用双层双向🕀8@150设置，每米板宽的钢筋面积为$523×2=1046mm^2$，根据《混凝土结构设计规范》6.2.22：

$$N \leqslant f_y A_s$$

$$[\sigma]=f_y\frac{A_s}{A}=360×\frac{1046}{160×1000}=2.4MPa，\sigma<[\sigma]，配筋$$

满足规范要求。

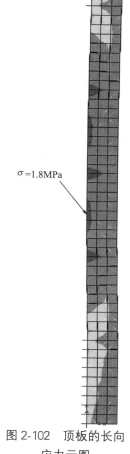

图2-102 顶板的长向
应力云图

$\sigma=1.8MPa$

2.4 机动车坡道旁侧墙

2.4.1 问题说明

在地下室侧墙设计中，除了直接承受土压力的外部侧墙，还有一种受力较为复杂的情况，机动车车道侧墙。机动车车道（或者非机动车车道）往往设计在地下室外围轮廓处，土压力通过外部侧墙传递给车道板，继而以车道板水平荷载的形式继续往里面的侧墙传递。在日常计算中，由于车道板斜向布置，常常简化处理，取一个车道顶标高和底标高分别计算，计算配筋采用两个结果的包络设计。这种处理不仅粗暴，经济性差，而且更为关键的是，概念并不清晰，计算结果无法保证。

本例选用一个单向机动车车道局部模型，如图2-103和图2-104所示，地下共3层，沿外墙设置单向机动车道，车道长26m，坡度15%，层高3.9m，标准柱跨8.4m×8.4m。坡道外侧临土，设置400mm厚侧墙，内侧与楼板斜交，设置400mm厚隔墙。为便捷分析，忽略梁的设计，以楼板为全部水平构件。

2.4.2 快速建模

本例采用快速建模的方式，进入SAP2000，在【新模型】对话框中选择"楼梯"，进入【快速楼梯】对话框。X、Y、Z方向的轴网数量依次填2、7、5，轴网间距依次填2800、8400、3000，点击"确认"，生成轴网。楼梯类型选"Staircase Type 1"，层数填"3"，层高填"3.9"。X、Y的水平宽度均填"8.4"，梯段长度填"26"，最大剖分尺寸填"4"，点击"确定"，系统自动生成单跑楼梯模型（图2-105～图2-107）。

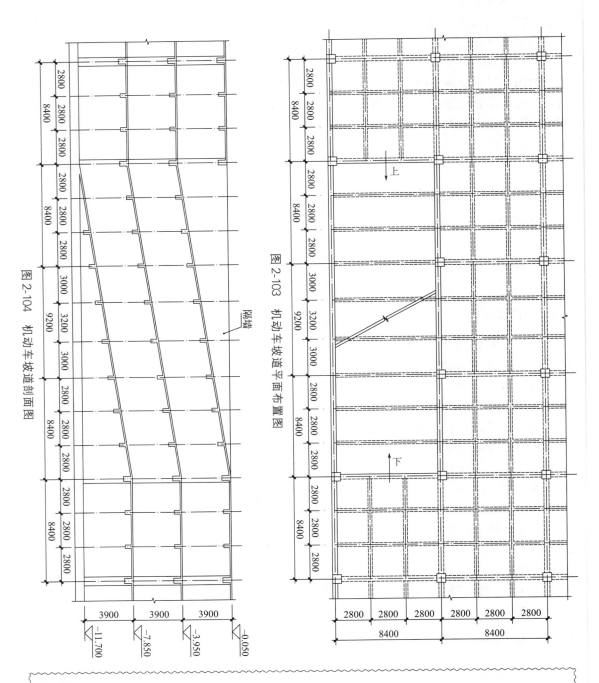

图 2-104　机动车坡道剖面图

图 2-103　机动车坡道平面布置图

🖎 Tips：

➡为便于快速熟悉问题，本例采用了 3 层等层高的模型，实际工程中负一层层高往往要高一些，读者在熟悉本例后，仍然可以通过快速建模，建立 3 层等高的楼梯，再进行人为修改。

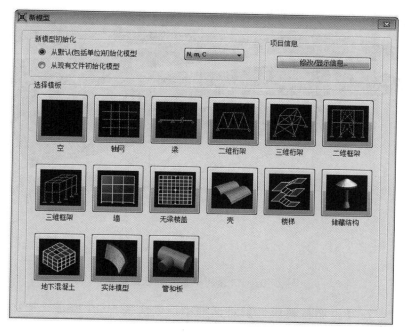

图 2-105 使用楼梯快速建模

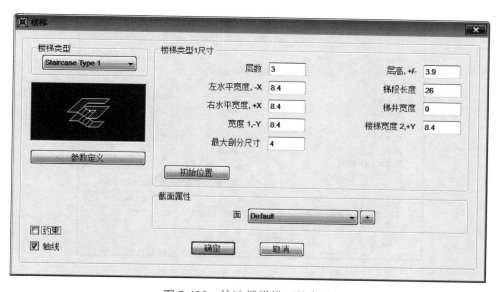

图 2-106 快速楼梯模型的参数

2.4.3 补充建模

使用快速建模得到的是一个标准的楼梯模型，与本例需要分析的单向车道模型相比，缺少了侧墙和中间隔墙，需要补充建模。

选择下拉菜单：定义/材料。在【定义材料】对话框，添加 HRB400 级钢筋，点击

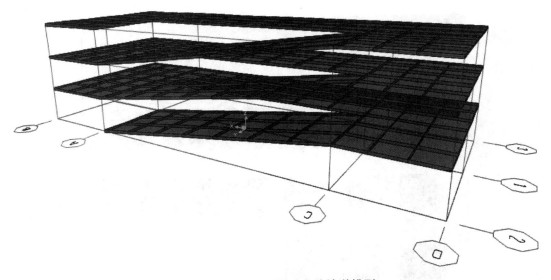

图 2-107　快速建模生成的坡道模型

"添加新材料"，在【添加材料属性】对话框中，依次选择 "China" "Rebar" "GB" "GB50010 HRB400"，点击 "确定"，完成钢筋添加。

　　选择下拉菜单：定义/截面属性/面截面，添加 "W400" 侧墙截面和 "S120" 楼板截面（图 2-108、图 2-109）。

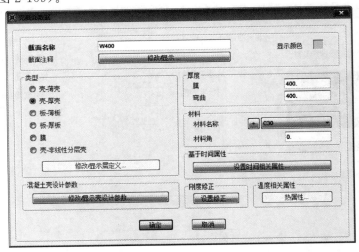

图 2-108　"W400" 侧墙截面定义

　　在 "3-D" 视图中，框选全部对象，选择下拉菜单：指定/面/截面，选择 "S120" 截面，点击 "确定"，完成楼板和坡道板的截面指定。

　　切换视图至 "X-Z Plane @Y＝8400"，选择下拉菜单：绘制/快速绘制，选择截面为 "W400"，框选全部网格，系统自动按 "W400" 截面绘制侧墙壳单元（图 2-110）。

　　切换视图至 "X-Z Plane @Y＝0"，选择下拉菜单：绘制/快速绘制，选择截面为 "W400"，框选中间网格，系统自动按 "W400" 截面绘制中间隔墙壳单元（图 2-111）。

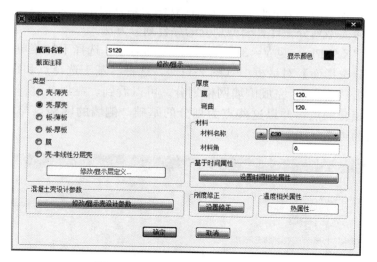

图 2-109 "S120"楼板截面定义

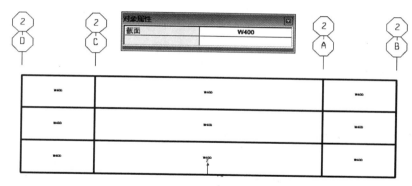

图 2-110 绘制侧墙壳单元

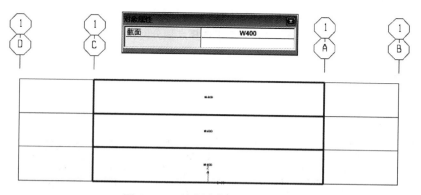

图 2-111 绘制中间隔墙壳单元

2.4.4 单元划分

本例的单元划分比较复杂，第一，需要考虑侧墙、坡道、隔墙的协调工作问题；第二，SAP2000 中的划分分为几何模型划分和计算模型划分两个层面，本例的初始生成网格较粗，将采用几何模型划分＋计算模型划分的综合划分方法。

切换视图至"X-Z Plane @Y＝8400"，框选全部对象，选择下拉菜单：编辑/编辑面/分隔面，在【划分选择面】对话框中（图 2-112），选择"基于选择点和线分隔面"，最大尺寸填"4"，点击"确定"，完成侧墙网格划分。可以看到，在划分过程中，由于选择了坡道板与侧墙面相交的点，并以这些点为划分的基础，侧墙的网格点与坡道的网格点耦合，保证了内力的传递（图 2-113）。

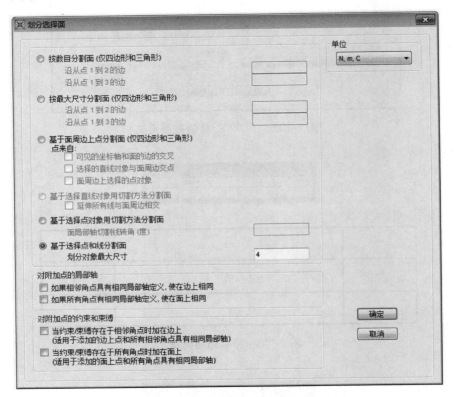

图 2-112　基于选择点划分网格

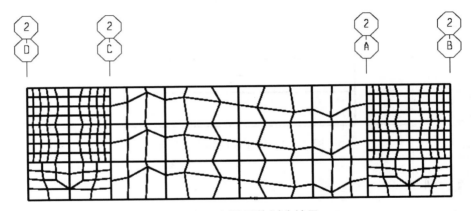

图 2-113　侧墙网格划分结果

切换视图至"X-Z Plane @Y＝0"，框选全部对象，选择下拉菜单：编辑/编辑面/分隔面，在【划分选择面】对话框中，选择"基于选择点和线分隔面"，最大尺寸填"4"，点击"确定"，完成隔墙网格划分（图 2-114）。

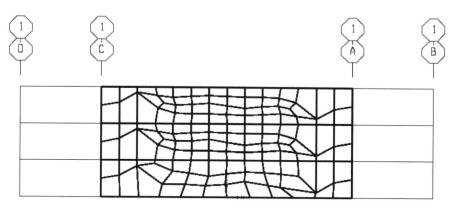

图 2-114　隔墙网格划分结果

2.4.5　定义约束条件

切换视图至"X-Y Plane @Z＝0"，框选所有节点，选择下拉菜单：指定/节点/约束，定义固支约束（图 2-115）。

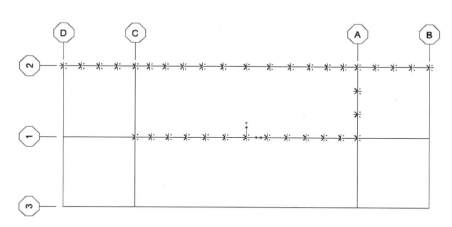

图 2-115　定义底板处约束

切换视图至"X-Y Plane @Z＝3.9"，框选 D 轴线及 B 轴线节点，选择下拉菜单：指定/节点/约束，定义简支约束（只约束 Z 向即 3 轴平移）。框选 3 轴线节点，选择下拉菜单：指定/节点/约束，定义简支约束。切换视图至"X-Y Plane @Z＝7.8"，采用同样方法定义负二层约束（图 2-116）。

2.4.6　网格细分

模型完成网格划分后，部分网格仍然稍显粗糙，需要进一步划分，SAP2000 提供网格

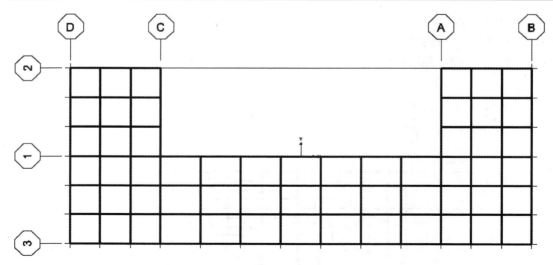

图 2-116　定义楼层处约束

细分的功能，允许用户对单元细分，该细分只针对计算模型，不体现在几何建模中，能有效简化前期建模的工作。

在"3-d"视图中，框选所有壳单元，选择下拉菜单：指定/面/自动面网格剖分，在【指定自动的面网格剖分】对话框中，选择"按最大尺寸剖分面"，点 1 到 2 和点 1 到 3 的最大尺寸均填"1"，勾选"当约束/束缚存在于相邻角点时加在边上"，点击"确认"，完成网格细分（图 2-117）。

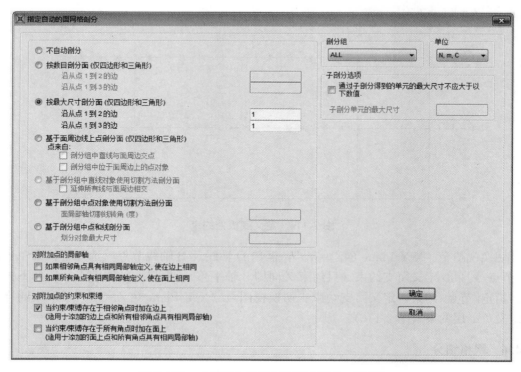

图 2-117　【指定自动的面网格剖分】对话框

✎ Tips：

➡ 网格细分（即自动面网格剖分）是 SAP2000 的特色功能，网格细分功能不仅简化了几何建模阶段的网格划分工作，而且巧妙地保证了计算的精度，更为重要的是在 SAP2000 中网格细分被定义为单元的一种属性，这就使得在建模过程中可以随时更改网格细分的定义，而如果采用普通的网格划分功能则难以实现，一旦网格划分完成，想要调整网格重新划分，是非常麻烦的事情。

➡ 网格细分后在建模阶段是无法直观查看的，但是在计算分析后，可以清楚地看到细分结果，与采用同样设置的网格划分的结果一致。

网格细分后，相邻网格的细分节点并不一定耦合，变形可能不协调，因此为协调边界变形，需对细分网格后的边界进行处理，SAP2000 提供了自动功能，框选所有壳单元，选择下拉菜单：指定/面/生成边束缚，在【指定边束缚】对话框（图 2-118）中，勾选"沿对象边生成束缚"，点击"确定"，系统自动为所有的相邻边生成束缚。

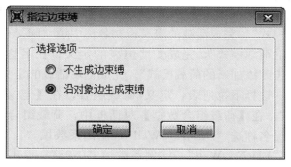

图 2-118　【指定边束缚】对话框

进行网格细分和自动束缚后，视图中无任何特殊显示，可以通过属性查看。在视图中任意壳单元上使用右键单击，出现【面信息】对话框，在指定页面中可以看到该壳单元使用了自动面剖分，且定义了自动边束缚（图 2-119）。

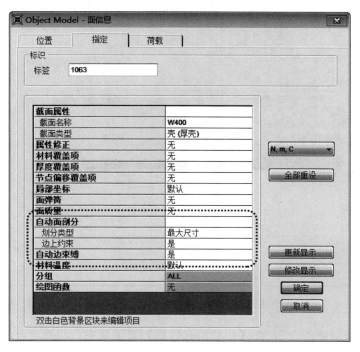

图 2-119　【面信息】对话框

✎ Tips：

➡自动边束缚功能非常强大，能有效地协调不匹配的相邻网格，使得用户在网格划分或者网格细分时更加自由，不必为边界协调花费更多时间。而且，也就使得用户可以针对模型的不同关注部分以不同的精度划分，由系统自动对精分网格和粗分网格进行匹配。

2.4.7　定义荷载组合及荷载

选择下拉列表：定义/荷载模式，在【定义荷载模式】对话框中，可以看到已经有恒载的定义（名称为 DEAD)，在名称中填"LIVE"，类型选"LIVE"，点击"添加新的荷载模式"，完成活载的定义；在名称中填"DEAD_Wall"，类型选"DEAD"，点击"添加新的荷载模式"，完成侧墙恒载的定义；在名称中写"LIVE_Wall"，类型选"LIVE"，点击"添加新的荷载模式"，完成侧墙活载的定义。

选择下拉列表：定义/荷载组合，在【定义荷载组合】对话框中，点击"添加新组合"，在【荷载组合数据】对话框中，荷载组合名称填"Wall（1.35D+0.98L）"，荷载工况名称选"DEAD_Wall"，比例系数填"1.35"，点击"添加"，再选择荷载工况名称为"LIVE_Wall"，比例系数填"0.98"，点击"添加"，完成侧墙荷载基本组合一的设置。类似地完成"Wall（1.2D+1.4L）"组合的定义。

图 2-120　1.35D+0.98L 的荷载组合定义

再次点击"添加新组合"，在【荷载组合数据】对话框中，荷载组合名称填"1.35D+0.98L"，荷载工况名称选"Wall（1.35D+0.98L）"，比例系数填"1"，再选择荷载工况

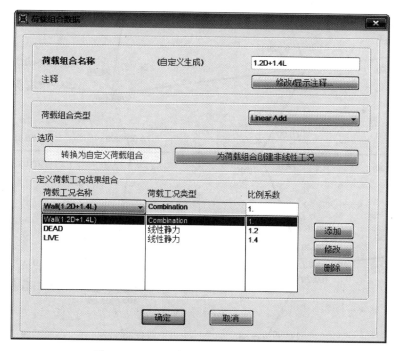

图 2-121 1.2D＋1.4L 的荷载组合定义

名称选"DEAD"，比例系数填"1.35"，点击"添加"，再选择荷载工况名称为"LIVE"，比例系数填"0.98"，点击"添加"，完成基本组合一的设置（图 2-120）。类似地完成"1.2D＋1.4L"基本组合的定义（图 2-121）。

✎ Tips：

➡ 可以看到在本例中，有意地将侧墙荷载与楼层荷载分开定义。这样可以方便在后续结果分析中，根据需要查看不同荷载作用下的内力结果，避免不同荷载之间的相互影响。

　　切换"X-Z Plane @Y＝8.4"视图，框选所有侧墙对象，选择下拉菜单：指定/节点样式，在【样式数据】对话框中，指定类型样式选择"X，Y，Z 乘数"，常数 A、B、C、D 分别填写"0、0、−10、117"，点击"确认"，完成节点样式指定。

　　再次框选全部侧墙节点，选择下拉菜单：指定/面荷载/表面压力，在【面表面压力荷载】对话框中，选择荷载模式名称为"DEAD＿Wall"，面选为"Top"，选择压力选项为"通过节点样式"，乘数填"1"，点击"确定"，完成土压力指定（图 2-122）。从指定结果可以看出，对于这种非均匀划分的网格，如果不采用节点样式的方法，想要手动指定每个网格的土压力是难以想象的。

　　再次框选全部侧墙节点，选择下拉菜单：指定/面荷载/均匀（壳），在【面均布荷载】对话框中，选择荷载模式名称为"LIVE＿Wall"，荷载填"−2"，方向填"Y"，点击"确定"，完成地面车辆荷载传导到侧墙上的压力。

　　选择下拉菜单：选择/选择/属性/面属性，在【选择截面】对话框（图 2-123）中，选

71

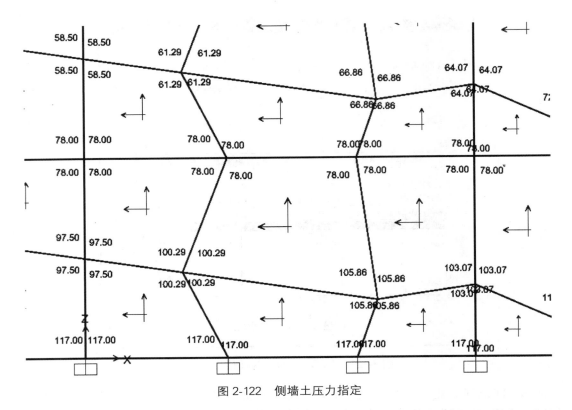

图 2-122　侧墙土压力指定

择"S120"，点击"确认"，即可选中所有楼板，选择下拉菜单：指定/面荷载/均匀（壳），在【面均布荷载】对话框中，选择荷载模式名称为"DEAD"，荷载填"－2"，方向填"Z"，点击"确定"，完成地面做法恒载的添加。再次选择下拉菜单：指定/面荷载/均匀（壳），在【面均布荷载】对话框中，选择荷载模式名称为"LIVE"，荷载填"－4"，方向填"Z"，点击"确定"，完成地下室使用活载的添加。

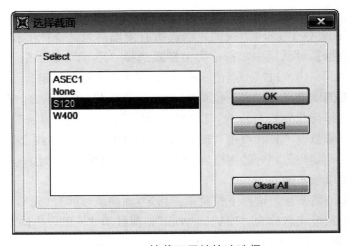

图 2-123　按截面属性快速选择

2.4.8 侧墙分析结果查看

直接按快捷键"F5",进入运行对话框,点击"运行分析"。切换"X-Z Plane @Y=8.4"视图,按快捷键"F6",调出【变形形状】对话框,选择工况组合名为"1.35D+0.98L"(图 2-124),勾选"在面对象上绘制位移等值线",分量选"Uy",点击"确定",可以看到侧墙的 Y 向变形(即平面外变形)(图 2-125)。可以看到沿坡道板方向,侧墙发生变形,从变形的变化梯度可以看出第二层和第三层坡道板对变形有明显的约束作用,第一层坡道板的对位移的约束作用不明显,这主要是因为侧墙土压力呈三角形分布,顶部的土压力相对根部较小,在侧墙整体变形较大的影响下,较小的顶部位移不能很好体现支座处的相对位移差。可切换工况组合为"LIVE_Wall",此时的侧墙荷载为均匀分布的车道荷载,从图 2-126 上可以明显看出第一层坡道板对侧墙的约束作用。

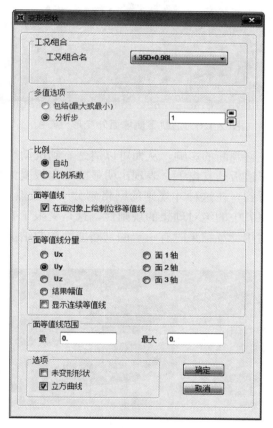

图 2-124 【变形形状】对话框

✎ Tips:

➡当网格较密,比较影响结果查看时,可以使用 Ctrl+W,取消"显示边"的选项,可以更清楚地看到分析结果。

按快捷键"F9",在单元内力图中,选择工况组合名为"1.35D+0.98L",分量类型选择"内力",组成选择"M22",显示竖向弯矩(图 2-127)。由于弯矩图避免了位移图中

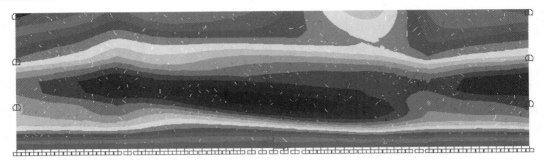

图 2-125　基本组合下侧墙面外变形分布图

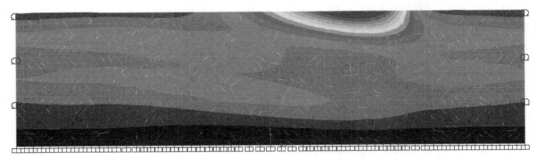

图 2-126　活载下侧墙面外变形分布图

较大的绝对位移对相对位移判断的影响，从而可以清楚看到机动车坡道板对侧墙的约束作用。侧墙在三层非机动车道板的支撑下，表现出明显的单向板受力形态，具备部分分离式配筋的条件。同时可以看到，在这种非规则的网格划分下，虽然弯矩分布符合受力概念，但弯矩结果并不会呈现想象中的绝对理想的规则性，这是受限于有限元的单元特点和划分精度，这就要求用户在使用计算结果时有一定的判断能力和归纳能力。

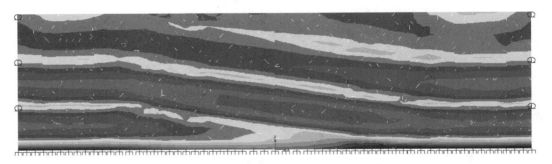

图 2-127　竖向弯矩分布图

以斜向的车道板为划分，依次查询不同车道板位置的弯矩。其中底部支座负弯矩较大，需要单独配置，负一层坡道板和负二层坡道板的负弯矩基本相同，可以统一配筋，负三层跨中正弯矩较大，需要单独配置，其余部分跨中正弯矩可以统一配筋。查询底部支座负弯矩最大值为 $-290kN \cdot m$，负一层、负二层坡道板负弯矩为分别为 $-95kN \cdot m$ 和 $-85kN \cdot m$，统一取 $-95kN \cdot m$；负三层跨中正弯矩为 $137kN \cdot m$，负二层跨中正弯矩为 $85kN \cdot m$，计算各处配筋见表 2-2。

侧墙弯矩及配筋汇总			表 2-2
	负弯矩	正弯矩	配筋
负一层支座	−95		800
负二层跨中		85	800
负二层支座	−95		800
负三层跨中		137	1116
负三层支座	−290		2488

根据整理的配筋结果，绘制墙体施工图如图 2-128 所示。其中，负三层非机动车道板处负弯矩钢筋明显大于其他几层，采用部分分离配筋设计，根据 SAP2000 分析结果，该弯矩的覆盖范围满足 1/3 板跨的假定，因此在负三层非机动车道板处附加Φ18 @200 的钢筋，并且在伸上板面 1300mm（1/3 层高）后截断，避免了简化设计时负钢筋直接通到顶的草率。负一层、负二层支座配筋都为构造配筋，负弯矩钢筋可以直接拉通。各层的正弯矩钢筋可以根据不同板跨分别设置。当然，这里的配筋结果是直接根据 SAP2000 的强度验算设计的，实际工程中，还应进行正常使用极限验算，对于地下室侧墙，由于外侧可能临水，可适当加强水平向配筋，以控制竖向裂缝的开展。

2.4.9 隔墙分析结果查看

切换 "X-Z Plane @ Y＝0" 视图，按快捷键 "F6"，调出【变形形状】对话框，选择工况组合名为 "1.35D＋0.98L"，勾选 "在面对象上绘制位移等值线"，分量选 "Uy"，点击确定，可以看到由于第三层坡道板距离底板较近，第一层坡道板传来荷载较轻，在面外的绝对位移上负二层的数值是最大的，这与一般的判断不太相同（图 2-129）。

为了进一步考察约束作用，需要查看弯矩，按快捷键 "F9"，在单元内力图中，选择工况组合名为 "1.35D＋0.98L"，分量类型选择 "内力"，组成选择 "M22"，显示竖向弯矩。从弯矩图上可以明显看到，正弯矩的分布走向与传递侧向荷载的斜向坡道板一致，而负弯矩因为楼层板的支撑作用而呈水平走向（图 2-130）。

虽然支撑墙呈现明显的单向板特征，但是由于车道板传来的荷载斜向分布，负弯矩的结束位置并不一定满足 1/3 板跨的假定。为了更清楚地显示负弯矩范围，可以在限定显示弯矩范围，在【单元内力图】对话框（图 2-131）内，调整等值线范围最小值为 "−200"，最大

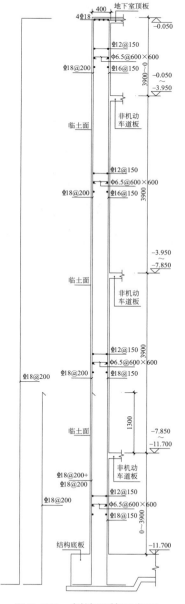

图 2-128 侧墙配筋示意图

图 2-129　隔墙的面外变形分布图

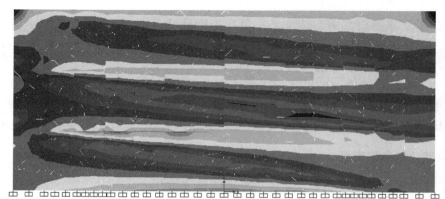

图 2-130　隔墙的竖向弯矩分布图

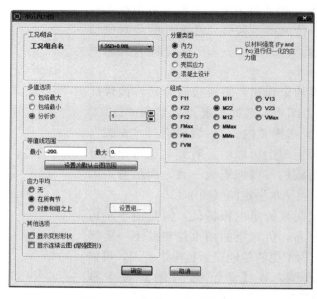

图 2-131　调整弯矩显示范围

值为"0"，这样弯矩图就只显示负弯矩的分布，如图 2-132 所示，可以清晰地看到负一层支座左侧和负二层支座右侧的负弯矩分布范围很大，超过 1/3 板跨，局部甚至覆盖整个板跨范围，所以对于负弯矩钢筋使用通长配筋更为合适。

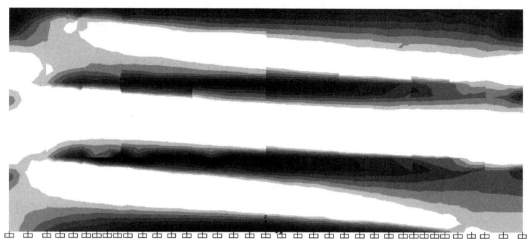

图 2-132　隔墙的竖向负弯矩分布图

各处弯矩见表 2-3。

隔墙弯矩及配筋汇总　　　　　　　　　　　　　　　表 2-3

	负弯矩	正弯矩	- 配筋
负一层跨中		73	800
负一层支座	−93		800
负二层跨中		156	1278
负二层支座	−170		1399
负三层跨中		113	913
负三层支座	−130		1056

根据整理的配筋结果（表 2-3），绘制墙体施工图如图 2-133 所示。基于前文分析，非机动车道中间隔墙，应尽量考虑通长配筋，由于没有侧墙的防水问题，配筋方面也不需要刻意加强，只要满足正常使用极限验算和相关的规范规定即可，而且事实上，由于地下室底板与地基接触，在重力作用下，将产生较大的摩擦力，而侧墙承受的土压力在这个摩擦力的作用下，随着深入地下室板跨而很快消散，也就是说，使用 SAP2000 计算得到的隔墙弯矩，其实是偏于保守的，会有一部分因为基底摩擦力而抵消。尤其在某些双向车道中，会有两道隔墙，经过两跨车道板范围的基底摩擦力的作用，侧墙、第一道隔墙、第二道隔墙承受的水平荷载会逐渐衰减，在通常的定性分析中，认为经过 3～5 跨的范围，土压力基本可以完全消化，不再对后续结构形成有效的水平荷载。

2.4.10　坡道分析结果查看

坡道板由于在模型内部，且呈斜向分布，无法直接通过切换视图来简便观察，在"3-d"

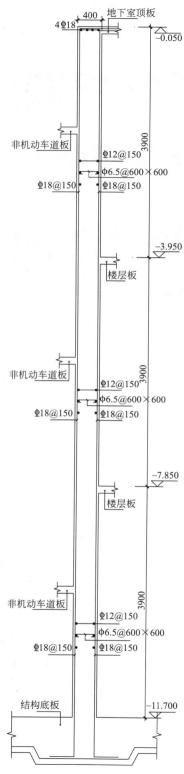

图 2-133　隔墙配筋示意图

视图下，选择下拉菜单：视图/设置界限，在【设置界限】对话框（图 2-134）中，填写 Y 轴最小限值为 0.1，最大限值为 8.3，填写 Z 轴最小限值为 3.9，最大限值为 7.8，点击"确定"，通过三维界限的设置，第二层坡道板已经显示，但是同样位于界限范围内的部分楼层板和侧墙也同时显示。选择下拉菜单：选择/选择/属性/面属性，在【选择截面】对话框中，选择"W400"，点击"确认"，即可选中侧墙，选择下拉菜单：视图/从视图中删除选择，多余的侧墙被屏蔽。在三维视图中选择不需要的楼层板，选择下拉菜单：视图/从视图中删除选择，多余的楼板被屏蔽。至此，第二层坡道获得单独显示（图 2-135）。

汽车坡道板在侧墙作用下的受力行为主要关注弯矩和轴力两项，按快捷键"F9"，在单元内力图中，选择工况组合名为"Wall（1.35D＋0.98L）"，分量类型选择"内力"，组成选择"M11"，显示竖向弯矩（图 2-136）。从弯矩图上就可以看到，在单纯的侧墙推力作用下，坡道板的面内弯矩基本为零，坡道板对侧墙的作用可以视为铰支，因此侧墙对车道板的弯矩计算没有影响。

按快捷键"F9"，在单元内力图中，选择工况组合名为"Wall（1.35D＋0.98L）"，分量类型选择"壳应力"，输出类型选择"顶面"，组成选择"S11"，即可看到车道板顶面 Y 向压应力分布图（图 2-137）。

✎ Tips：
➡需要注意的是，在 S11 的应力图中，两侧的楼层板基本没有应力分布，不是因为两侧楼板没有压应力，而是因为在该建模流程下，中间的坡道板的局部坐标与两侧楼板的局部坐标不一致。坡道板的单元局部坐标的 1 轴与整体坐标的 Y 轴同向，因此查看 Y 向压应力时，选"S11"，而两侧楼板的局部坐标的 1 轴与整体坐标的 X 轴同向，若要查看两侧楼板的 Y 向压应力时，选"S22"。

再次按快捷键"F9"，在单元内力图中，选择工况组合名为"Wall（1.35D＋0.98L）"，分量类型选择"壳应力"，输出类型选择"底面"，组成选择"S11"，即可看到车道板底面 Y 向压应力分布图（图 2-138）。对比顶面和底面的压应力，可以发现虽然局部分布稍有不同，但差别很小，这也印证了坡道板未传递弯矩的结果（若坡道板有正弯矩，顶面压应力为正，底面压应力为负，两者有极大差别）。考察压应力大小基本在 $2\sim3MPa$ 之间，远小于混凝土抗压强度（C30 混凝土，$f_c = 14.3MPa$），因此车道板在侧墙水平荷载下不需要特别的配筋验算和加强。

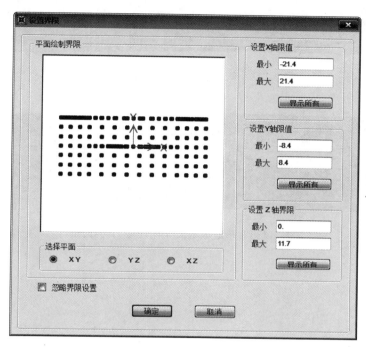

图 2-134　【设置界限】对话框

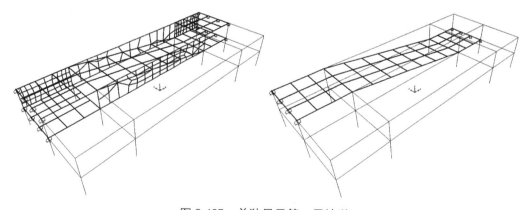

图 2-135　单独显示第二层坡道

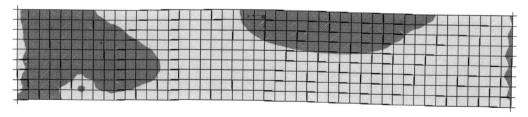

图 2-136　车道板面内弯矩分布图

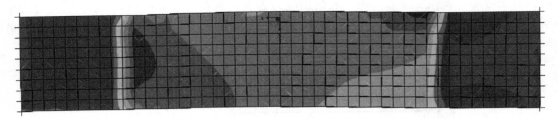

图 2-137 车道板顶面 Y 向压应力分布图

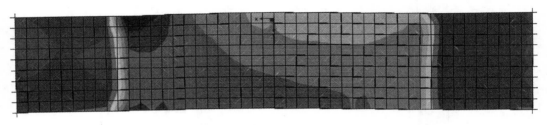

图 2-138 车道板底面 Y 向压应力分布图

第3章 地下室底板

在有地下楼层的结构中，地下室底板是结构的必要部分，底板与基础共同浇筑、协同工作，但设计时往往人为地进行受力划分，计算也较为粗略，特别是在较高水位，涉及抗浮设计时，不明晰的计算带来了保守的设计和未必安全的人为构造。因此有必要对地下室底板进行较为精细的计算分析，本章将分别对无抗浮要求和有抗浮要求的底板进行计算分析，给出计算的具体手段和施工图的对应措施。

3.1 无抗浮问题普通地下室底板

3.1.1 问题说明

考虑到工程的实用性和软件的适用性，本章中的底板主要指以独立基础和抗水板为主的地下室底板，这种底板在日常工程中遇到最多，但是分析也最不明确，常常以工程经验代替计算，或者以不明确的简化计算替代详细分析。本节将从一个无抗浮问题的底板开始，演示 SAP2000 对地下室底板计算的模拟方法和基本受力特点。

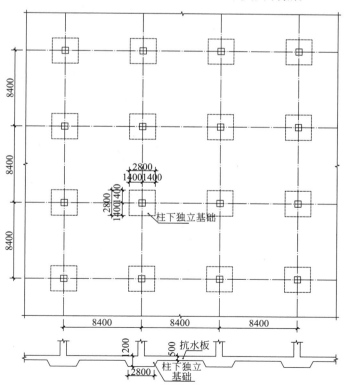

图 3-1 地下室底板布置图

本例为某三层地下室底板，截取局部规则区域分析（图 3-1）。基础采用柱下独立基础＋抗水板，轴网尺寸为 8.4m×8.4m，抗水板厚 500mm，独立基础尺寸为 2.8m×2.8m，厚度 1200mm，地基持力层为中密卵石层，柱底内力只考虑轴力，恒载下标准值为 3000kN，活载下标准值为 800kN。水位较深，不考虑水浮力影响。

3.1.2 几何建模

使用 Ctrl＋N，在快速模板中，选择"无梁楼盖"，在【无梁楼盖】对话框（图 3-2）中，X、Y 方向分段数均填"5"，对应宽度填"8400"，跨中板带宽度填"5600"，勾选"约束"选项。系统自动根据填写参数生成无梁楼盖模型（图 3-3），以下将根据该模型进行修改。

✎ Tips：

➥ SAP2000 中使用无梁楼盖快速建模，可以比较快捷地建立规则的板柱类模型，随后进行适当调整。

➥ 无梁楼盖快速建模中需要输入两个方向的跨数和跨度，跨中板带默认在一跨正中布置，其余部分为柱上板带。跨中板带宽度方向自动划分 2 个单元宽度，柱上板带宽度方向自动划分 4 个单元宽度。具体说明可参看下图。

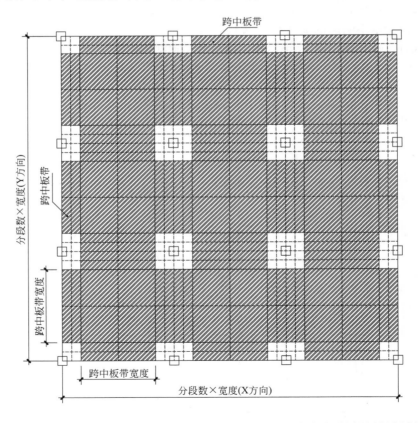

图 3-2 【无梁楼盖】对话框

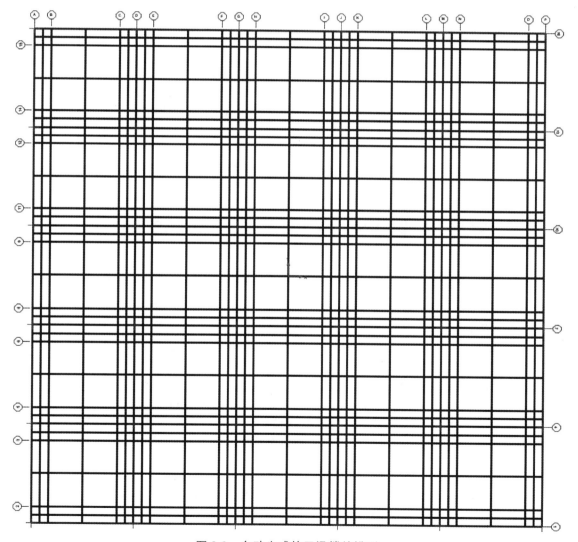

图 3-3 自动生成的无梁楼盖模型

选择下拉菜单：定义/材料。在【定义材料】对话框，添加 HRB400 级钢筋，点击"添加新材料"，在【添加材料属性】对话框中，依次选择"China""Rebar""GB""GB50010 HRB400"，点击"确定"，完成 HRB400 钢筋添加。

选择下拉菜单：定义/截面属性/面截面，添加"S1200"独立基础截面和"S500"底板截面（图 3-4、图 3-5）。

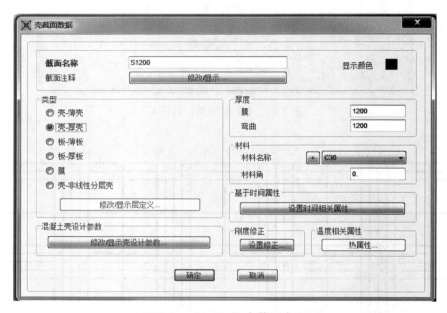

图 3-4　"S1200"壳截面定义

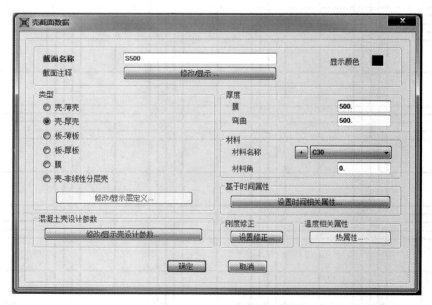

图 3-5　"S500"壳截面定义

在"X-Y"视图，框选所有壳单元，选择下拉菜单：指定/面/截面，选择"S1200"，先将所有单元设置为1200mm的厚度。

　　因为借用无梁楼盖进行快速建模，自动设置约束就是框架柱的位置。框选所有独基范围外的单元，选择下拉菜单：指定/面/截面，选择"S500"，即完成底板单元的指定（图3-6）。

> ✎ Tips：
> ➠本例先指定独立基础截面，再指定底板截面，是因为底板单元可以通过右键框选很方便地全部选中，比单独框选所有独立基础单元更为方便。

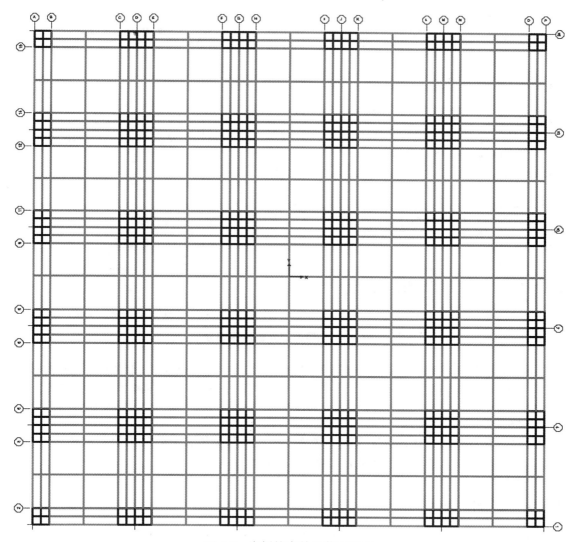

图3-6　底板的壳单元截面指定

3.1.3　单元划分

　　可以看到在自动生成的单元划分中，独立基础为标准的四边形单元，形状规则，尺寸合适，但是柱上板带的跨中部分的四边形网格形状比太大，跨中网格的尺寸也较大，需要进一步细分。

在"X-Y"视图中框选所有网格，选择下拉菜单：指定/面/自动面网格剖分，在【指定自动的面网格剖分】对话框中，勾选"按最大尺寸剖分面"，点 1 到 2 和点 1 到 3 的最大尺寸均填"1000"，点击"确认"，完成网格细分（图 3-7）。

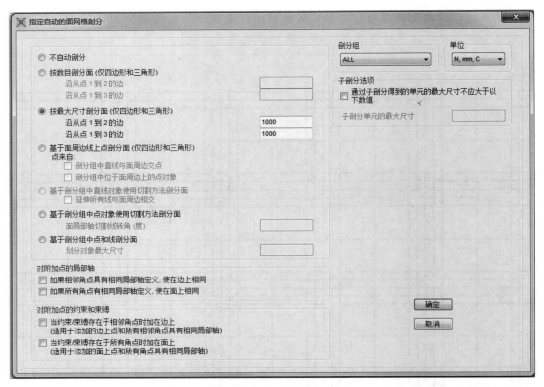

图 3-7　指定壳单元的网格细分

再次框选所有壳单元，选择下拉菜单：指定/面/生成边束缚，在【指定边束缚】对话框中，勾选"沿对象边生成束缚"，点击"确定"，系统自动为所有的相邻边生成束缚。

⊗ Tips：
➡网格细分后必须进行自动边束缚，这两个功能往往是绑在一起使用的，用户一定要形成细分后随即进行自动边束缚的习惯，以免遗忘。

3.1.4　定义约束条件

地下室底板与独立基础一起与地基接触，为准确分析底板与基础的协同作用，对所有底板单元和独立基础单元施加面弹簧。

切换"X-Y"视图，选中所有单元，选择下拉菜单：指定/面/面弹簧，在【在面对象表面指定弹簧】对话框中，弹簧支座选择"Compression Only"，即只受压弹簧，切换单位为"kN，m，C"，单位面积弹簧刚度即地基土的基床系数，按密实土考虑，取

"100000"，弹簧受拉方向选"用户指定方向向量"，坐标系选"GLOBAL"，全局 X、Y、Z 分量一次填写"0、0、1"，即当抗水板沿 Z 正向变形时为弹簧受拉方向。点击"确认"，完成面弹簧指定。

需要注意的是，本例中设置了受压弹簧，但在 SAP2000 中，只有非线性分析时，单压或单拉弹簧才起作用，本例为线性分析，尽管指定了单压弹簧，实际面弹簧不仅受压也受拉。

> ✎ Tips：
>
> ➡ 面弹簧刚度即基床系数，即单位面积地表面上引起单位深度下沉所需施加的力，可以通过现场载荷板试验或者土工试验方法获取，在对沉降计算要求不高或者简化计算中，也可采用推荐的经验值取用，以下是中国建筑科学研究院提供的基床系数的推荐值（单位 kN/m³）[4]：
>
> 基床系数推荐表　　　　　　　　　　　　　　　　表 3-1
>
> | | | |
> |---|---|---|
> | 中等密实土 | 黏土及亚黏土：软塑的 | 10000～20000 |
> | | 可塑的 | 20000～40000 |
> | | 轻亚黏土：软塑的 | 10000～30000 |
> | | 可塑的 | 30000～50000 |
> | | 砂土：松散或稍密的 | 10000～15000 |
> | | 中密的 | 15000～25000 |
> | | 密实的 | 25000～40000 |
> | | 碎石土：稍密的 | 15000～25000 |
> | | 中密的 | 25000～40000 |
> | | 黄土及黄土亚黏土 | 40000～50000 |
> | 密实土 | 硬塑黏土及黏土 | 40000～100000 |
> | | 硬塑轻亚土 | 50000～100000 |
> | | 密实碎石土 | 50000～100000 |
> | 极密实土 | 人工压实的填压黏土、硬黏土 | 100000～200000 |
> | 坚硬土 | 冻土层 | 200000～1000000 |
> | 岩石 | 软质岩石、中等风化或强风化的硬岩石 | 200000～1000000 |
> | | 微风化的硬岩石 | 1000000～15000000 |
> | 桩基 | 弱土层内的摩擦桩 | 10000～50000 |
> | | 穿过弱土层达密实砂层或黏土性土层的桩 | 5000～150000 |
> | | 打至岩层的支承桩 | 8000000 |

3.1.5　定义荷载组合及荷载

根据《建筑地基基础设计规范》，在基础设计中，承载力计算应该使用标准组合，而配筋计算应该使用基本组合。因此需要在 SAP2000 中定义不同的荷载组合。

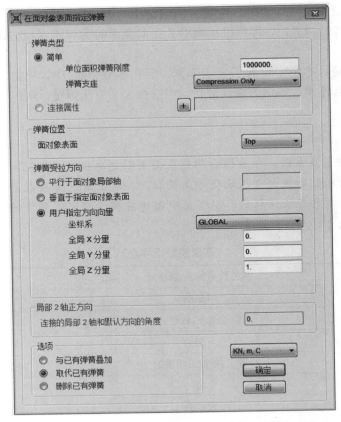

图3-8 【在面对象表面指定弹簧】对话框

选择下拉列表：定义/荷载模式，在【定义荷载模式】对话框中，可以看到已经有恒载的定义（名称为DEAD），在名称中写"LIVE"，类型选"LIVE"，点击"添加新的荷载模式"，完成活载的定义。

选择下拉列表：定义/荷载组合，在【定义荷载组合】对话框中，点击"添加新组合"，在【荷载组合数据】对话框中，荷载组合名称填"D＋L"，荷载工况名称选"DEAD"，比例系数填"1"，点击"添加"，再选择荷载工况名称为"LIVE"，比例系数填"1"，点击"添加"，完成标准组合的设置（图3-9）。类似地完成"1.2D＋1.4L"及"1.35D＋0.98L"组合的定义（图3-10、图3-11）。

为更好地验证独立基础与底板对基础荷载的分配比例，本例中仅考虑柱底荷载。柱底荷载应施加在柱节点上，在快速模板建模中，系统设置自动设置的约束位置正好是柱节点，因此可利用约束节点选择柱节点添加荷载。选择下拉菜单，选择/选择/指定/节点支座，在【选择支撑点】对话框中，支座自由度勾选"U1""U2"和"U3"（图3-12），点击"确定"，所有柱节点被选中。

选择下拉菜单：指定/节点荷载/力，选择荷载模式为DEAD（图3-13），单位选"kN，m，C"，全局Z轴向力填"－3000"，点击"确定"，添加柱底恒载，再次选中所有柱节点，选择下拉菜单：指定/节点荷载/力，选择荷载模式为LIVE（图3-14），单位选"kN，m，C"，全局Z轴向力填"－800"，点击"确定"，添加柱底活载。

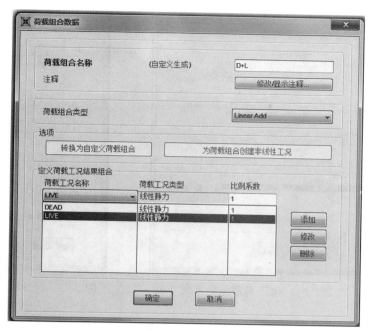

图 3-9 "D+L"荷载组合定义

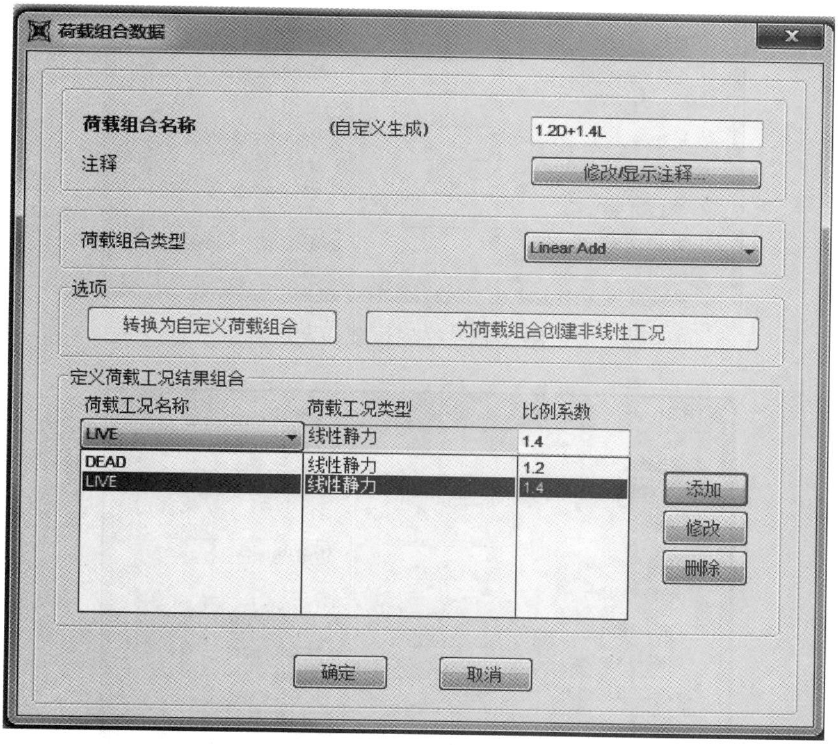

图 3-10 "1.2D+1.4L"荷载组合定义

图 3-11　"1. 35D＋0. 98L"荷载组合定义

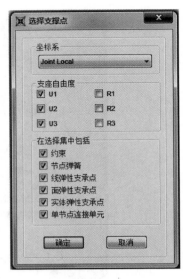

图 3-12　通过约束快速选择

图 3-13　柱底恒载指定

图 3-14　柱底活载指定

需要注意的是，由于模型为地下室局部模型，模型角柱的荷载应该只有中柱的1/4，边柱的荷载应该只有中柱的1/2（表3-2）。依次选中角柱和边柱，使用指定荷载中的"替换现有荷载"来修改荷载大小。

柱底内力   表3-2

荷载模式	DEAD	LIVE
中柱	3000	800
边柱	1500	400
角柱	750	200

在荷载定义完成后，不再需要借助柱底约束来单独选择柱底节点，因此需要去掉柱底约束，通过约束选择所有柱底节点，选择指定/节点/约束，在对话框中去掉所有约束，点击确定。

> ✎ Tips：
>
> ➡ 在去掉约束后，无法再通过选择约束快速选择柱节点，如果希望保留柱节点的快速选择，可以通过"组"的方式定义。先选中所有柱节点，选择下拉菜单：指定/指定到组，定义一个新组，如"ClouPoint"，点击确定即完成组定义（图3-15、图3-16）。再次选择柱节点时，可通过下拉菜单：选择/选择/成组，点选之前的"ClouPoint"，即可快速选择柱底节点。

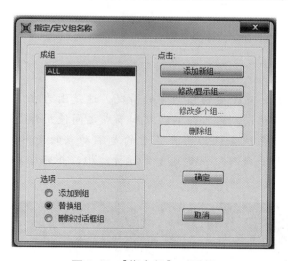

图3-15 【指定组】对话框

图3-16 【组定义】对话框

3.1.6 分析结果查看

直接按快捷键"F5"，进入运行对话框，点击"运行分析"。运行成功后，按快捷键"F6"，在【变形形状】对话框中，选择工况"D+L"，勾选"在面对象上绘制位移等值线"，分量选"Uz"，点击确认，查看竖向位移图（图3-17）。

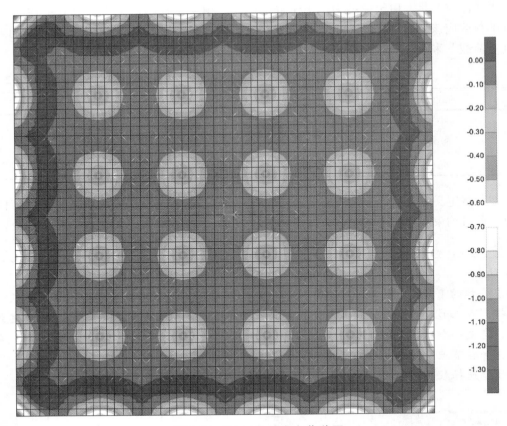

图 3-17　"D＋L"下竖向位移图

Tips:

➡在平面视图中，可能出现查看节点变形时，显示变形值为 0 的情况。这是因为在定义面弹簧时，系统默认在节点处生成一个不动点，然后在不动点和节点之间使用弹簧单元连接。而在平面视图查看节点变形时，系统会认为用户查看的是不动点的变形，所以变形值显示为 0。这时可以切换 3D 视图，就可以清楚地看到弹簧结构，并查询真实的节点变形。

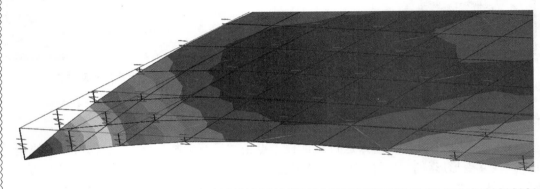

　　该竖向位移是使用基床系数，直接按弹性计算得到变形，并非沉降计算，且沉降计算应使用准永久荷载组合，本例中并未建立该组合，故竖向位移的绝对值并没有特别的意义，但是相对值可以作为协调变形的参考。

　　放大中间局部柱节点，可以看到竖向变形以独立基础范围内为主（图3-18），离开独立基础后有少量变形，但下降比较迅速。由于地基采用面弹簧模型，变形越大，反力越大，因此，从变形就可以直观地看出，地基反力主要集中在独立基础下方，抗水板下的反力非常有限，这一反力在工程中常常忽略，即认为所有荷载均由独立基础承担。

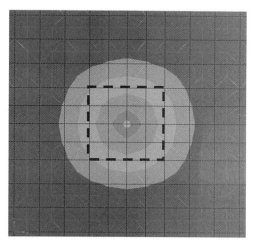

图3-18　独立基础附近竖向位移图

　　SAP2000提供了土压力选项，可以进一步直接验证地基反力，选择下拉菜单：显示/显示力、应力/节点，工况选择"D+L"，勾选"显示土压力"，点击"确定"（图3-19），系统显示地基土反力。

　　沿图3-20中所示虚线，依次读取各个点的反力，以柱中心最大反力为100%，绘制反

图3-19　【节点反力】对话框

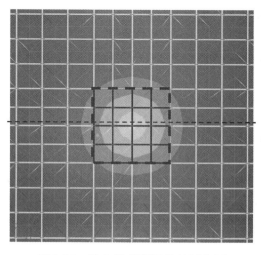

图3-20　独立基础附近地基反力图

力分布图，如图 3-21 所示，可以看到在离开独立基础边缘后，局部的反力迅速下降到最大值的 50%以下，靠近跨中时，反力几乎下降为 0。

> ✏ Tips:
> ➡ SAP2000 中使用面弹簧模拟地基，相当于标准的文克尔地基模型，应注意适用性。
> ➡ 本例持力层为中密卵石层，属于非黏性土，根据土力学规律，基底反力应该接近抛物线形，中间大，两头小，计算结果的反力分布基本符合。
> ➡ 图 3-21 中横坐标显示距离柱中心节点的位置，在 −1.4～1.4m 的范围为独立基础范围，之外为抗水板范围。整个横轴显示范围为 −4.2～4.2m，相当于左侧柱跨中点到右侧柱跨中点的范围。纵坐标为相关的内力或结构指标，本节中后续类似的分布图都是这样表达，不再赘述。

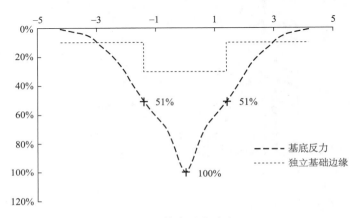

图 3-21　基底反力分布图

按快捷键"F9"，在【单元内力图】中，选择工况组合名为"1.35D＋0.98L"，分量类型选择"内力"，组成选择"V13"，显示 X 向剪力（图 3-22）。也可以选择"Vmax"，显示剪力的绝对值包络结果（图 3-23），这样更利于判断，从图中可以明显看出，剪力值主要集中在独立基础内部，离开独立基础后，剪力影响很小。

沿图 3-22 中虚线提取 V13 剪力，如图 3-24 中虚线所示，可以看到剪力最大值并未在柱底出现，这是不正确的，与结构概念相差较多，原因是在提取剪力时勾选了"应力平均"。

重新按快捷键"F9"，选择工况组合名为"1.35D＋0.98L"，分量类型选择"内力"，组成选择"V13"，"应力平均"项选"无"（图 3-25），重新显示 X 向剪力（图 3-26），可见，在取消应力平均后，每个计算单元内部都是同一个剪力值，剪力分布不连续，如图 3-24 中实线所示，可见，虽然剪力分布因为单元划分而成明显阶梯性，但是最大剪力出现在柱底，剪力变化的趋势也与点划线表达的理论值一致，是符合结构概念的。相比虚线表达的应力平均值而言，应力平均后虽然剪力分布变为连续曲线，但由于实际剪力分布在柱底出现了一个不连续点，从最大正值变为最大负值，因此，刻意地进行应力平均不仅改变了最大剪力的出现位置，而且人为地降低了剪力的最大值，以本节为例，无应力平均的最大剪力为 1234kN/m，而应力平均后的最大剪力仅为 828kN/m，相差 33%，如果直接采用应力平均后的结果，已经明显超过计算精度和误差的范围，属于计算错误了。

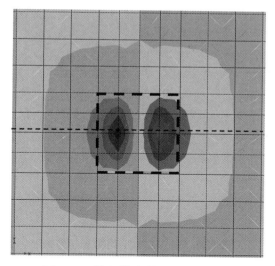

图 3-22 独立基础附近 X 向剪力图

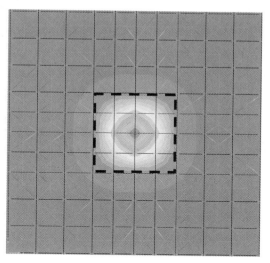

图 3-23 独立基础附近剪力包络图

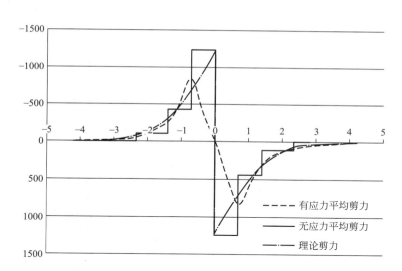

图 3-24 X 向剪力分布图

按快捷键"F9"，在单元内力图中，选择工况组合名为"1.35D+0.98L"，分量类型选择"内力"，组成选择"M22"，显示 Y 向弯矩。从图 3-27 中可以看到，Y 向弯矩沿 X 方向在柱上分布，但并未明显地形成柱上板带，仍然主要集中在独立基础附近。

📎 Tips:

➡ 从 Y 向弯矩图可以看到，Y 向上部边界和下部边界附近的支座弯矩很小，相当于简支支座，而这与实际的连续支座有较大差别，势必对附近跨形成影响。所以在模型建立时，选择了建立 5×5 的柱网，以尽量减少边界条件简化对计算结果的影响。

图 3-25　去掉应力平均选项

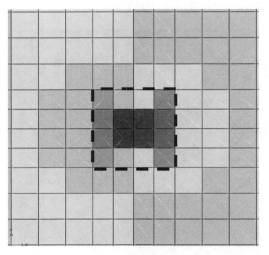

图 3-26　去掉应力平均的 X 向剪力

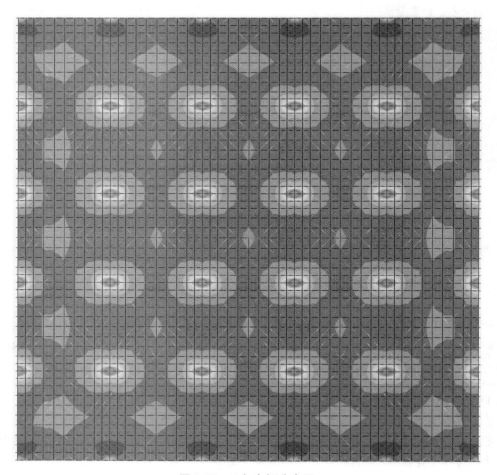

图 3-27　Y 向弯矩分布图

同样地，可以切换"m11"，以显示 X 向弯矩的分布。由于几何模型及荷载、约束均一致，X 向弯矩的表现与 Y 向一致（图 3-28、图 3-29）。弯矩云图在独立基础内部密集分布，说明弯矩在独立基础内部急速下降，在离开独立基础后，云图变化缓慢，说明弯矩在离开独立基础后下降到一个较低的水平后趋于平缓。

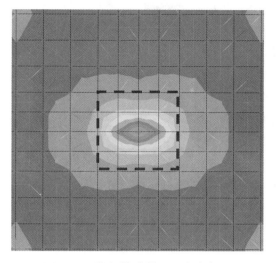 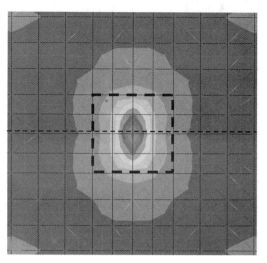

图 3-28　独立基础附近 Y 向弯矩图　　　　　图 3-29　独立基础附近 X 向弯矩图

沿图 3-29 中虚线提取 m11 弯矩，如图 3-30 中虚线所示，与剪力操作一样，提取无应力平均的弯矩作为对比，即图中实线所示，可以看到，对于弯矩而言，应力平均较好地抹平了单元划分带来的弯矩局部突变点，且弯矩分布和弯矩最大值均得以很好保留。

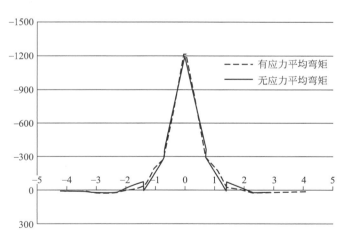

图 3-30　X 向弯矩分布图

按快捷键"F9"，在单元内力图中，选择工况组合名为"1.35D＋0.98L"，分量类型选择"混凝土设计"，输出类型选择"绝对最大"，组成选择"Ast1"，显示 X 向配筋结果（图 3-31），切换组成选择"Ast2"，显示 Y 向配筋结果（图 3-32）。可以看到计算配筋基本集中在独立基础范围之内，这与弯矩的分布是一致的。此外，由于 SAP2000 的板配筋计算采用等效固定力臂计算方式，与《建筑地基基础设计规范》第 8.2.12 条规定的计算方式相似，通过设置合理的保护层厚度，该配筋结果可以直接用于施工图设计，具体详见 8.3 节。

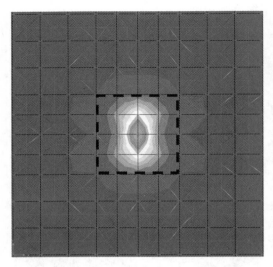　　　　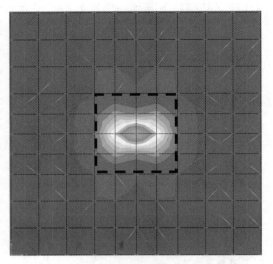

图 3-31　独立基础附近 X 向配筋图　　　　图 3-32　独立基础附近 Y 向配筋图

✎ Tips：

➡ 在查看配筋结果时，也可以选择应力平均，应当注意，SAP2000 对配筋结果的平均是基于各自配筋计算结果后配筋值的平均，而不是将弯矩平均后再计算各自配筋。为了更好说明，建立一个单跨等弯矩的算例，如下图。两端简支，左右各作用 50kN 集中力，此时两个集中力之间的弯矩应该为定值 50kN·m（忽略板自重）。

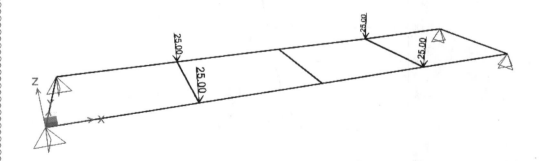

　　左边两个壳单元为 120mm 板厚，按 50kN·m 弯矩计算，配筋值应为 1800mm²/m，右边两个壳单元为 200mm 板厚，配筋值应为 900mm²/m。在关闭应力平均选项时，显示计算结果（见下图）与结构概念一致，结果正确。

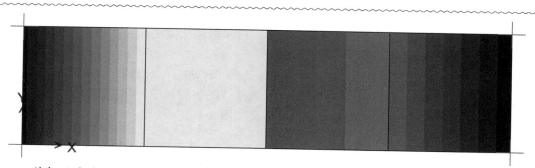

若打开应力平均，系统会在两个单元间按 $1800\mathrm{mm}^2/\mathrm{m}$ 到 $900\mathrm{mm}^2/\mathrm{m}$ 两个配筋结果进行平均插值（见下图），左边的配筋变小，右边的配筋变大，计算的概念发生错误，结果不能用，因此，用户在选用配筋结果时应当千万小心。

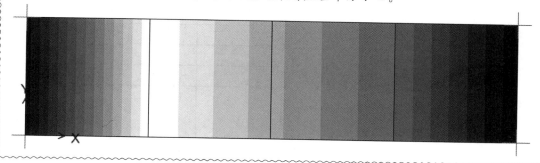

3.2 无抗浮锚杆抗水板-详细分析

3.2.1 问题说明

上节分析了无水浮力作用下，地下室底板的受力情况。当地下室底板标高位于地下水水位以下时，地下室底板会受到地下水水浮力的作用。若地下室总重量大于水浮力时，不会发生整体抗浮问题，但是受水浮力影响，基底反力将发生变化。

为了便于比对，本例将采用与上节相同的基础条件，进行比对分析。模型中抗水板厚500mm，抗水板自重 $0.5\times25=12.5$，考虑底板承受 2m 水头，水浮力标准值 $2\times10=20$ >12.5，大于底板自重，底板下地基不受力。

3.2.2 模型建立

由于本例是在 3.1 节模型上添加水浮力，因此可以直接复制 3.1 节的模型文件，再进行后续修改。

复制好的模型已经完成截面指定、网格划分、支座指定、荷载指定等操作，但为了准确地计算水浮力的影响，尚需进行一些修改。

根据工程概念，在水浮力作用下，当抗水板的重量不足以抵抗水浮力时，抗水板将脱离土体，受到向上的浮力而向上变形。此时抗水板下不应再附加土体弹簧的属性，否则，程序将错误地理解土体对抗水板有额外的拉力。

在 3.1 节中，已经说明了在线性分析阶段，面弹簧的单压指定不起作用，本例的概念清晰，分析较为简单，不必要进行非线性分析。可采取简化做法，只在独立基础范围设置面弹簧，不在抗水板范围设置。

选择下拉菜单：选择/选择/属性/面截面，选择"S500"，点击确定，选中所有抗水板单元，选择下拉菜单：指定/面/面弹簧，在对话框（图 3-33）中，直接选择"删除已有弹簧"，点击"确认"，删除了抗水板上的弹簧定义（图 3-34）。

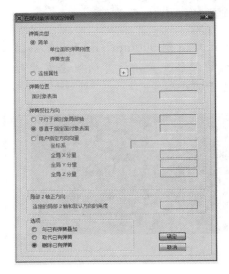

图 3-33　删除抗水板的面弹簧

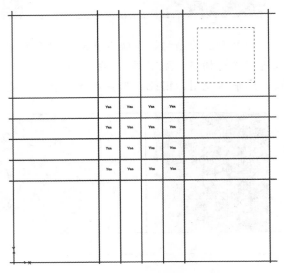

图 3-34　独立基础下设置面弹簧

3.2.3　荷载工况及组合定义

水浮力是一种复杂的外部荷载，其荷载分类、分项系数等，在不同的规范规程有不同的设计要求，整理最主要的相关要求见表 3-3。

不同规范规程中水浮力的计算规定[5]~[10]　　　　　　　　　　表 3-3

规范规程	荷载分类	强度计算分项系数	稳定计算分项系数
《建筑结构荷载规范》GB 50009—2012	3.1.1 条文说明：水位不变时按永久荷载　水位变化时按可变荷载	3.2.4 条文说明：水位不变时分项系数取 1.0	3.2.4 条文说明：按相关规范
《建筑地基基础设计规范》GB 50007—2011			5.4.3：抗浮稳定安全系数取 1.05
《全国民用建筑工程设计技术措施》（结构　地基与基础）		7.3.2：锚杆竖向拉力分析系数 1.35	7.1.2：抗浮安全系数取 1.05
《给水排水工程构筑物结构设计规范》GB 50069—2002	4.1.3：规定地下水的压力为可变作用	5.2.2：强度计算分项系数 1.27	5.2.3：稳定计算分项系数 1.05

续表

规范规程	荷载分类	强度计算分项系数	稳定计算分项系数
《广东省标准　建筑结构荷载规范》DBJ 15-101—2014	3.1.1 条文说明：统一按可变荷载考虑	3.2.5：1) 按历史最高水位计算承载力，分项系数取1.0；无承压水取到地面；其他情况取 1.2	3.2.4 条文说明：按相关规范
《建筑结构专业技术措施》（北京院统一措施）		3.1.8-3：土、水压力作用分项系数均取 1.3	3.1.8-4：等效抗浮安全系数 1.0～1.11

　　这些要求出发点各不相同，设计人应判别工程的具体情况，选用合适的计算要求。本例不在此讨论水浮力系数的选用问题，暂按广东省荷载规范规定的 1.2 考虑。

　　选择下拉列表：定义/荷载模式，在【定义荷载模式】对话框（图 3-35）中，可以看到已经有恒载和活载的定义。在名称中填"SHUI"，类型选"DEAD"，修改自重系数为"0"，点击"添加新的荷载模式"，完成水浮力荷载的定义。

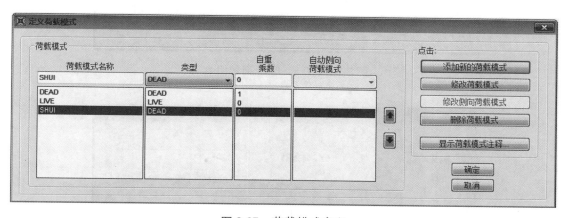

图 3-35　荷载模式定义

　　选择下拉列表：定义/荷载组合，在【定义荷载组合】对话框中，点击"添加新组合"，在【荷载组合数据】对话框中，荷载组合名称填"D+L+S"（图 3-36），荷载工况名称选"D+L"，比例系数填"1"，点击"添加"，再选择荷载工况名称为"SHUI"，比例系数填"1"，点击"添加"，完成含水浮力的基本组合的设置。类似地完成"1.2D+1.4L+1.2S"及"1.35D+0.98L+1.2S"组合的定义（图 3-37、图 3-38）。

> ✎ Tips：
> ➡ SAP2000 中的荷载组合是开放的，不仅可以按单个工况进行组合，并且可以对组合后的工况再次组合，这对一些较为复杂的荷载工况组合是很方便的。

3.2.4　水浮力荷载定义

　　框选所有单元，选择下拉菜单：指定/面荷载/均布（壳），在【面均布荷载】对话框

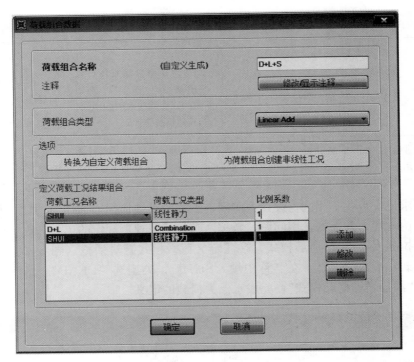

图 3-36　"D+L+S"荷载组合

图 3-37　"1. 2D + 1. 4L + 1. 2S"荷载组合

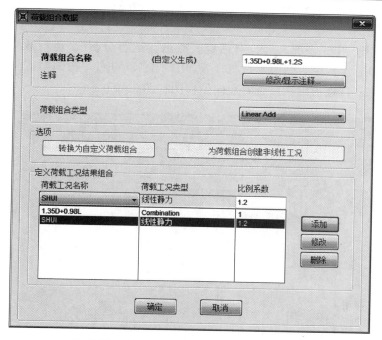

图 3-38　"1. 35D + 0. 98L + 1. 2S"荷载组合

中，选择荷载模式为"SHUI"，方向为"Z"，荷载填"20"，点击确定，完成 2m 水头水浮力的指定（图 3-39）。

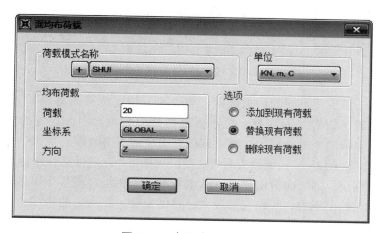

图 3-39　定义水浮力荷载

✎ Tips：

➡需要注意的是，本例为了简化起见，抗水板和独立基础指定了同样的水浮力，实际上因为厚度不同，独立基础下的水浮力更大，因此在实际计算时应单独指定独立基础和抗水板的水浮力，对于有降板的或者水浮力呈线性分布的复杂情况，可通过节点样式予以指定。

3.2.5 分析结果查看

直接按快捷键"F5",进入运行对话框,点击"运行分析"。运行成功后,按快捷键"F6",在【变形形状】对话框中,选择工况"D+L",勾选"在面对象上绘制位移等值线",分量选"Uz",点击确认,查看竖向位移图(图 3-40)。

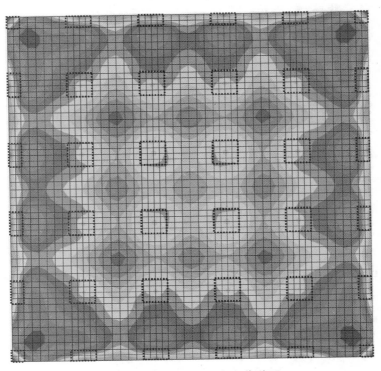

图 3-40 "D+L"下竖向位移图

可以看到由于采取了不同的约束假定,与 3.1 节相比位移图呈现了完全不同的分布。由于只在独立基础下设置了面弹簧,抗水板范围竖向自由,因此,各独立基础的变形很小,而跨中的抗水板的变形则很大,独立基础有明显的支座效应。

切换工况为"D+L+S",继续查看 Uz 变形(图 3-41),可见在水浮力作用下,抗水板由于没有弹簧约束,即竖向自由,自重基本与水浮力相当,变形很小,而独立基础范围由于仍然承担较大的土压力,竖向变形较大。整体来看,在均匀的水浮力作用下,底板的变形趋于均匀。

> ✎ Tips:
> ➡ 从本例的两个工况变形图下可以看到,在模型的四周,由于边界条件的简化,模型的变形反应明显失真。随着距离边界越远,模型反应越真实。因此,在有限元分析的时候,应当采取合理的边界约束,如果边界约束不太准确时,应当在模型关注点与边界之间留出足够的距离。

按快捷键"F7",在【节点反力】对话框,工况选择"D+L"(图 3-42),勾选"显示土压力",等值线范围最小填 300,最大填 700,点击"确定",系统显示地基土反力。继续切换工况为"D+L+S",继续查看地基土反力。可以看出由于只在独立基础下方设置面弹簧,除了独立基础范围外都没有地基反力(图3-43、图3-44)。

Tips:
➡ 在各种结果显示中,应当合理利用显示范围,本例中由于边界部分结果失真,地基反力远大于中间的独立基础,如果使用默认的显示范围(0~0,即显示全部范围),则独立基础内的反力变化相对变小(如右图),从云图上无法看出具体分布。

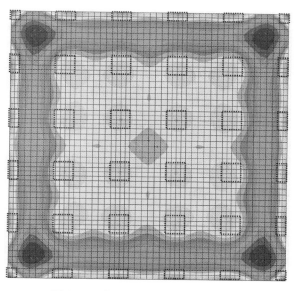

图3-41 "D+L+S"下竖向位移图

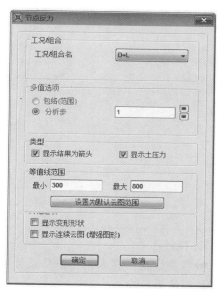

图3-42 设置地基反力对话框

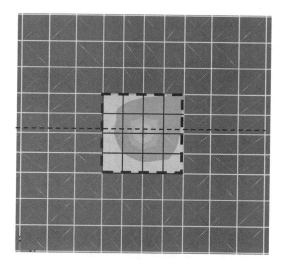

图3-43 "D+L"工况下地基反力分布图

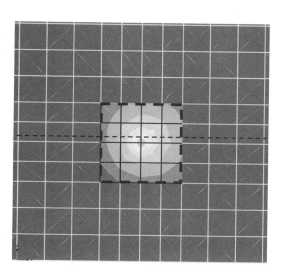

图3-44 "D+L+S"工况下地基反力分布图

对比两个工况的基底反力（图 3-45），可以看到虚线所示的含水浮力工况下，抗水板的反力增加，而独立基础内部反力减小，可以变相地理解为，部分柱底荷载由抗水板替独立基础分担，容易理解，这种变化不会引起柱边抗剪内力改变，但柱底抗冲切验算的冲切荷载会加大。为了简便地理解和分析，在实际工程中，往往忽略独立基础内部的变化，而将水浮力的影响提炼为两个变量，独立基础边的附加剪力和附加弯矩。

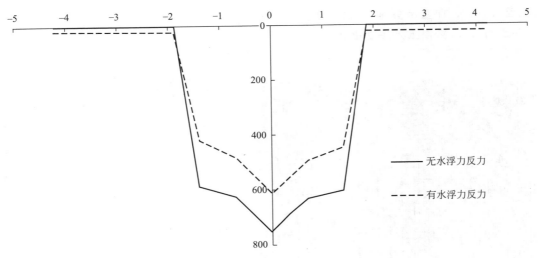

图 3-45　沿基础中线基底反力对比图

实线：无水浮力反力
虚线：有水浮力反力

> ✎ Tips：
> ➡️需要注意，在本例中基底反力不再是 SAP2000 给出的地基反力，而应该是地基反力与水浮力的和。

按快捷键"F9"，在单元内力图中，选择工况组合名为"1.35D+0.98L"，分量类型选择"内力"，组成选择"Vmax"，显示范围填 0～300，显示独立基础附近剪力分布图，切换工况为"1.35D+0.98L+1.2S"，继续查看剪力分布。对比两个工况下的剪力图（图3-46、图 3-47），可以发现，在含有水浮力的工况下，剪力云图明显集中，独立基础周围

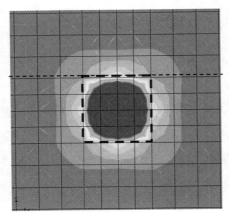

图 3-46　无水浮力工况下剪力图

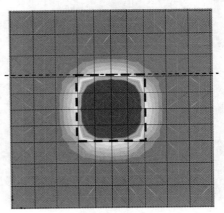

图 3-47　含水浮力工况下剪力图

的剪力明显加大。

取独立基础边剪力值平均值作为比较（图 3-48），无水浮力工况为 35kN/m，有水浮力工况为 107kN/m，差值为 72kN/m，这个剪力的差值就是抗水板计算时的附加剪力，该剪力会引起独立基础的弯矩增大。

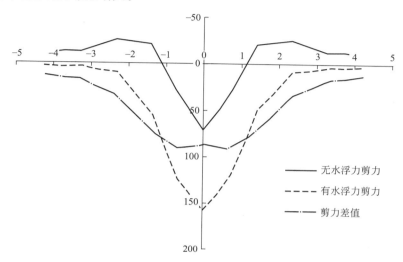

图 3-48　沿基础边剪力对比图

> 📎 Tips：
>
> ➡️ 由于 Vmax 分量是主应力分量，无正负，在进行数值比对和计算时，仍然应该采用 V13 或者 V23 进行。
>
> ➡️ 剪力以柱中心为界，对称分布，正负相反，为便于观察，本图在柱两侧人为将剪力取为相同正负，以便观察。

按快捷键 "F9"，在单元内力图中，选择工况组合名为 "1.35D＋0.98L"，分量类型选择 "内力"，组成选择 "M22"，显示 Y 向弯矩。切换工况为 "1.35D＋0.98L＋1.2S"，继续查看弯矩分布。对比两个工况下的弯矩图（图 3-49、图 3-50），可以发现，在含有水

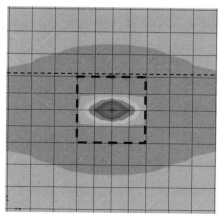

图 3-49　无水浮力工况下弯矩图

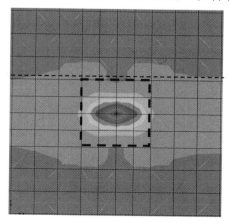

图 3-50　含水浮力工况下弯矩图

浮力的工况下，独立基础内部的弯矩变大。这个弯矩一方面由独立基础周边的附加剪力引起，一方面由独立基础周边水浮力引起的附加弯矩引起。

沿图中切面绘制 m22 分量（即 m_y）弯矩图，取独立基础边范围内弯矩平均值作为比较，无水浮力工况为 82kN·m/m，有水浮力工况为 -12kN·m/m，这个弯矩的差值为 94kN·m/m，这个差值就是抗水板计算时的附加弯矩，在附加弯矩和附加剪力作用下，独立基础内部的弯矩明显增大，因此需要单独复核有水浮力工况（图 3-51）。

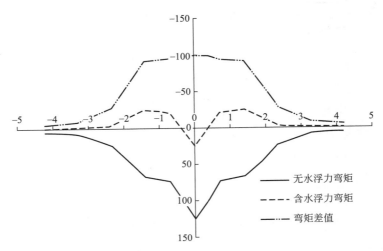

图 3-51　沿基础边弯矩对比图

> ✎ Tips：
> ➡需要注意的是，在"1.35D＋0.98L"工况下，独立基础边缘出现正弯矩，这与工程概念不符，因为在基底反力作用下，基础边缘弯矩最小为零，基础内相当于悬挑构件，全部为负弯矩。出现这个现象，是因为一方面按实际情况考虑了基础自重，另一方面取消了抗水板下的面弹簧，因此抗水板的重量全部由独立基础承担，在基床系数不太大的情况下，独立基础边缘出现了正弯矩。按照工程概念，抗水板的重量应该由地基承担，由于本例取消了抗水板的面弹簧，如果要准确模拟该工况，应该取消抗水板重量，本例由于主要关注水浮力的影响，并未专门设置，读者可自行验证。

3.3　有抗浮锚杆抗水板-详细分析

3.3.1　问题说明

上节地下室水浮力较小，小于地下室总压重（主要包括结构自重和顶板覆土荷载），只有局部抗浮问题，没有整体抗浮问题。但随着水浮力增大，若所有的压重不足以抵抗地下室的水浮力，则出现地下室整体抗浮问题，针对该问题，可以采用抗浮和疏压的方式，疏压就是在地下室进行合理的开槽导水，释放水压，抗浮就是利用桩、锚等媒介，使用底板以下土体作为附加压重抵抗水浮力，其中最常见的做法就是设置抗浮锚杆，该方法清晰简便，长期有效，本例将演示如何较为详细地分析设置抗浮锚杆时的地下室底板。

为了便于比对，本例将采用与上两节相同的基础条件，进行比对。模型中抗水板厚500mm，抗水板自重 $0.5 \times 25 = 12.5 \text{kN/m}^2$，考虑底板承受 5m 水头，水浮力标准值 $5 \times 10 = 50 \text{kN/m}^2 > 12.5 \text{kN/m}^2$，大于底板自重，且大于全部压重，既有局部抗浮问题，也有整体抗浮问题。

3.3.2 模型建立网格划分

由于本例是在 3.1 节模型上添加水浮力，因此可以直接复制 3.1 节的模型文件，再进行后续修改。复制好的模型已经完成截面指定、网格划分、支座指定、荷载指定等操作，但为了准确地计算水浮力以及抗浮锚杆的影响，尚需进行一些修改。

为了反映抗浮锚杆的效果，需要在抗浮锚杆的位置设置弹簧，原模型采用网格细分的方式划分网格，在几何模型中，抗浮锚杆所在位置并没有节点，无法施加弹簧（图 3-52），因此需要进一步划分网格，本例拟通过调整轴网的方式实现。

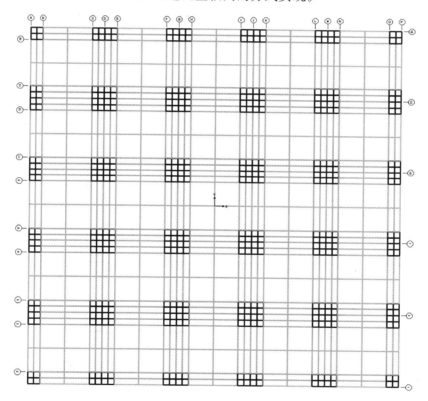

图 3-52　调整以前的轴网

双击轴网交点，进入【轴网编辑】对话框（图 3-53），点击"快速开始"按钮，进入【快速网格线】对话框（图 3-54），X、Y、Z 方向轴网数量依次填写"31、31、1"，X、Y、Z 方向轴网间距依次填写"1400、1400、3000"，X、Y、Z 方向第一网格位置依次填写"-21000、-21000、0"，点击"确定"，查看调整轴网效果，如图 3-55 所示，可以看到在每两个独立基础之间，新增了三道轴线，这些新增轴线交点就是抗浮锚杆的设置位置，因此需要依据这些轴线划分网格。

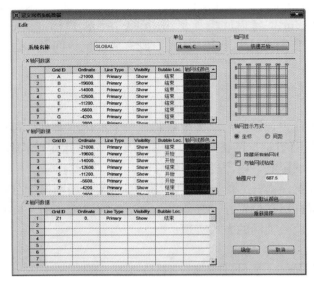

图 3-53　【轴网编辑】对话框

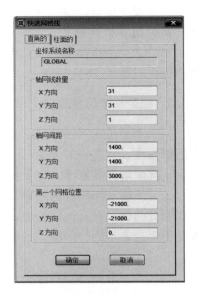

图 3-54　【快速网格线】对话框

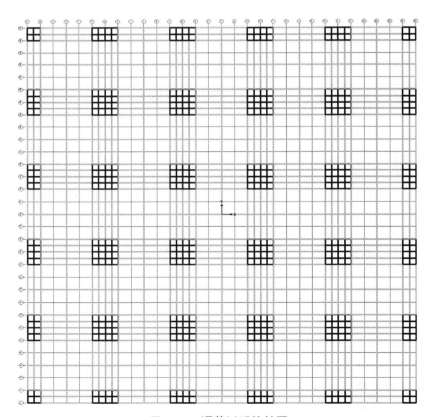

图 3-55　调整以后的轴网

框选全部对象，选择下拉菜单：编辑/编辑面/分隔面，在【划分选择面】对话框（图3-56）中，选择"基于面周边上点分隔面"，"点来自"选项选择勾选"可见的坐标轴和面的边的交叉"，点击"确认"，完成网格划分。可以看到所有壳单元均在与轴网相交的地方划分（图3-57），形成了较为规则的网格体系，并且重要的是所有的节点都在根据轴网规定的准确位置上。

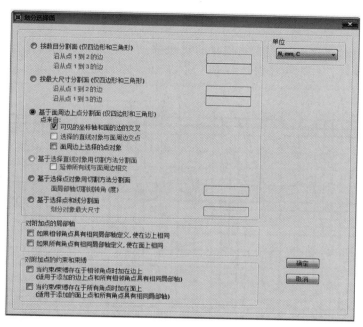

图 3-56 基于选择点划分网格

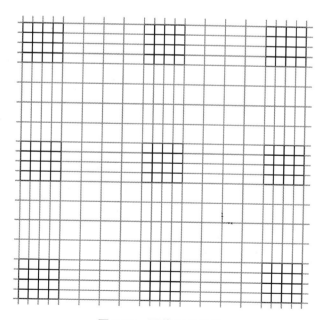

图 3-57 网格划分效果

3.3.3 定义抗浮锚杆及土体约束

本例采用节点弹簧来模拟抗浮锚杆的效果，依次点选抗浮锚杆位置的节点，如图 3-58 所示。选择下拉菜单：指定/节点/弹簧，在【节点弹簧】对话框（图 3-59）中，选择坐标系为"GLOBAL"，弹簧刚度沿全局 Z 平动填 30kN/mm（注意系统单位），点击"确定"，完成抗浮锚杆指定（抗浮锚杆刚度简化参见文献［11］）。

> ✎ Tips：
> ➡对于抗浮锚杆位置这种没有明确规律的成组节点，建议添加到特定组中，例如本例中的节点在选中后，可以选择新建一个"MG"组，添加到组中，以便后续重复选择。

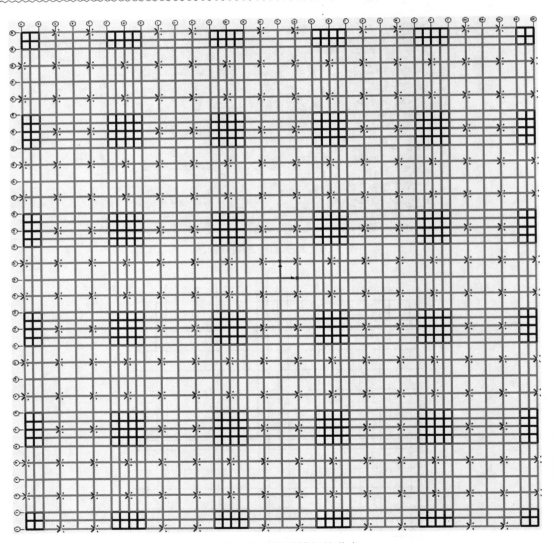

图 3-58 设置抗浮锚杆的节点

使用单向受压弹簧模拟地基的支承作用。选中所有单元，选择下拉菜单：指定/面/面弹簧，在对话框中，弹簧支座选择"Compression Only"（图 3-60），即只受压弹簧，切换单位为"kN，m，C"，单位面积弹簧刚度即地基土的基床系数，按密实土考虑，取1000000，弹簧受拉方向选"用户指定方向向量"，坐标系选"GLOBAL"，全局 X、Y、Z 分量一次填写"0、0、1"，即当抗水板沿 Z 正向变形时为弹簧受拉方向，点击"确认"，完成面弹簧指定。

图 3-59 设置抗浮锚杆

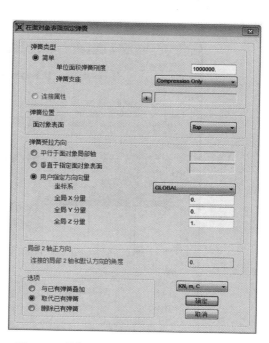

图 3-60 【在面对象表面指定弹簧】对话框

3.3.4 定义荷载组合及荷载

由于设置了单向受压面弹簧，根据 SAP2000 的规定，必须进行非线性分析，因此需要对荷载工况进行修改。

首先建立一个水浮力的荷载模式，名称取为"SHUI"，具体设置参数如图 3-61 所示。选择下拉菜单：定义/荷载工况，选择"DEAD"工况，点击"修改、显示荷载工况"，在

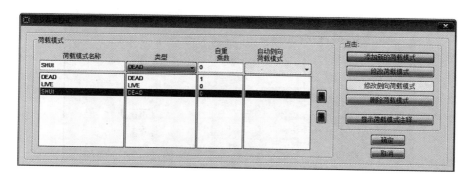

图 3-61 荷载模式定义

【荷载工况数据】对话框中，选择分析类型为"非线性"，初始条件选择"零初始条件"，其余参数按默认即可，点击"确定"，完成恒载工况的修改（图 3-62）。继续选择"LIVE"工况，点击修改，选择分析类型为"非线性"，初始条件选择从"DEAD"工况结束开始，其余参数不变，点击"确定"，完成活载工况的修改（图 3-63）。继续选择"SHUI"工况，点击修改，选择分析类型为"非线性"，初始条件选择从"LIVE"工况结束开始，其余参数不变，点击"确定"，完成水浮力工况的修改（图 3-64）。

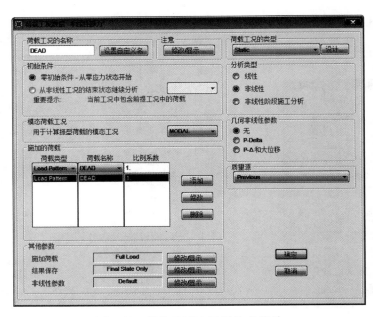

图 3-62　修改 DEAD 工况为非线性

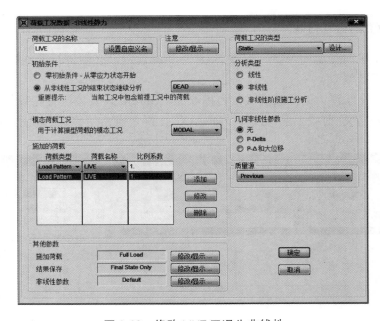

图 3-63　修改 LIVE 工况为非线性

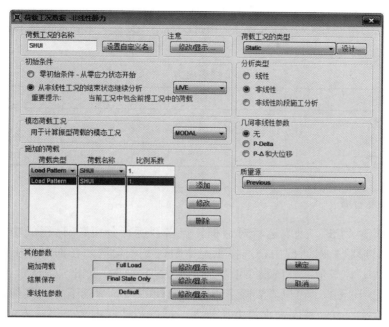

图 3-64 修改 SHUI 工况为非线性

⊗ Tips：

➡本例的非线性工况依次继承前一个分析工况，同时也就相当于组合了前一个工况的荷载，最后的 LIVE 工况，相当于 $1.0×$恒载$+1.0×$活载$+1.0×$水浮力。如果需要不同的组合系数，可以在荷载工况内调整，本例为了简便起见，简化采用这一个组合。

➡需要注意，在采用非线性分析以后，一般而言，不可以对非线性分析结果进行简单的线性叠加，也就是荷载组合中不应再对非线性结果进行组合。

　　框选所有对象，选择下拉菜单：指定/面荷载/均匀（壳），荷载模式选"SHUI"（图3-65），方向选"Z"，荷载填"50"，即相当于 5m 水头，水浮力为 50kPa。

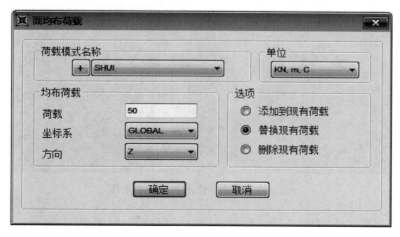

图 3-65 设置抗水板水浮力

此外，为了更好地体现水浮力的影响，需要施加柱底内力，在模型中已经定义了中柱、边柱和角柱的节点组，分别选择不同的柱节点，按表 3-4 输入恒载和活载下的柱底内力。

	柱底内力	表 3-4
荷载模式	DEAD	LIVE
中柱	5000	1400
边柱	2500	700
角柱	1250	350

3.3.5　分析结果查看

直接按快捷键 "F5"，进入运行对话框，点击 "运行分析"。运行成功后，按快捷键 "F6"，在【变形形状】对话框中，选择工况 "SHUI"，勾选 "在面对象上绘制位移等值线"，分量选 "Uz"，等值线范围最小填 "0"，最大填 "1"，点击 "确认"，查看水浮力下的竖向变形图（图 3-66）。可以看到除了中间几个柱的独立基础下方，其他抗水板的竖向位移都为正值，这一方面是因为水浮力比较大，抵抗了柱底内力，另一方面是因为只有 5 跨模型，边界条件的简化影响到了内部的基础反应。

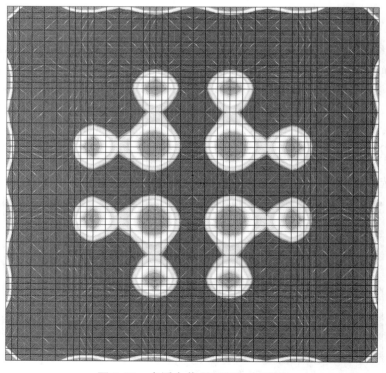

图 3-66　水浮力作用下竖向变形图

按快捷键 "F7"，在【节点反力】对话框，工况选择 "LIVE"，勾选 "显示结果为箭头"，系统显示地基土反力（图 3-67）。继续切换工况为 "SHUI"，继续查看地基土反力

（图 3-68）。可以看到在没有水浮力的作用下，地基反力以独立基础下为主，抗水板下也有一定的反力，但值较小。当增加水浮力以后，独立基础的地基反力明显减小，抗水板上拱，没有地基反力，设置抗浮锚杆的部位，基础受到抗浮锚杆向下的拉力。

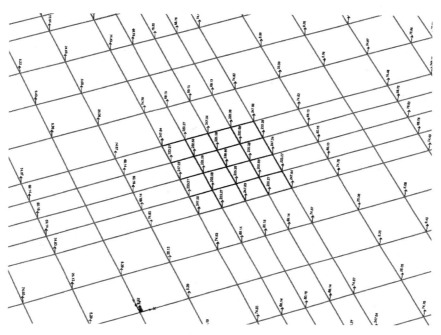

图 3-67　无水浮力下的地基反力

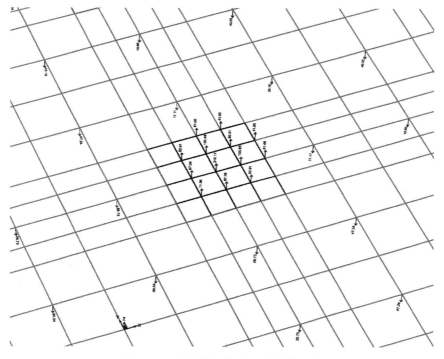

图 3-68　有水浮力作用下的地基反力

　　着重查看中间一个区隔的反力情况，记录各个锚杆的拉力（图 3-69）。中间区隔共有 12 根锚杆，其中板跨中间有 4 根锚杆，拉力为 60.54kN，柱间有 8 根锚杆，拉力为 28.73kN，可以看到锚杆拉力与底板竖向变形呈正比，这与使用弹簧来模拟锚杆作用的计算假定一致，变形越大，锚杆拉力越大。继续查看其他区域的锚杆，锚杆拉力随着底板变形不同而不同（最外面一跨因为边界简化不准确而失真，不具参考意义），锚杆拉力大概在 17～60kN 之间（最外面一跨计算失真，锚杆拉力最大值达到 221kN）。除去外围锚杆因边界条件简化带来的无效计算，可考虑锚杆竖向上拔力取中间板跨均值，即 60.54kN，据此，在锚杆设计时，受拉主筋可采用 3Φ18。

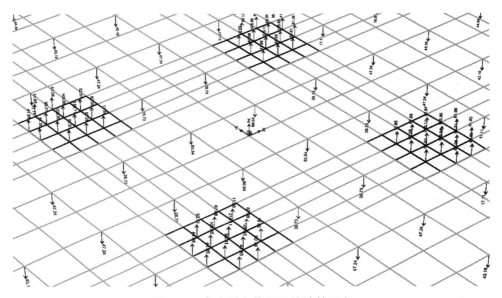

图 3-69　有水浮力作用下的地基反力

✎ Tips：

➡ 抗浮锚杆纵向受拉钢筋面积计算主要有三个出处：

a）根据《全国民用建筑工程设计技术措施》（结构　地基与基础）7.3.2

$$R_t = \frac{N_{td}}{1.35} \leqslant \frac{A\xi_2 f_y}{1.35} = 0.51 A f_y = \frac{1}{1.96} A f_y$$

其中 ξ_2 为工作条件系数，对于永久锚杆取 0.69

b）根据《建筑边坡工程技术规范》GB 50330—2013 8.2.2

$$N_{ak} \leqslant \frac{1}{K_b} A_s f_y$$

其中 K_b 为抗拉安全系数，对于永久锚杆，根据边坡安全等级不同取值如下：

安全等级	一级	二级	三级
K_b	2.2	2.0	1.8

c) 根据《岩土锚杆与喷射混凝土支护工程技术规范》GB 50086—2015 4.6.8

$$N_k = \frac{N_d}{1.35\gamma_w} \leqslant \frac{f_y A_s}{1.35\gamma_w} = \frac{f_y A_s}{1.35 \times 1.1} = \frac{f_y A_s}{1.485}$$

$$N_d < f_y \cdot A_s \quad N_d = 1.35 r_w N_k \quad r_w = 1.1$$

➡以上三个计算公式中，"边坡规范"3.3.2-3中明确规定锚杆面积应按荷载效应标准组合计算，公式与此保持一致，但"统一措施"和"锚杆规范"中锚杆钢筋面积是采用拉力设计值计算的，不过需要注意的是，这些拉力设计值也是直接由标准组合下的拉力按照固定系数换算而成。由于抗浮设计是按照标准组合进行，为便于比较，可以将三个公式统一为标准组合工况对比，可以发现"统一措施"的"等效安全系数"为1.96，大致相当于"边坡规范"的二级边坡的水平；"锚杆规范"的"等效安全系数"为1.485，略低于"边坡规范"的三级边坡的水平。

➡本例中配筋采用3Φ18，按"统一措施"计算，$R_t \leqslant \frac{1}{1.96} A f_y = \frac{1}{1.96} \times 3 \times 254 \times 360 = 140kN$。

按快捷键"F9"，在单元内力图中，选择工况组合名为"SHUI"，分量类型选择"内力"，组成选择"M11"，显示X向弯矩（图3-70）。可以看到，在柱底内力和水浮力的作

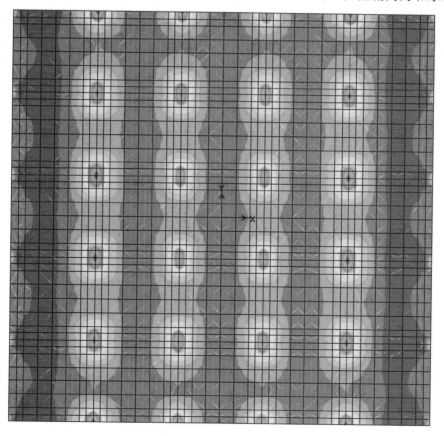

图 3-70 有水浮力作用下的 X 向弯矩分布

用下，X 向弯矩沿 Y 向在柱间形成柱上板带，但是抗浮锚杆的位置并未出现负弯矩，甚至没有太大的弯矩突变，这说明相对底板而言，抗浮锚杆的刚度是非常有限的，难以形成有效的支座，因此，在某些简单的计算中，将抗浮锚杆简化为支座来计算抗水板的内力是很不合适的。

对比"LIVE"工况和"SHUI"工况下的独立基础弯矩分布（图 3-71、图 3-72），沿图中虚线查询各点弯矩，如图 3-73 所示，图中虚线所示为有水浮力工况，可见无论是跨中正弯矩，还是柱底负弯矩均大幅增大，在水浮力的作用下，柱底最大负弯矩从 1580kN·m/m 增大到 1980kN·m/m，增幅达 25%，可见水浮力对独立基础抗弯的影响不可忽视。

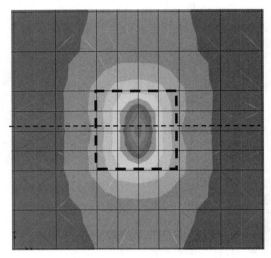

图 3-71　"LIVE"工况下独立基础弯矩

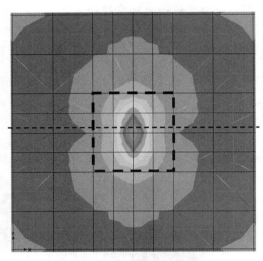

图 3-72　"SHUI"工况下独立基础弯矩

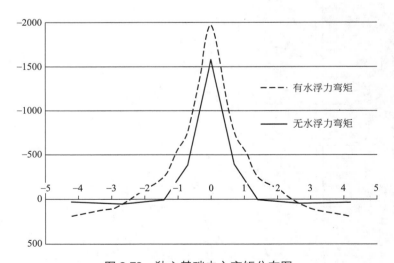

图 3-73　独立基础中心弯矩分布图

继续查看剪力，按快捷键"F9"，在单元内力图中，选择工况组合名为"LIVE"，分量类型选择"内力"，组成选择"Vmax"，点击"确定"，显示独立基础附近剪力分布图，切换工况为"SHUI",对比两个工况下的剪力图(图3-74、图3-75),可以发现,在含有水浮力的工况下,剪力云图的最大值变化不大,但是剪力云图的范围明显扩张。这是因为剪力在数值上就是基底反力的积分,在水浮力作用下,基底反力的总值没有减少(数值上等于相应区域的柱底内力),所以剪力最大值没有变。但是由于基底反力由水浮力和地基反力组成,地基反力集中于柱底,而水浮力均匀分布,因此,水浮力增加以后,基底反力的分布更加均匀,独立基础以外的基底反力增大,剪力云图范围也就随之外扩。

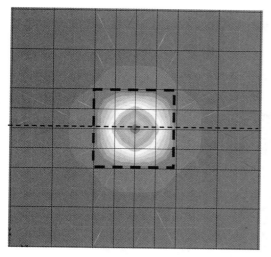

图3-74 "LIVE"工况下独立基础剪力

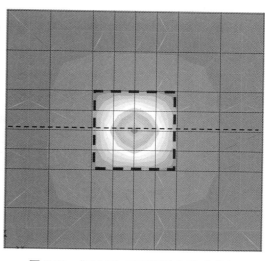

图3-75 "SHUI"工况下独立基础剪力

沿图中虚线查询各点剪力(前节已经阐明,为便于对比应取消"应力平均选项",内力分量选"V13"),如图3-76所示,图中虚线所示为有水浮力工况,可以看到,在远离柱底的区域,剪力明显变大,而柱底的剪力,也就是最大剪力,没有任何变化,这与前文分析的工程概念是一致的,而基础的抗剪设计一般是包络设计,即按最大剪力截面包络进行抗剪设计,最大剪力不变,独立基础的抗剪设计也不需要因水浮力作用而改变,但是抗水板剪力加大,对应抗水板的抗剪设计需要重新验算。本例中,抗水板最大弯矩(即抗水板与独立基础交界处)在没有水浮力作用时为70kN/m,这个值很小,工程上通常不单独

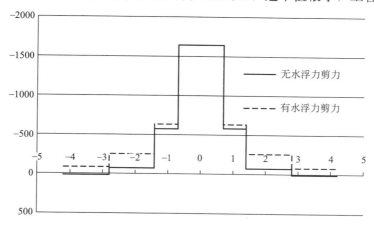

图3-76 独立基础中心剪力分布图

计算，而增加水浮力作用后，剪力增加到 258kN/m，这就有必要进行单独验算了（工程上最小的抗水板为 300mm 厚，满足构造配筋要求的剪力设计值为 260kN/m）。

3.4　有抗浮锚杆抗水板-倒楼盖

3.4.1　问题说明

前述几节详细地介绍了地下室底板在水浮力作用下的详细计算方法以及受力特点，可

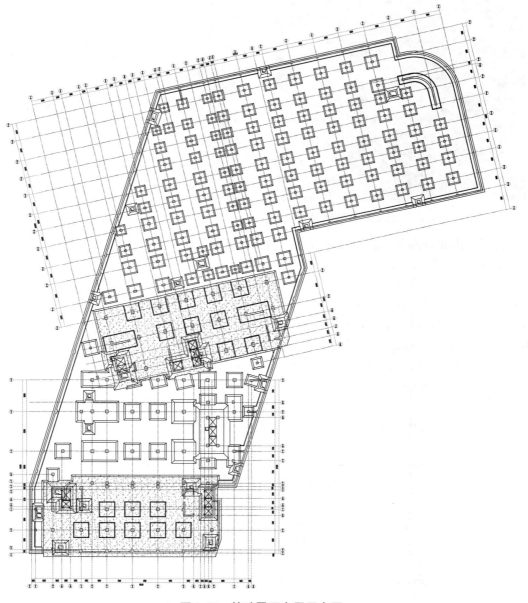

图 3-77　基础平面布置示意图

以看到在水浮力作用下，底板受力有以下几个特点：

（1）抗水板的弯矩、剪力均增大，需要单独计算；

（2）抗浮锚杆只能平衡水浮力，不能作为抗水板支座；

（3）独立基础抗剪验算不变，抗弯验算因为抗水板的作用而需要加强。

基于上述特点，这种计算在更多的时候，被简化为一个"倒楼盖模型"，利用该模型分析抗水板受力，再根据公式推导单独复核独立基础的抗弯计算。需要注意的是，在采用倒楼盖模型时，需满足以下几点：

（1）假定在无水工况下，抗水板不承受柱底荷载，所有柱底荷载均由独立基础承担；

（2）各柱按负荷面积等效的柱底内力大小不应有较大差异；

（3）抗浮锚杆布置基本均匀，并假定各抗浮锚杆受力基本一致。

本节模型来源于某工程的基础底板，工程地下共三层，地上有两栋 14 层塔楼（如图 3-77 中阴影部分所示），地下室底板标高为 -13.650m，抗浮设计水位在 -4.300m。

3.4.2　快速导入

实际工程的底板布置往往比较复杂，使用简单的轴网建模会非常麻烦，可以直接采用导入 CAD 图形的方式建模，更为便捷。

使用 CAD 软件打开底图中，新建一个图层，图层名填写"S-SLAB"，沿各底板边界中心依次使用"3dface"命令建立与基础范围相同的三维面（图 3-78）。建模完成后，使用另存为命令，将 CAD 图形保存为".dxf"交换格式的文件。

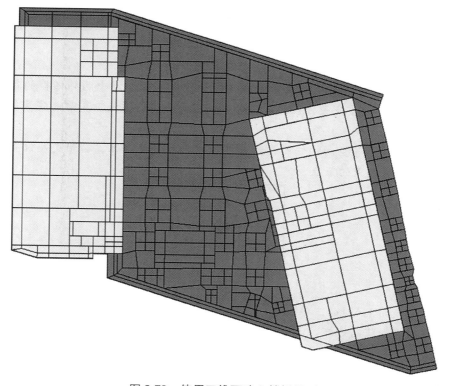

图 3-78　使用三维面建立楼板模型

✎ Tips:

➠ SAP2000 的导入 CAD 功能中，壳单元只支持 CAD 的三维面单元。CAD 的三维面单元支持 3 节点和 4 节点两种形式。

➠ 实际底板设计非常复杂，在绘制三维面时候应当充分简化：

1. 忽略独立基础的底部放坡。独立基础的底部放坡主要是维持基础开挖的构造措施，不必带入有限元分析。

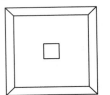

2. 忽略集水坑等局部降板。在地下室底板的降板处理中，一般是遵循等厚的原则，集水坑的实际效果相当于局部折板，因此不必带入有限元分析，但应注意的是对标高的影响，应判断当降板较大时是否需按实际情况加大局部水浮力。

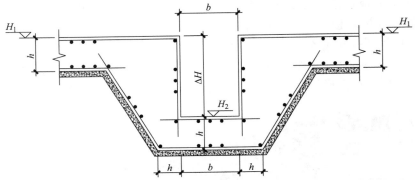

3. 忽略一些非重点关注区域的板厚、支座等情况，如本例中两栋塔楼的筏板基础（图中浅色区域）不是重点关注区域，因此筏板中的一些子筏板、复杂墙肢等条件可以简化处理。

➠ 由于本例中柱、墙等竖向构件简化为支座，因此有必要以柱、墙等支座位置绘制三维面，以形成设置约束的节点。

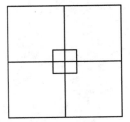

➠ 总的来说，使用 CAD 的三维面建模过程基本相当于有限元软件的网格划分，但是不必过于考虑网格形状的好坏，因为这些网格会在 SAP2000 中进一步细分。

打开 SAP2000，新建一个空的模型，选择下拉菜单：文件/导入/AutoCAD.dxf 文件，选择之前生成的 dxf 文件，在【导入信息】对话框中确定全局向上方向为"Z"，长度单位应该为"mm",与 CAD 中保持一致,点击"确定"(图 3-79)。在【DXF 导入】对话框中,选择壳的指定层为"S-SLAB",点击"确定"(图 3-80),完成壳单元导入(图 3-81)。

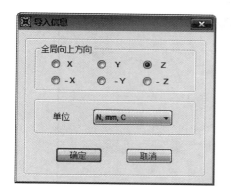

图 3-79 【导入信息】对话框

图 3-80 【DXF 导入】对话框

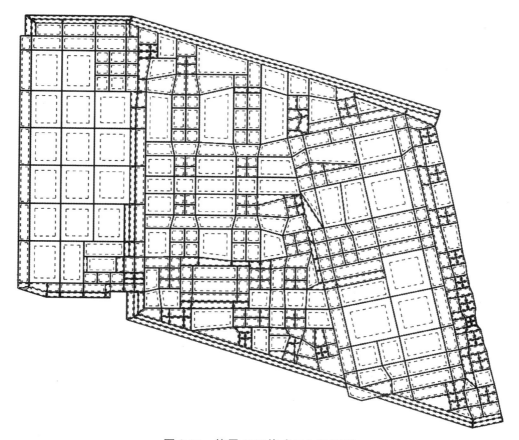

图 3-81 使用 DXF 格式导入的模型

3.4.3 补充建模

导入 DXF 以后,完成了基本的几何模型,但还需要进行进一步的补充建模。

首先需要定义"HRB400"材料作为板的受力钢筋。选择下拉菜单：定义/截面属性/面截面，添加"S600"的抗水板截面和"S1500"的筏板截面（图 3-82、图 3-83）。

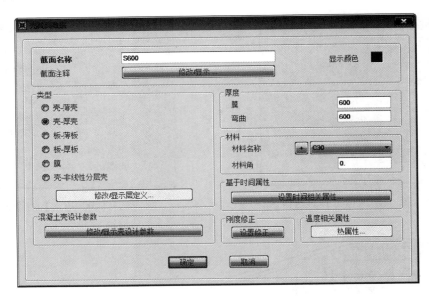

图 3-82　"S600"抗水板截面定义

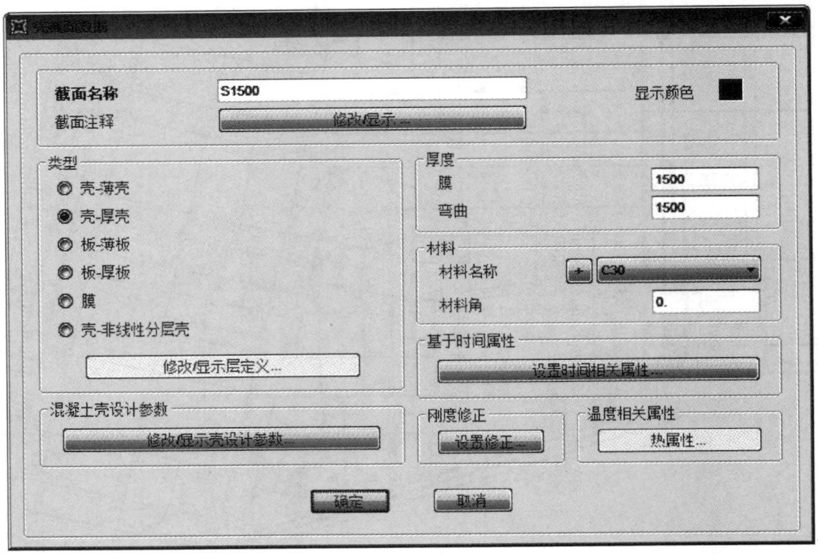

图 3-83　"S1500"筏板截面定义

选择所有底板单元，选择下拉菜单：指定/面/截面，选择"S600"截面，点击确定；再单独选择筏板范围的单元，指定为"S1500"截面，完成不同底板厚度的指定（详见图 3-84）。

由于本例采用 CAD 模型导入的方式建模，壳单元直接继承 CAD 中三维面的部分属性，根据绘制三维面时的节点顺序，壳单元的局部坐标轴可能不同，使用 Ctrl＋W 快捷

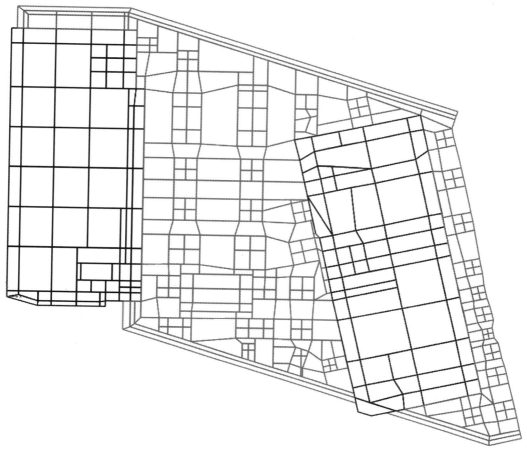

图 3-84　不同厚度的底板定义

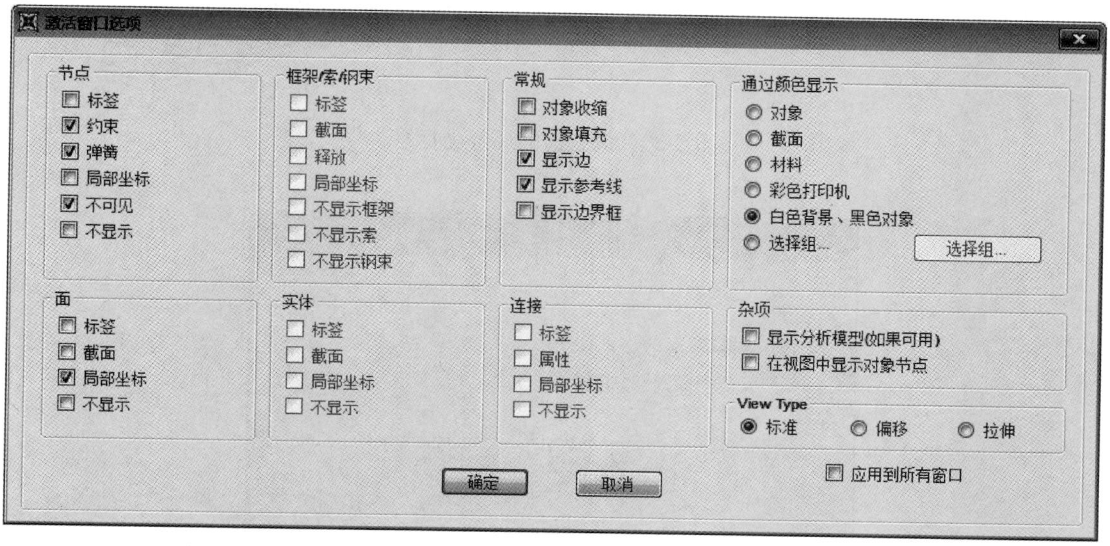

图 3-85　【激活窗口选项】对话框

键，调出【激活窗口选项】对话框，勾选面"局部坐标"项，点击"确定"，如图 3-85 所示，可以看到各个壳的局部坐标系稍有不同，为了便于后期内力的判断，应该统一局部坐标系。

可以注意到，局部坐标系不同的壳单元，局部 3 轴的方向相反（图 3-86），选择所有不在统一方向的壳单元，选择下拉菜单：指定/面/反转局部坐标轴 3，在【反转面局部 3 轴】对话框中，选择"保持同样全局方向指定"，点击"确定"（图 3-87），完成局部坐标调整，如图 3-88 所示，可以看到，所有壳单元的 1、2、3 轴均在统一方向上。

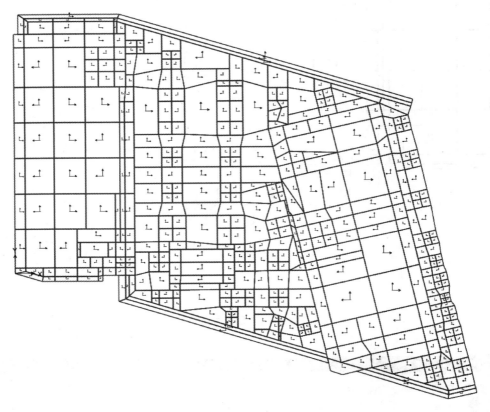

图 3-86　调整前的局部坐标系

图 3-87　【反转面局部 3 轴】对话框

图 3-88　调整后的局部坐标系

3.4.4　单元划分

选择下拉菜单：选择/选择/属性/面属性，在截面选择对话框中，选择"S600"，点击"确定"，所有抗水板单元被选中。继而选择下拉菜单：指定/面/自动面网格剖分，选择"基于剖分组中点和线剖分面"，最大尺寸填"500"（图 3-89），点击"确定"，完成抗水板网格细分。继续通过属性选择，选择"S1500"，选中所有筏板单元，选择下拉菜单：指定/面/自动面网格剖分，选择"基于剖分组中点和线剖分面"，最大尺寸填"1000"（图 3-90），点击"确定"，完成筏板网格细分。框选所有面对象，选择下拉菜单：指定/面/生成边束缚，选择"沿对象边生成束缚"，系统生成自动边束缚条件。

使用 Ctrl＋W 快捷键，在【激活窗口选项】对话框中，勾选杂项中的"显示分析模型"，点击"确定"，若提示需要创建模型，点击"确定"，系统生成分析模型，可以根据分析模型检查单元划分是否正确（图 3-91）。

> ✎ Tips：
> ➡在显示模型时，如果提示网格划分失败或者非法网格等信息，最可能的情况就是在 CAD 中绘制三维面单元时，各节点之间没有完全重合，出现较小的误差。此时应该根据提示的节点号，查找出错的网格，修改 CAD 模型后重新导入。

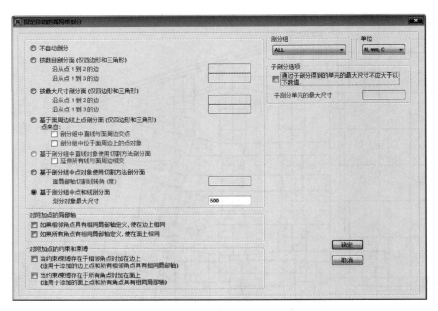

图 3-89 抗水板的网格细分

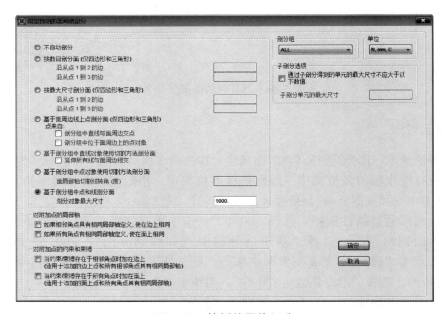

图 3-90 筏板的网格细分

3.4.5 定义约束条件

在倒楼盖模型中，所有的竖向构件均简化为楼盖支座，对应于有限元模型，即应在柱底及墙底添加支座（图 3-92）。

首先添加柱底支座，在模型中选择所有柱子的位置，选择下拉菜单：指定/节点/约

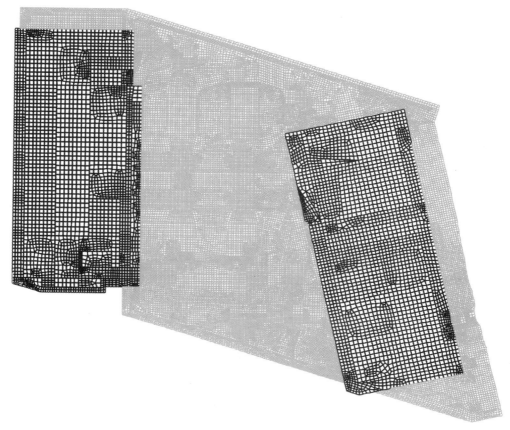

图 3-91　查看分析模型

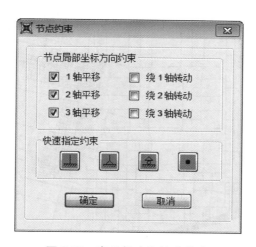

图 3-92　定义柱底和墙底约束

束，勾选三个方向平动，点击"确定"，详见图 3-93。

　　然后添加墙底支座，在模型中选择所有剪力墙的位置，选择下拉菜单：指定/节点/约束，勾选三个方向平动，点击"确定"，详见图 3-94。

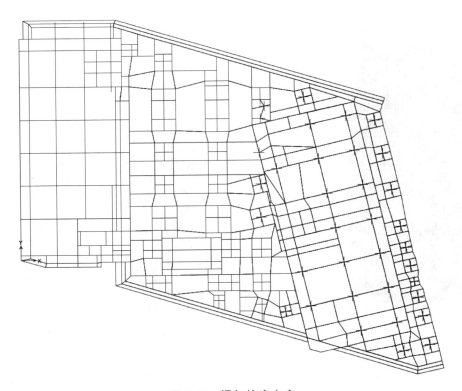

图 3-93　添加柱底支座

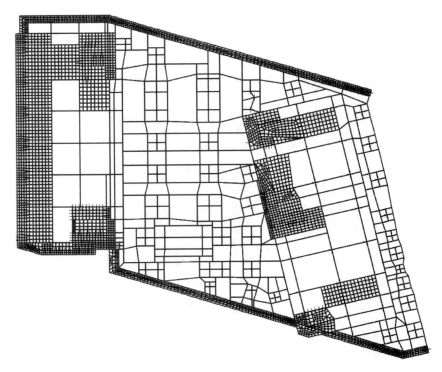

图 3-94　添加墙底支座

3.4.6 定义荷载组合及荷载

选择下拉列表：定义/荷载模式，在【定义荷载模式】对话框中，在名称中写"LIVE"，类型选"LIVE"，修改自重系数为"0"，点击"添加新的荷载模式"，完成活荷载的定义。在名称中写"SHUI"，类型选"DEAD"，修改自重系数为"0"，点击"添加新的荷载模式"，完成水浮力荷载的定义（图3-95）。

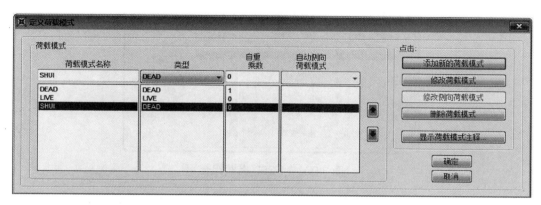

图 3-95　荷载模式定义

选择下拉列表：定义/荷载组合，在【定义荷载组合】对话框中，点击"添加新组合"，在【荷载组合数据】对话框中，荷载组合名称填"S"，荷载工况名称选"SHUI"，比例系数填"1"，点击"添加"，完成含水浮力的标准组合的设置（图3-96）；荷载组合名称填"1.2S"，荷载工况名称选"SHUI"，比例系数填"1.2"，点击"添加"，完成含水浮力的基本组合的设置（图3-97）。

图 3-96　"S"荷载组合

图 3-97　"1.2S"荷载组合

　　倒楼盖模型的荷载只有净水浮力荷载，即水浮力扣除自重的荷载，自重荷载可由系统自动计算，水浮力需要手动输入。选择下拉菜单：选择/选择/属性/面截面，选择 "S600" 截面，点击"确定"，所有 600 厚抗水板被选中，选择下拉菜单：指定/面荷载/均匀（壳），选择荷载模式为 "SHUI"，方向为 "Z"，荷载填 "23.8"，注意单位是 "kN，m，C"，点击"确定"，完成抗水板荷载指定（图 3-98）。同样的，选择 "S1500" 筏板，指定面荷载为 "56"（图 3-99）。

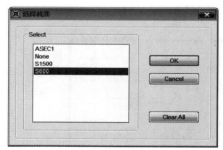

图 3-98　抗水板荷载指定

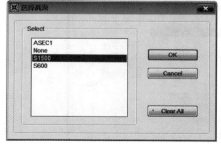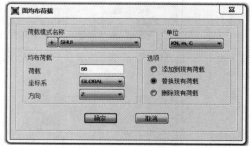

图 3-99　筏板荷载指定

⊗Tips：

➡ 抗水板下的荷载为水浮力扣除有利荷载之后的值，其中有利荷载包括抗水板自重和抗浮锚杆提供的拉力，具体计算如下：

水浮力：$(13.650-4.300) \times 10 = 93.50kN/m^2$

抗水板自重：

$0.6 \times 25 = 15kN/m^2$

抗浮锚杆承载力特征值200kN，布置间距1.6m×1.6m，有利荷载：

$200/1.6/1.6 = 78.12kN/m^2$

故，抗水板荷载：

$1.0 \times 93.50 - 1.0 \times 15 - 0.7 \times 78.12 = 23.8kN/m^2$

➡ 注意：标准组合下，水浮力和各项有利荷载的分项系数均取1.0，但是考虑抗浮锚杆的拉力不均匀性和施工效果，可以适当对抗浮锚杆的有利荷载打折，本文折减系数取0.7。

➡ 筏板下的荷载计算与抗水板类似，只是没有抗浮锚杆的有利作用：

$1.0 \times 93.5 - 1.0 \times 1.5 \times 25 = 56kN/m^2$

3.4.7 分析结果查看

直接按快捷键"F5"，进入运行对话框，点击"运行分析"。

运行成功后，按快捷键"F6"，在【变形形状】对话框中，选择工况"S"，勾选"在面对像上绘制位移等值线"，分量选"Uz"，等值线范围最小填"0"，最大填"3"，点击"确认"，查看水浮力下的竖向变形图（图3-100）。可以看到，虽然筏板下水浮力较大，但

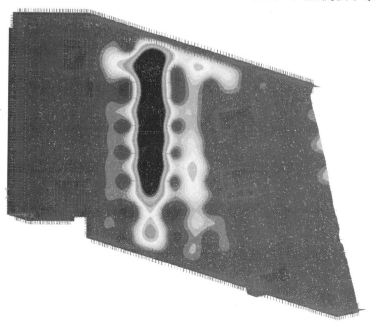

图3-100 水浮力作用下竖向变形图

是筏板厚度远大于抗水板，筏板的跨高比比抗水板小得多，整个底板的变形以抗水板为主，各个墙柱位置，位移为 0，表现出明显的支座效果。

　　按快捷键"F7"，在【节点反力】对话框，工况选择"S"，勾选"显示结果为箭头"，系统显示柱底反力（图 3-101、图 3-102），可以看到，在水浮力作用下，柱底出现拉力 N_s，可以将该拉力与主体计算模型的恒载下柱底内力 N 相比较，如果 $N_s > N$，说明局部将出现抗浮失效，设计时应予以重视，可建立有抗浮锚杆的抗水板进一步分析局部抗浮是否满足要求。

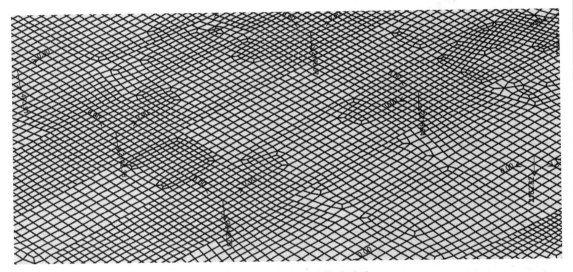

图 3-101　水浮力下的柱底内力

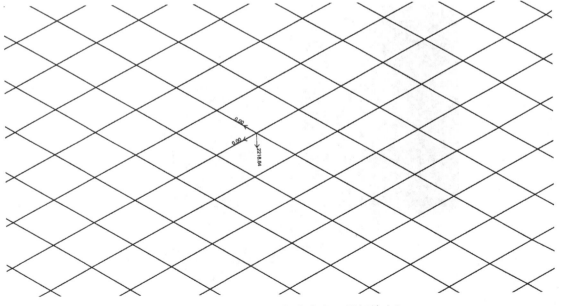

图 3-102　水浮力下的柱底内力（局部放大）

> ✎ Tips：
>
> ➡️ **注意**：实际设计时，整体抗浮是预先通过抗浮锚杆设置保证了的。所以，在考虑抗浮锚杆的作用后，理论上是不会出现局部抗浮失效的情况。分析中出现局部抗浮失效主要源于以下两点：
>
> （1）在"SHUI"工况下，水浮力的分项系数取 1，抗浮锚杆考虑了的拉力不均匀性和施工效果，进行了折减，折减系数取 0.7。这与标准的抗浮验算是有区别的，参考3.2.3 节，不同的规范规定的抗浮验算水浮力的分项系数应取 1.05~1.1 之间，而抗浮锚杆的折减系数偏小，实际发挥的作用应该比 0.7 大。
>
> （2）根据倒楼盖的计算假定，抗浮锚杆均匀布置，提供的反力也是按均匀荷载考虑的，但是实际的柱底内力不一定均匀，单位面积负荷较小的柱底可能出现局部抗浮失效。
>
> ➡️ 综合来看，采用这种简单的方法可以大致验证整体抗浮情况，快速找到抗浮薄弱的部位。如果需要进一步验证，可建立有抗浮锚杆的抗水板进行进一步的详细分析。

按快捷键"F9"，在单元内力图中，选择工况组合名为"1.2S"，分量类型选择"内力"，组成选择"M11"，等值线范围最小填"−300"，最大填"0"（此时单位应为 kN，m），显示 X 向跨中弯矩（图 3-103）。

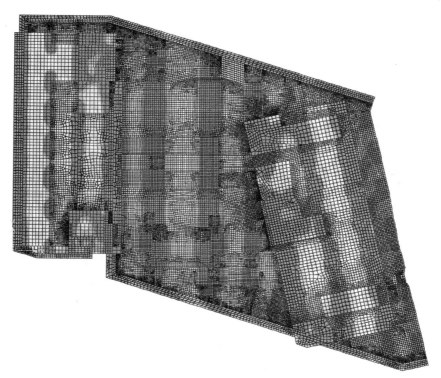

图 3-103　水浮力下的 X 向跨中弯矩

可以看到，在水浮力的作用下，X 向弯矩在柱间形成柱间板带，最大弯矩值约240kN·m（图 3-104）。继续查看 X 向支座弯矩（图 3-105），按快捷键"F9"，在单元内

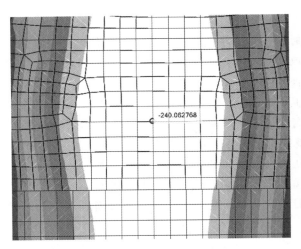

图 3-104 X 向跨中弯矩（局部放大）

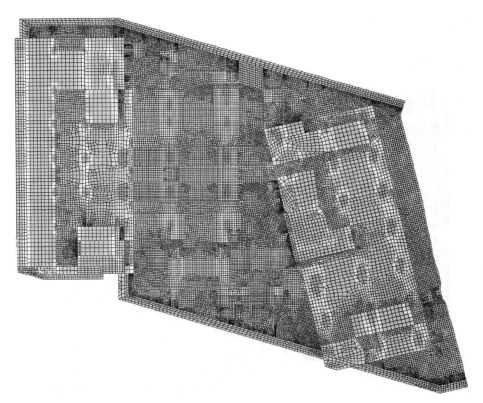

图 3-105 水浮力下的 X 向支座弯矩

力图中，选择工况组合名为"1.2S"，分量类型选择"内力"，组成选择"M11"，等值线范围最小填"0"，最大填"300"，具体查看 X 向支座弯矩最大值约 156kN·m（图 3-106）。同样的方法，可以查看 Y 向跨中弯矩最大值为 175kN·m，Y 向支座弯矩最大值为 45kN·m。

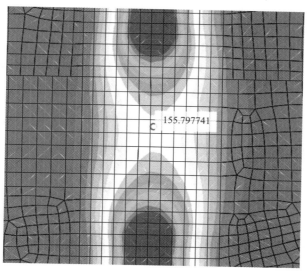

图3-106　X向支座弯矩（局部放大）

　　继续查看剪力，按快捷键"F9"，在单元内力图中，选择工况组合名为"1.2S"，分量类型选择"内力"，组成选择"Vmax"，等值线范围最小填"0"，最大填"300"，点击确定，显示底板剪力，可见剪力最大值出现在基础边缘，约207kN（图3-107）。

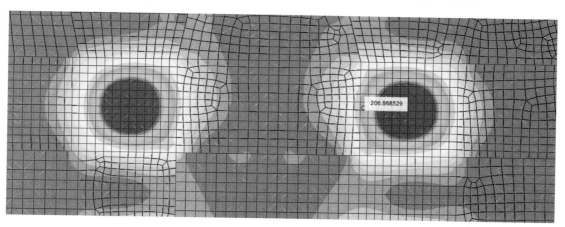

图3-107　水浮力作用下剪力图

整理抗水板内力如下：

抗水板内力及配筋 表3-5

内力	弯矩（kN·m）/配筋（mm²/mm）		剪力（kN）
	跨中	支座	
X向	240/1236	156/795	207
Y向	175/894	45/226	

根据《建筑地基基础设计规范》GB50007—2011 8.4.10 验算底板截面抗剪：

$$V_s \leqslant 0.7\beta_{hs} f_t b_w h_0 = 0.7 \times 1.0 \times 1.43 \times 1000 \times 545 = 545.5\text{kN}$$
$$V_s = 207\text{kN} < 545.5\text{kN}$$

底板厚度 600mm，满足抗剪要求。

根据《混凝土结构设计规范》GB 50010—2010 6.2.10 验算底板截面抗弯：

$$M \leqslant \alpha_1 f_t bx \left(h_0 - \frac{x}{2} \right)$$

$$\alpha_1 f_c bx = f_y A_s$$

联合求解，得到配筋结果如上表，实际配筋双层双向⊈16@150＝1340＞1236，满足要求。

⊗ Tips：

➡ 注意：在内力计算时，采用了"1.2S"工况，该工况实际是不准确的，因为：

1.2S=1.2（水浮力－有利荷载）＝1.2×水浮力-1.2×有利荷载

而实际的内力工况应该为：

S（真）＝1.2×水浮力－有利荷载

所以，直接采用"1.2S"进行最后的计算是不精确的，但是在初步计算时，这种做法可以简化荷载输入，提高计算效率。如果要精确计算底板内力，可以单独按配筋计算所需的底板荷载新加一个荷载工况。

3.4.8　独立基础弯矩修正

从 3.3 节的分析中可以了解到，在水浮力作用下，独立基础的抗剪验算没有变化，但是最大弯矩会明显增加，需要单独验算。弯矩的增加可以通过 3.3 节的详细方法进行验算，也可以根据本节的"倒楼盖模型"，进行适当简化，通过公式推导单独复核独立基础的抗弯计算。

独立基础边缘内力如图 3-108 所示，抗弯验算截面位于柱外侧，独立基础受抗水板影响后的弯矩：

$$M_x^2 = M_x^1 + M_x^\triangle$$
$$M_y^2 = M_y^1 + M_y^\triangle$$

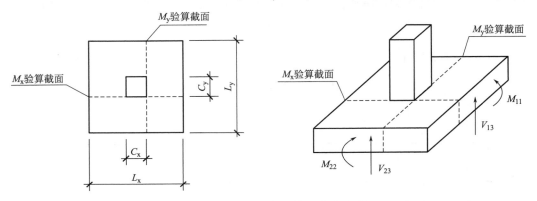

图 3-108　独立基础尺寸及边缘内力

其中增加的弯矩由基础边缘弯矩和基础边缘剪力引起的弯矩两部分组成：

$$M_x^{\Delta}=V_{23}\times L_x\times\left(\frac{L_y}{2}-\frac{c_y}{2}\right)+L_x\times m_{22}$$

$$M_y^{\Delta}=V_{13}\times L_y\times\left(\frac{L_x}{2}-\frac{c_x}{2}\right)+L_y\times m_{11}$$

需要注意的是，在水浮力作用下，独立基础底部反力减小，独立基础抗弯验算截面弯矩随之减小，在叠加抗水板影响的弯矩M_x^{Δ}、M_y^{Δ}时，应在无水浮力工况的截面验算弯矩M_x^0、M_y^0基础上扣除这部分的影响。

$$M_x^1=M_x^0-V_{23}\times L_x\times\frac{1}{2}\left(\frac{L_y}{2}-\frac{c_y}{2}\right)$$

$$M_y^1=M_y^0-V_{13}\times L_y\times\frac{1}{2}\left(\frac{L_x}{2}-\frac{c_x}{2}\right)$$

独立基础抗弯验算一般以线弯矩的形式进行，所以考虑水浮力后，X、Y方向的抗弯验算分别为：

$$m_x'=\frac{M_x^2}{L_x}=\frac{M_x^1+M_x^{\Delta}}{L_x}$$

$$=\frac{M_x^0-V_{23}\times L_x\times\frac{1}{2}\left(\frac{L_y}{2}-\frac{c_y}{2}\right)+V_{23}\times L_x\times\left(\frac{L_y}{2}-\frac{c_y}{2}\right)+L_x\times m_{22}}{L_x}$$

$$=\frac{M_x^0}{L_x}+V_{23}\times\frac{1}{2}\left(\frac{L_y}{2}-\frac{c_y}{2}\right)+m_{22}$$

$$m_y'=\frac{M_y^2}{L_y}=\frac{M_y^1+M_y^{\Delta}}{L_y}$$

$$=\frac{M_y^0-V_{13}\times L_y\times\frac{1}{2}\left(\frac{L_x}{2}-\frac{c_x}{2}\right)+V_{13}\times L_y\times\left(\frac{L_x}{2}-\frac{c_x}{2}\right)+L_y\times m_{11}}{L_y}$$

$$=\frac{M_y^0}{L_y}+V_{13}\times\frac{1}{2}\left(\frac{L_x}{2}-\frac{c_x}{2}\right)+m_{11}$$

以上验算公式中，M_x^0、M_y^0为无水浮力工况下的截面验算弯矩，m_{11}、m_{22}分别为水浮力工况下对应基础边缘的SAP2000计算内力的弯矩结果（图3-109），V_{13}、V_{23}分别为水浮力工况下对应基础边缘的SAP2000计算内力的剪力结果（图3-110）。根据上述公式，可以对每个独立基础进行验算，确定水浮力工况下独立基础验算截面的弯矩增加情况。

✎ Tips:

➡ 注意：独立基础的弯矩m_{11}、m_{22}和剪力V_{13}、V_{23}在基础边缘并不是均匀分布的，在靠近柱子处值较大，远离柱子后值减小，但是附加弯矩与内力值呈正相关，所以，可以简化取靠近柱子处的最大值进行核算。如果需要进一步精细验证，可以通过截面切割的方式，获得内力在基础边缘的平均值，具体操作可参见4.2.7节和4.3.6节。

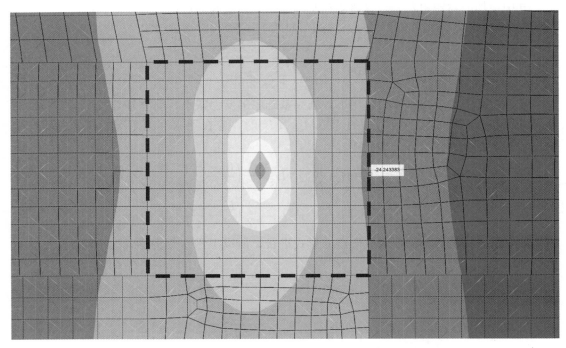

图 3-109 基础边缘弯矩 m_{11}

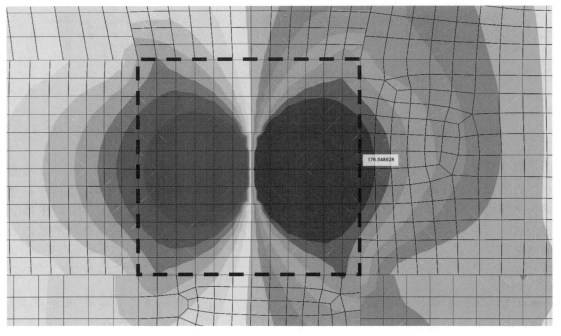

图 3-110 基础边缘剪力 V_{13}

第4章 异形楼板

4.1 平面异形楼板

4.1.1 问题说明

在建筑设计，特别是住宅设计中，由于建筑净高、设备穿管等要求，一些划分板跨的结构梁常常无法布置，从而形成非矩形的异形楼板，常见的有 L 形、T 形等，这些楼板的受力与普通的矩形楼板是不同的，如果简单地按矩形楼板的方法进行计算，显然是不合适的，结果偏差可能很大，甚至完全错误。

本例将以一个实际住宅工程中的异形板为例，介绍 SAP2000 中对这一类异形板的分析过程和处理方法。

4.1.2 导入模型

如图 4-1 所示，为一典型的两户式住宅，采用剪力墙结构，其中客厅和走道连成一体，由于建筑设计对净高的要求，客厅和走道之间不得设置分隔次梁，因此形成一块 L 形楼板，如图 4-2 中阴影部分，楼板主要板跨跨度（净跨）为 5.5m×5.4m，L 肢部分宽度 1.3m，长度 3.3m，L 形转角处布置一道暗梁。L 形楼板板厚 150mm，其余部分板厚 120mm。

住宅中轴线关系较为复杂，使用轴网建模比较麻烦，可以采用直接导入 CAD 图形的方式建模，更为便捷。

使用 CAD 软件打开底图，新建一个图层，图层名填写"S-SLAB"，沿各楼板边界中心依次使用"3dface"命令建立与楼板范围相同的三维面（图 4-3）。建模完成后，使用另存为命令，将 CAD 图形保存为".dxf"交换格式的文件。

✎ Tips：

➡本例的 L 形楼板在 CAD 模型中，被分为 3 个矩形楼板（图中的 5 号、9 号和 10 号三维面），这是因为 CAD 中的三维面只支持矩形形状，而 SAP2000 中的壳单元导入只支持 CAD 的三维面。

➡导入 CAD 图形前，应清理所有不必要的图层及对象，只保留建立的三维面。这对于后续的导入操作是一个很好的习惯，可以有效避免一些未知的导入错误。

打开 SAP2000，新建一个空的模型，选择下拉菜单：文件/导入/AutoCAD.dxf 文件，选择之前生成的 dxf 文件，在【导入信息】对话框中确定全局向上方向为"Z"（图 4-4），长度单位应该为"mm"，即与 CAD 中保持一致，点击"确定"。在【DXF 导入】对话框中，选择壳的指定层为"S-SLAB"（图 4-5），点击"确定"，完成壳单元导入（图 4-6）。

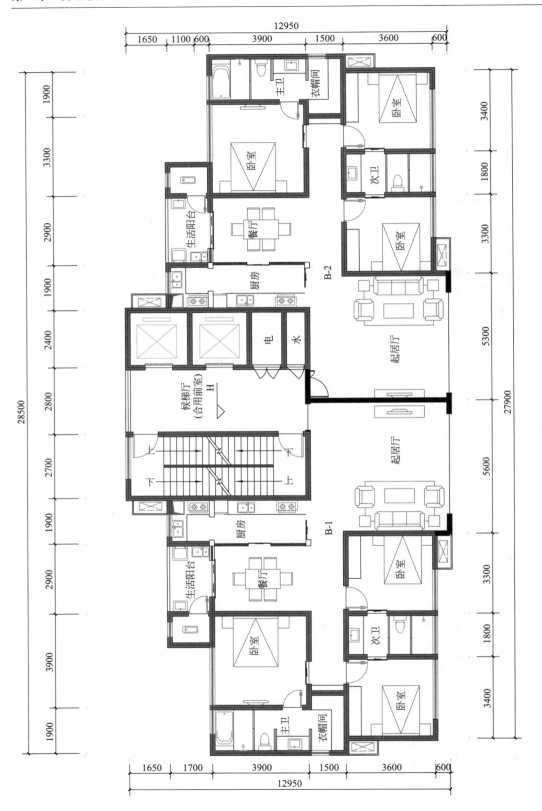

图4-1　L形楼板建筑布置图

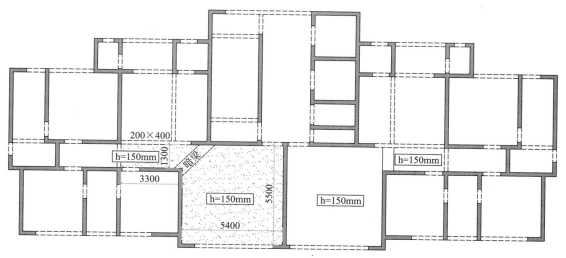

图 4-2　L 形楼板结构布置图

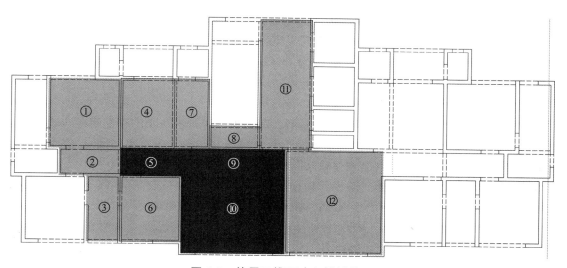

图 4-3　使用三维面建立楼板模型

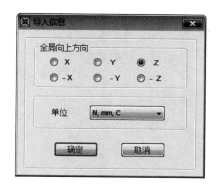

图 4-4　【导入信息】对话框

图 4-5　【DXF 导入】对话框

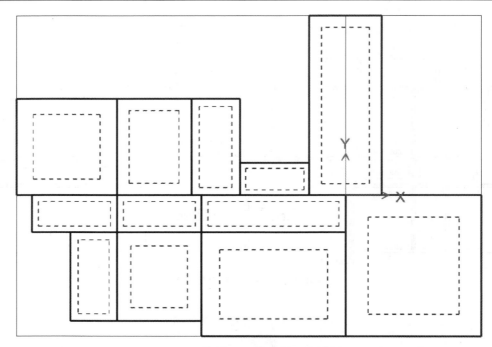

图 4-6　使用 DXF 格式导入的模型

4.1.3　补充建模

导入 DXF 以后，完成了基本的几何模型，但还需要进行进一步的补充建模。

首先需要定义"HRB400"材料作为板的受力钢筋。选择下拉菜单：定义/截面属性/面截面，添加"S120"楼板截面和"S150"楼板截面。选择 L 形楼板的 2 个单元，选择下拉菜单：指定/面/截面，选择"S150"截面，点击"确定"；再选择其余楼板，采用同样的方法指定其余板单元为"S120"截面，完成不同楼板厚度的指定（图 4-7～图 4-9）。

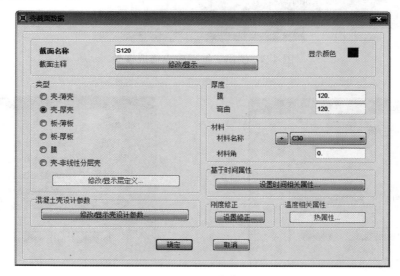

图 4-7　"S120"壳截面定义

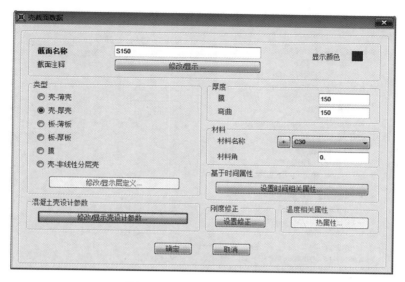

图 4-8 "S150" 壳截面定义

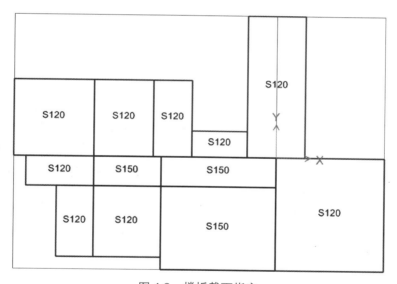

图 4-9 楼板截面指定

4.1.4 单元划分与网格细分

选中 L 形楼板的 3 个单元，选择下拉菜单，编辑/编辑面/分隔面，选择"按数目分隔面"，两个方向的数目都填"2"，点击"确定"，L 形楼板被划分（图 4-10）。

> ✎ Tips：
>
> ➡ SAP2000 中常用的划分方式是网格划分与细分相结合，本例中单独选择将 L 形楼板划分，是为了保证后续网格细分时自动匹配支座条件能顺利成立。

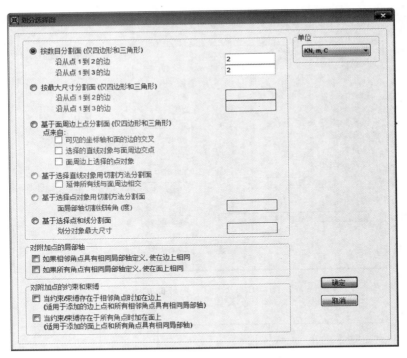

图 4-10　L 形楼板网格划分

　　框选所有壳单元，选择下拉菜单：指定/面/自动面网格剖分，选择"按最大尺寸分隔面"，两个方向的尺寸都填"500"，勾选"当约束/束缚存在于相邻角点时加在边上"，点击"确定"，完成网格细分（图 4-11）。选择下拉菜单：指定/面/生成边束缚，生成自动边束缚条件。

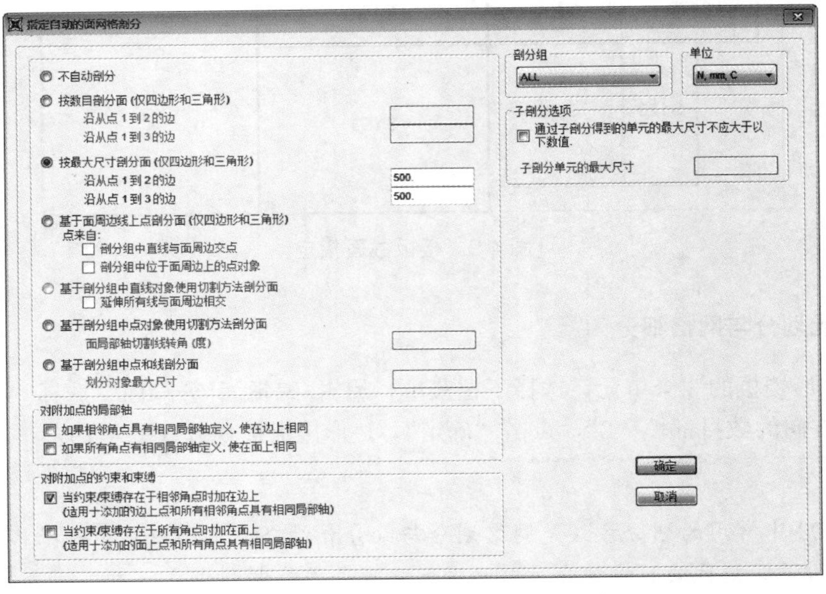

图 4-11　所有楼板网格细分

4.1.5 定义约束条件

框选所有节点，选择下拉菜单：指定/节点/约束，勾选三个方向平动，点击"确定"（图 4-12）。由于除 L 形楼板以外其他楼板都由一个壳单元构成，因此该操作便捷地完成所有楼板边界支座指定。但是，由于 L 形楼板进行了网格划分，中间节点被设置了多余的约束条件，点选 L 形楼板的中间节点（图 4-13），选择下拉菜单：指定/节点/约束，取消约束，点击确定，完成中间节点约束的取消。

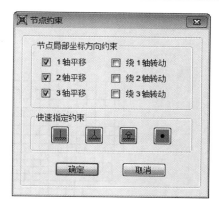

图 4-12 指定楼板支座

使用 Ctrl＋W 快捷键，在【激活窗口选项】对话框中，勾选杂项中的"显示分析模型"，点击"确定"，若提示需要创建模型，继续点击"确定"，系统生成分析模型。根据该分析模型可以检查单元划分是否正确（图 4-14），尤其需要检查支座条件，因为使用细分功能后，部分单元的支座条件是自动生成的，应该着重检查自动生成的结果。

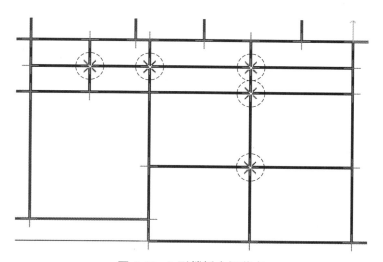

图 4-13 L 形楼板中间节点

4.1.6 定义荷载组合及荷载

选择下拉列表：定义/荷载模式，在【定义荷载模式】对话框中，可以看到已经有恒载的定义（名称为 DEAD），在名称中填"LIVE"，类型选"LIVE"，点击"添加新的荷载模式"，完成活载的定义（图 4-15）。

选择下拉列表：定义/荷载组合，在【定义荷载组合】对话框中，点击"添加新组合"，在【荷载组合数据】对话框中，荷载组合名称填"1.35D＋0.98L"，荷载工况名称选"DEAD"，比例系数填"1.35"，点击"添加"，再选择荷载工况名称为"LIVE"，比例系数填"0.98"，点击"添加"，完成标准组合的设置（图 4-16）。类似地完成"1.2D＋1.4L"组合的定义（图 4-17）。

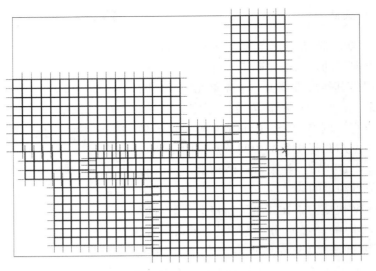

图 4-14 查看分析模型

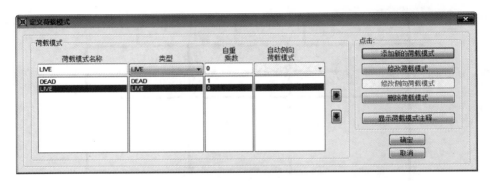

图 4-15 荷载工况定义

图 4-16 "1.35D＋0.98L"荷载组合定义

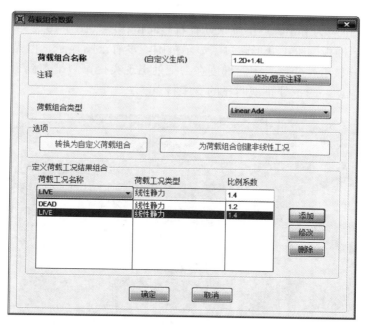

图 4-17 "1.2D＋1.4L"荷载组合定义

使用均布面荷载功能，依次为不同的楼板添加恒载和活载，如图 4-18 所示，图中阴影部分为实际建模分析区域，每个板区隔上的数字即为附加恒载，括号内数值为对应的附加活载，单位为 kN/m²。

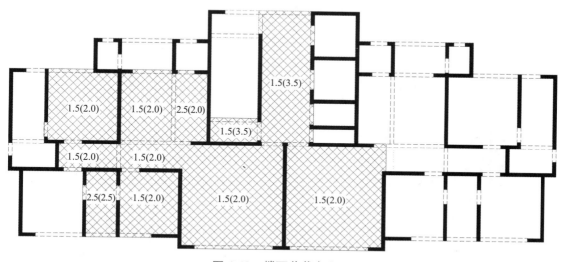

图 4-18 楼面荷载定义图

4.1.7 分析结果查看

直接按快捷键"F5"，进入运行对话框，点击"运行分析"。

运行成功后，按快捷键"F6"，在【变形形状】对话框中，选择工况"1.2D＋1.4L"，勾选"在面对像上绘制位移等值线",分量选"Uz",等值线最小值填"−0.1",最大值填"0",注意长度单位应为 mm,点击确认,查看竖向位移图(图 4-19)。可以看到由于设置了显示范围,L 形楼板的跨中变形超过了显示范围,没有云图显示,但是设计关心的"刀把"区域得以充分显示,变形云图的梯度在刀把处出现突变,刀把左侧云图变化缓慢,刀把右侧云图变化急剧,刀把处呈现明显的支座特点。

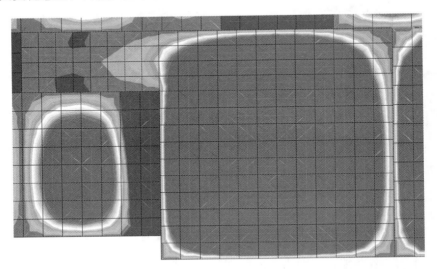

图 4-19　竖向位移分布图

按快捷键"F9",在单元内力图中,选择工况组合名为"1.2D+1.4L",分量类型选择"内力",组成选择"M11",显示 X 向弯矩(图 4-20)。从图中可以看到,在刀把部位,虽然没有设置支座,但是由于长度短,刚度大,仍然有明显的负弯矩,表现出了一定的支座效果。

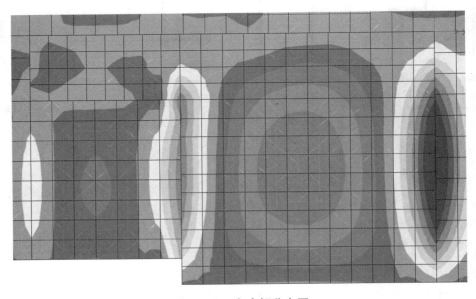

图 4-20　X 向弯矩分布图

　　继续切换"M22"分量,查看 Y 向弯矩(图 4-21),可以看到板块上边出现负弯矩,形成完整的支座,但是刀把的内转角位置也有一定的负弯矩,进一步缩小显示范围(图 4-22),最小值填"-3",最大值填"1",注意单位为"kN,m,C"。可以看到在刀把区域,无论正弯矩还是负弯矩,都比短肢区域的要大得多,且在内转角的地方形成一个极大值。

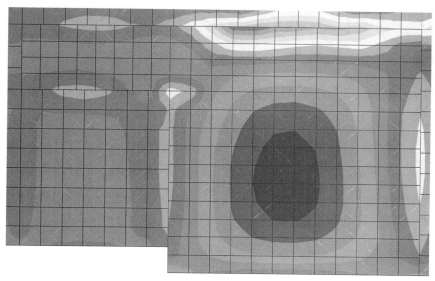

图 4-21　Y 向弯矩分布图

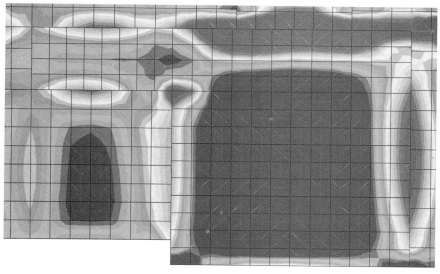

图 4-22　缩小显示范围的 Y 向弯矩分布图

　　按快捷键"F9",在单元内力图中,选择工况组合名为"1.2D+1.4L",分量类型选择"混凝土设计",输出类型选择"顶面",组成选择"Ast1",显示 X 向板顶配筋(图 4-23),可以看到,刀把区域配筋与板边明显呈斜交方向。继续切换组成"Ast2",显示 Y 向板顶配筋（图 4-24），同样可以看到刀把区域配筋与板边明显呈斜交方向。因此在刀把区域设置斜向暗梁是有必要的，根据配筋图的显示结果，暗梁角度可设计为 45°。

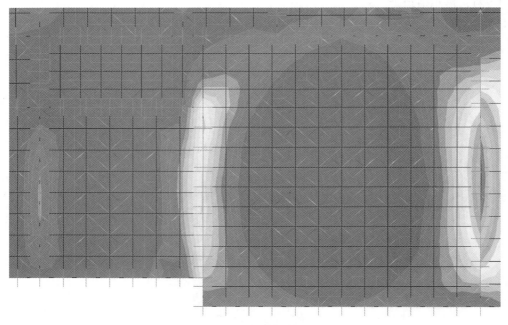

图 4-23　X 向板顶配筋分布图

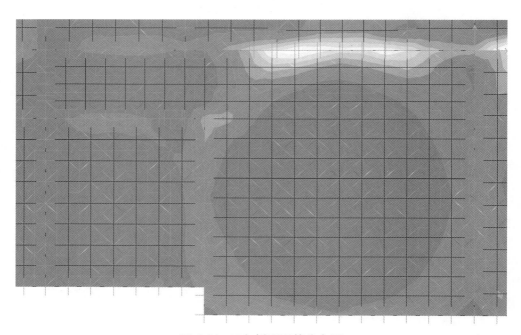

图 4-24　Y 向板顶配筋分布图

继续查看配筋结果，X 方向最大配筋约 $304\text{mm}^2/\text{m}$，Y 方向最大配筋约 $310\text{mm}^2/\text{m}$，需要注意，此配筋值的方向与暗梁设置方向斜交，因此暗梁的纵向钢筋需同时满足 X 向和

Y 向的计算需要：

$$A_{45°}=A_{45°}^x+A_{45°}^y=A^x\times\cos45°+A^y\times\sin45°$$
$$=304\times0.707+310\times0.707=434\text{mm}^2/\text{m}$$
$$A_s=A_{45°}\times b=434\times0.6=261\text{mm}^2$$

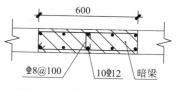

图 4-25 暗梁配筋示意图

暗梁实际配筋如图 4-25 所示，单层纵筋配筋面积 $5\Phi12=565\text{mm}^2>261\text{mm}^2$，满足设计要求。

✎ Tips：

➠本例的暗梁设计采用了简化的方法，直接读取 SAP2000 的板配筋，如需要精细分析，可以沿暗梁方向建立梁单元，进一步准确分析暗梁的内力与配筋。

➠本例分析了 L 形楼板在竖向荷载下的受力行为和配筋特点，应当注意的是，这种类似的异形楼板还需考虑地震作用下的行为，特别是地震作用下的局部应力集中等现象，并予以必要的计算分析和针对性的加强。

4.2 大板开洞楼板

4.2.1 问题说明

在楼板设计中，常遇到局部开洞，但无法设置洞边梁，也常遇到隔墙下无法设置次梁，隔墙荷载直接传递到板面，形成板上线荷载的情况。这一类问题的分析，通常采用简化方法处理，包括采用构造措施处理局部开洞，采用荷载等效均布及墙下附加钢筋的方式处理板上线荷载，这些简化在一定的条件范围内可以满足工程的分析精度要求。但是在洞口复杂、隔墙复杂的情况下，简单的构造处理已经无法满足工程的安全及经济要求，有必要进行相应的有限元分析。

本例为一公共建筑的卫生间区域（图 4-26、图 4-27），由于楼板降板较大，达 600mm，如果再按常规设计思路沿隔墙布置次梁，则主梁为了托住次梁，主梁梁高将很大，并不经济也不合理，因此考虑设置大板，初步估计板厚 200mm。房间右侧有 2 个洞口，也需要一并带入分析。

4.2.2 导入模型

本例采用 dxf 文件导入的方式建模，在楼板中有两个洞口，洞边和其他区域有一些隔墙，这些内容需要提前在 CAD 中进行合理绘制，在"S-SLAB"图层上使用"3sface"命令绘制壳单元，在"S-WALL"图层上使用"line"命令绘制梁单元（用以传递隔墙荷载）。如图 4-28 所示，不同颜色的区块示意不同的壳单元，粗线示意梁单元的位置。需要注意，两个洞口中间只有 200mm 宽，但是仍然划分了单元，并未将两个洞口连成一体，因为本例中需要关心这一区域的受力特点并针对性地予以配筋加强，如果已经通过工程经验或者其他构造解决了该区域的设计，那么在建模时，忽略这个条形区域，将两个洞口建成一个大洞口，也是可以的。

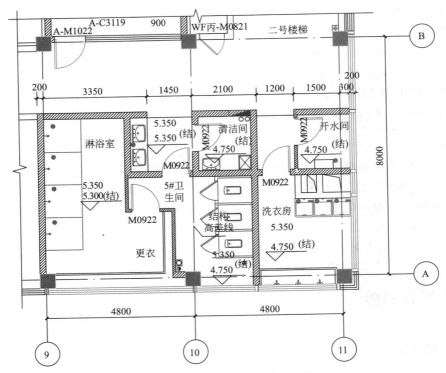

图 4-26　大板开洞楼板的建筑布置图

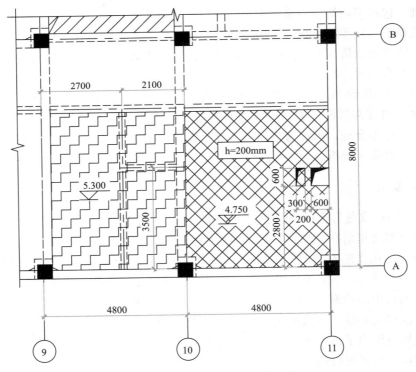

图 4-27　大板开洞楼板的结构布置图

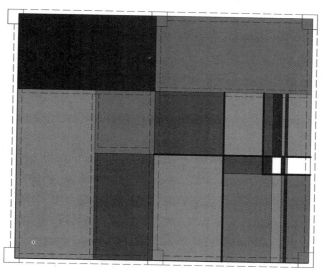

图 4-28 大板开洞模型的 CAD 模型

✎ Tips:
➡在 CAD 绘制中，除了应按各个梁边支座的分隔来划分不同的壳单元，也应按添加隔墙荷载的位置来划分壳单元，即需要保证所有梁单元与壳单元共边，否则在后续的分析中可能出现梁单元与壳单元不耦合，梁单元荷载无法完整传递到壳单元的情况。

建模完成后，使用另存为命令，将 CAD 图形保存为".dxf"交换格式的文件。打开 SAP2000，新建一个空的模型，选择下拉菜单：文件/导入/AutoCAD.dxf 文件，选择之前生成的 dxf 文件，在【导入信息】对话框中确定全局向上方向为"Z"，长度单位应该为"mm"，与 CAD 中保持一致，点击"确定"。在【DXF 导入】对话框（图 4-29）中，选择框架的指定层为"S-WALL"，壳的指定层为"S-SLAB"，点击"确定"，完成梁单元和壳

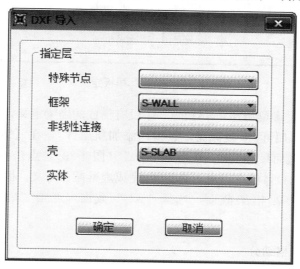

图 4-29 分层导入梁单元和壳单元

单元导入。

> Tips：
> ➡分层导入，尤其是多次分层导入功能是复杂模型建模的一个基本手段，充分利用分层导入以及定义组的功能可以有效地控制分析模型，方便分析过程。

4.2.3　补充建模

导入 DXF 以后，完成了基本的几何模型，但还需要进行进一步的补充建模。

首先需要定义"HRB400"材料作为板的受力钢筋。选择下拉菜单：定义/截面属性/面截面，添加"S120"楼板截面和"S200"楼板截面。选择大板区域，选择下拉菜单：指定/面/截面，选择"S200"截面，点击"确定"；再选择其余楼板，采用同样的方法指定"S120"截面，完成不同楼板厚度的指定（图 4-30～图 4-32）。

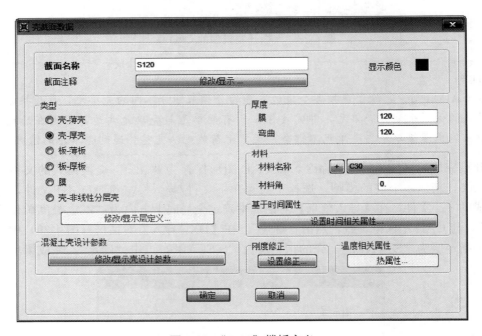

图 4-30　"S120"楼板定义

板上隔墙荷载通过虚梁传递，SAP2000 中没有集成的虚梁定义，需要手动指定，选择下拉菜单：定义/截面属性/框架截面，点击"添加新属性"，在【矩形截面】对话框中，截面名称填"XL"，截面尺寸填"100"×"100"（图 4-33），点击"属性修正"，所有修正系数填"0"（图 4-34），依次点击"确定"，完成虚梁截面定义。框选所有框架单元，选择下拉菜单：指定/框架/框架截面，选择"XL"截面，点击"确定"，完成虚梁截面指定。

4.2.4　单元划分与网格细分

框选所有壳单元，选择下拉菜单：指定/面/自动面网格剖分，选择"按最大尺寸分隔

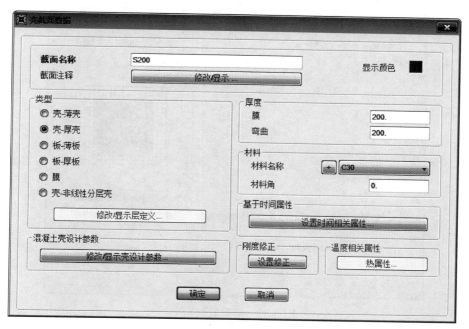

图 4-31 "S200" 楼板定义

图 4-32 楼板截面指定

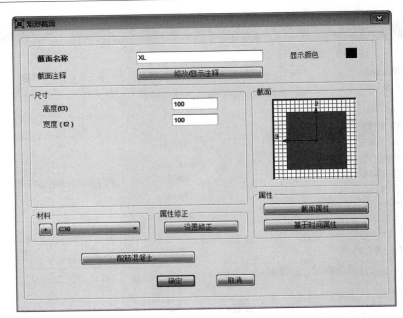

图 4-33　虚梁截面定义

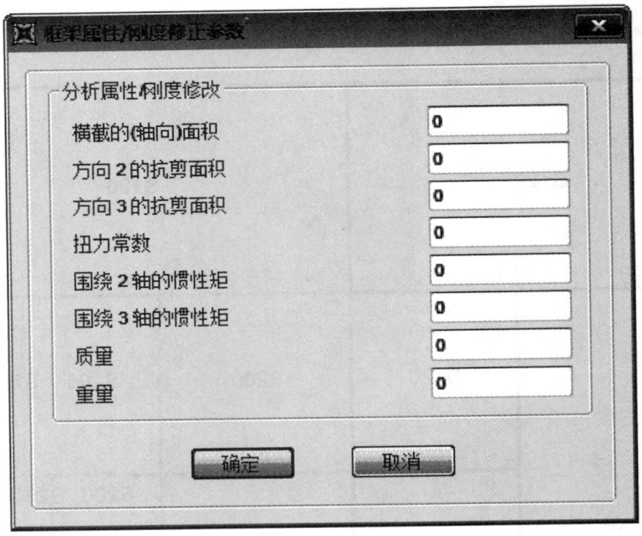

图 4-34　虚梁属性修正

面"，两个方向的尺寸都填"500"，勾选"当约束/束缚存在于相邻角点时加在边上"，点击"确定"，完成网格细分。再次选择洞口周围的壳单元，再次使用细分命令，细分尺寸加密到200mm，进行洞口边网格加密。框选所有壳单元，选择下拉菜单：指定/面/生成边束缚，生成自动边束缚条件。

　　框选所有框架单元，选择下拉菜单：指定/框架/自动框架划分，在【指定自动的框架剖分】对话框（图4-36）中，选择"自动剖分框架"，勾选"最大的分段长度"，分段长度填"200"，点击"确定"，完成框架单元细分。

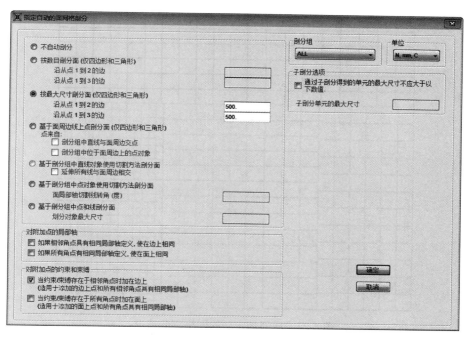

图 4-35 所有楼板网格细分

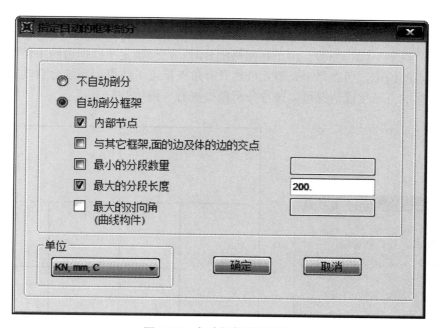

图 4-36 自动框架单元细分

使用 Ctrl＋W 快捷键,在【激活窗口选项】对话框中,勾选杂项中的"显示分析模型",点击"确定",若提示需要创建模型,继续点击"确定",系统生成分析模型。从分析模型可以看到,洞口周围单元进行了加密划分(图 4-37),这种对关键区域进行加密处理,既保证了必要的分析精度,又可以优化分析计算的时间。

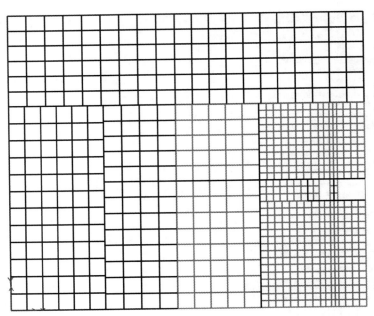

图 4-37　局部加密后的网格划分情况

4.2.5　定义约束条件

　　框选除大板中间节点外的其他节点，选择下拉菜单：指定/节点/约束，勾选三个方向平动，点击"确定"（图 4-38）。由于在网格细分时，已经指定了根据边约束情况自动生成内部细分节点的约束，所以每个壳单元虽然只有角点指定了约束，系统会自动补齐内部约束条件，具体的自动生成情况可以通过分析模型查看（图 4-39）。

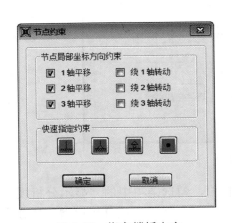

图 4-38　指定楼板支座

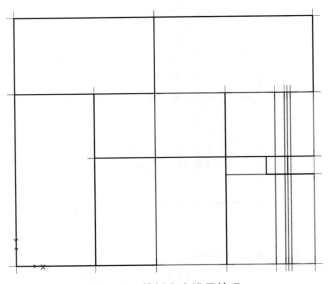

图 4-39　楼板支座设置情况

4.2.6 定义荷载组合及荷载

选择下拉列表：定义/荷载模式，在【定义荷载模式】对话框（图 4-40）中，可以看到已经有恒载的定义（名称为 DEAD），在名称中写"LIVE"，类型选"LIVE"，点击"添加新的荷载模式"，完成活载的定义。

图 4-40　荷载工况定义

选择下拉列表：定义/荷载组合，在【定义荷载组合】对话框中，点击"添加新组合"，在【荷载组合数据】对话框中，荷载组合名称填"1.35D＋0.98L"，荷载工况名称选"DEAD"，比例系数填"1.35"，点击"添加"，再选择荷载工况名称为"LIVE"，比例系数填"0.98"，点击"添加"，完成标准组合的设置。类似地完成"1.2D＋1.4L"组合的定义。

依据建筑做法整理不同区域的附加恒载，使用均布面荷载功能，依次为不同的楼板添加恒载和活载，如图 4-41 所示，图中无括号数字为附加恒载，括号内数字为活荷载。

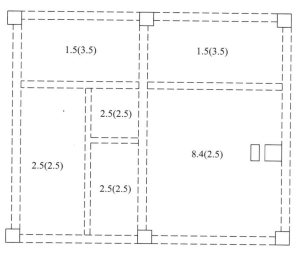

图 4-41　楼板均布面荷载分布情况

框选所有框架单元，选择下拉菜单：指定/框架荷载/均布，在【框架分布荷载】对话框中，选择荷载模式为"DEAD"，勾选荷载类型为"力"，方向为"Gravity"，在均布荷载中填

"16.6"，注意单位应该为"kN，m，C"，点击"确定"，完成虚梁上隔墙荷载的输入。

4.2.7　分析结果查看

直接按快捷键"F5"，进入运行对话框，点击"运行分析"。

按快捷键"F9"，在单元内力图中，选择工况组合名为"1.35D+0.98L"，分量类型选择"内力"，组成选择"M11"，显示 X 向弯矩（图 4-42）。为便于观察，可使用 Ctrl+W，勾选"不显示框架"，关闭虚梁显示。从弯矩分布可以看出，左侧连续支座有较大的负弯矩，由于跨中左侧有一道连续隔墙，荷载较大，最大正弯矩出现位置明显偏左，基本在隔墙下方。

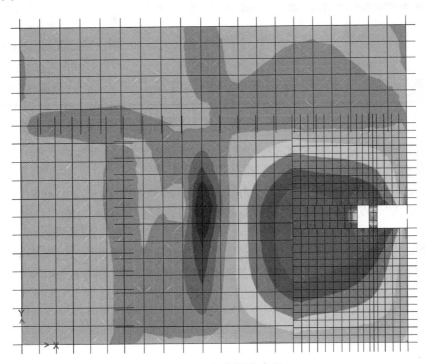

图 4-42　X 向弯矩分布图

此外，可以明显看到在洞口的上下方有较大的局部弯矩，选择下拉菜单：绘图/绘制截面切割，第一点点击左侧支座中部位置，第二点点击洞口的右上方节点，即沿洞口上沿绘制剖面，从剖面弯矩图可以看到，负弯矩离开支座后急速下降，在隔墙附加达到极大值，然后衰减，在洞口处，再次出现局部峰值。因此有必要对洞口两侧进行必要的加强（图 4-43）。

洞口侧的弯矩虽然很大，但是呈现出明显的局部集中特性，如果直接使用局部弯矩最大值作为设计依据，明显是不合适的，因此考虑取洞边的平均弯矩作为设计值。选择下拉菜单：绘图/绘制截面切割，沿洞口上方绘制剖面（图 4-44），切割结果显示最大弯矩为 16.85kN·m（图 4-45），截面切割一共划破两个单元，每个单元的细分宽度为 200mm，因此，截面切割涉及的面单元宽度一共为 400mm，据此按照 400mm 宽，200mm 高的截面进行抗弯计算，得到计算配筋面积 $A_s=282mm^2$。

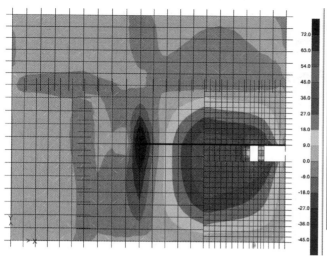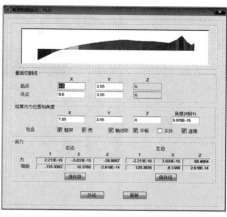

图 4-43　绘制截面切割功能

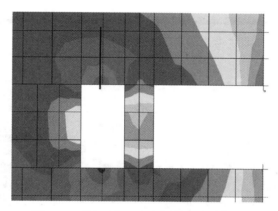

图 4-44　洞口边 X 向弯矩截面切割部位

实际设计时，洞边配置 3Φ14 板底加强钢筋，间距 150mm，配筋面积 462＞282mm^2，满足计算结果的局部抗弯要求。

✎ Tips：

➡在截面切割时，需注意"结果内力位置与角度"中的角度项，由于手动添加截面切割，切割线难以保证与整体坐标系绝对平行，该角度值与正交方向往往有一定误差，此时，可手动修改该角度值，然后点击刷新按钮，以保证系统给出的合力和弯矩结果为整体坐标系的分解结果。

➡截面切割有一定的特殊含义，在使用时需要认真查看切割线划分情况并确定已经明确了截面切割功能的详细使用规则和计算过程，具体详见第 8.1 节。

继续查看 Y 向弯矩（图 4-46），按快捷键"F9"，在单元内力图中，选择工况组合名为"1.35D＋0.98L"，分量类型选择"内力"，组成选择"M22"。可以看到，左侧洞口的左侧出现了较大的正局部弯矩，而两个洞口中间的狭小区域的正弯矩也较大。

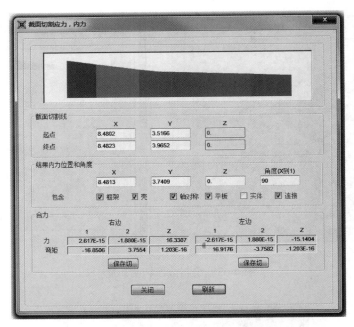

图 4-45 洞口边 X 向弯矩截面切割结果

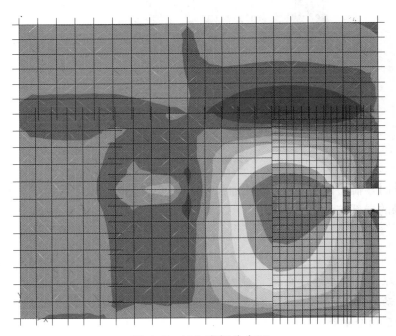

图 4-46 Y 向弯矩分布图

针对洞口中间区域进行板底加强筋设计，可以看到两个洞口中间区域的弯矩分布较为均匀，可以直接用弯矩分布结果进行计算，查询此处弯矩分布结果约为 50kN·m/m，宽度 200mm，因此弯矩设计值为 $50 \times 0.2 = 10$kN·m，计算截面为板宽×板厚，即 200mm×200mm，据此进行抗弯验算，得到板底配筋为 175mm²。

但考虑板上有隔墙，且位于洞边加强部位，加强筋直径不宜过小，设置2Φ14加强筋，面积为308＞175mm²，满足有限元的分析结果。

继续查看剪力，按快捷键"F9"，在单元内力图中，选择工况组合名为"1.35D＋0.98L"，分量类型选择"内力"，组成选择"Vmax"，关闭应力平均选项，查看竖向剪力（图4-47）。可以看到在右侧洞口的上下方出现了较大的局部剪力，这个剪力是因为局部反力分析结果过大。

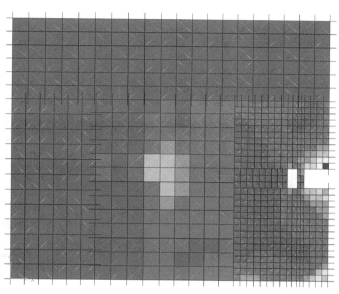

图4-47 竖向剪力分布图

切换3-d视图，使用F7快捷键，在【节点反力】对话框中选择工况组合名为"1.35D＋0.98L"，勾选"显示结果为箭头"，点击"确定"，查看支座反力图（图4-48），可以看到在洞口处，节点反力为47.08kN，明显大于周围节点，这是有限元计算的失真处，源于局

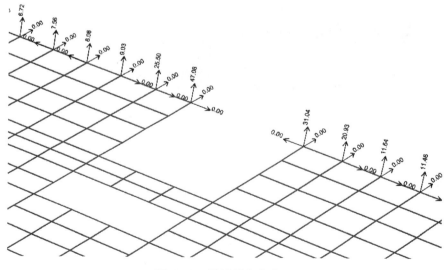

图4-48 局部反力分布图

部节点约束差异太大，单元转角与单元尺寸无法协调造成的结果，实际处理时可采用极值磨平的方法处理。

本例中，可用局部极值失真点外扩一个板厚的单元值为设计值，本例板厚 200mm，外扩 200mm 正好是一个单元，因此可以角点外第 2 个单元的剪力值进行设计，如图 4-49 所示，竖向剪力设计值为 149kN，根据《混凝土结构设计规范》GB 50010—2010 6.3.1 及 6.3.3：

$$V \leqslant 0.25\beta_c f_c bh_0 = 0.25 \times 14.3 \times 1000 \times 180$$
$$= 643\text{kN}$$
$$V \leqslant 0.7\beta_h f_t bh_0 = 0.7 \times 1.43 \times 1000 \times 180$$
$$= 180\text{kN}$$

有限元分析的剪力设计值 149kN＜180kN，满足抗剪要求。

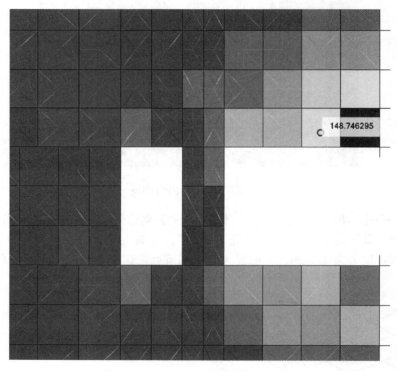

图 4-49　洞口竖向剪力局部分布图

4.3　尖塔屋面

4.3.1　问题说明

在现代建筑及欧式建筑中常设计各类坡屋面，类似尖顶等建筑造型。这类屋面没有严格的简化计算方法，在日常设计时，往往简单地将屋脊处理为屋面板支座，只进行楼板分析。这种处理方法不仅粗糙而且容易遗漏一些需要加强的关键部位。

　　本例以一个实际的欧式办公楼的尖塔为分析对象，该尖塔基本造型为四方锥（图 4-50、图 4-51），锥底为正方形，宽度 7200mm，尖塔总高 11650mm。底部两相邻侧设置老虎窗，窗宽 1680mm，窗高 3350mm。分析着重考虑四方锥的整体受力以及老虎窗窗洞对屋面板受力的影响。

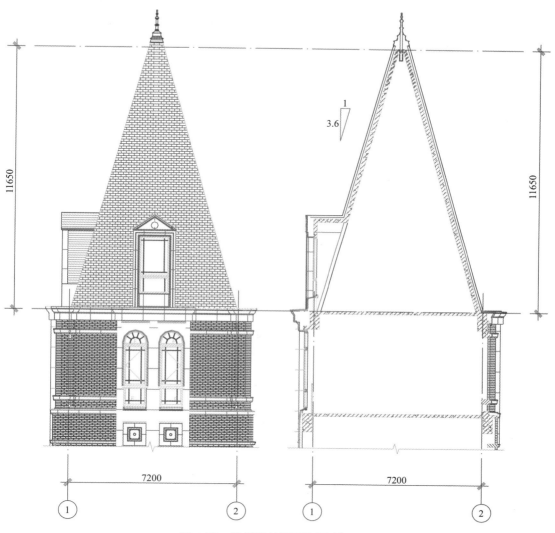

图 4-50　尖塔建筑平面图及剖面图

4.3.2　导入模型

　　尖塔屋面上开有两扇老虎窗，几何关系较为复杂，使用轴网建模比较麻烦，可以直接采用导入 CAD 图形的方式建模，更为便捷。

　　使用 CAD 软件绘制尖塔的三维模型，根据老虎窗的布置，使用布尔运算在西、南两个侧面进行实体修剪，形成老虎窗窗洞。对修剪好的三维实体进行分解（explode），形成不同的面域，删除不必要的面域，对剩余有用的面域进行进一步分解（explode），形成控

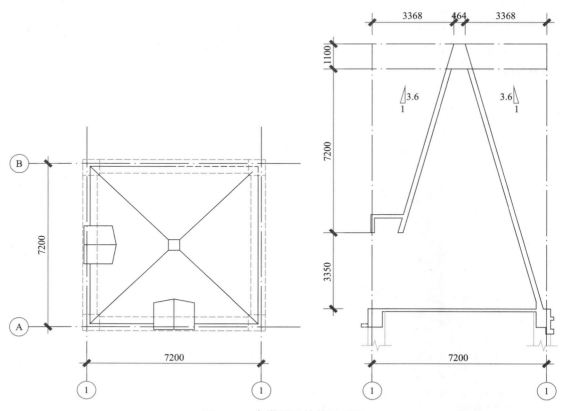

图 4-51　尖塔屋面结构关系图

制坡屋面边界的直线。

~~~
✎ Tips：
➡本例中的建模过程，实际上就是对三维实体抽取控制边线的过程。该过程经过了实
　体-面域、面域-直线的两次分解，主要是为了说明这三者在 CAD 中的降解关系，实际
　上，在较高版本的 CAD 中可以使用 xedges 命令，直接对三维实体抽取边线。
➡ SAP2000 支持导入的 CAD 图元有直线和三维面，分别对应 SAP2000 的框架和
　壳，本例采用直线导入，再在 SAP2000 中进一步绘制壳单元的方法。用户应根据
　实际情况，特别是 CAD 对分析模型的三维面的划分情况，决定采用框架导入或者
　壳导入。
➡从图 4-52 中可以看到，为了便于 SAP2000 中绘制面单位，在 CAD 模型中，对老虎
　窗上口的直线进行了延伸。
~~~

　　建模完成后，使用另存为命令，将 CAD 图形保存为 ".dxf" 交换格式的文件。
　　打开 SAP2000，新建一个空的模型，选择下拉菜单：文件/导入/AutoCAD.dxf 文件，
选择之前生成的 dxf 文件，在【导入信息】对话框中确定全局向上方向为 "Z"，长度单位
应该为 "mm"，与 CAD 中保持一致，点击 "确定"。在【DXF 导入】对话框中，选择框
架的指定层为对应的 CAD 图层，点击 "确定"，完成壳单元导入。

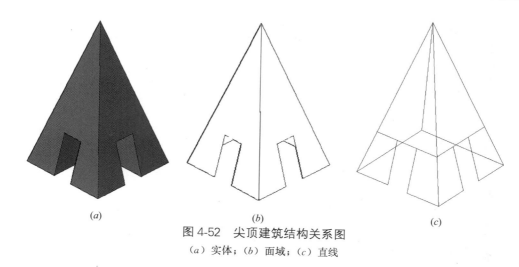

图 4-52　尖顶建筑结构关系图
（*a*）实体；（*b*）面域；（*c*）直线

4.3.3　补充建模

　　导入 DXF 以后，完成了基本的几何模型（图 4-53、图 4-54），但还需要进行进一步的补充建模。

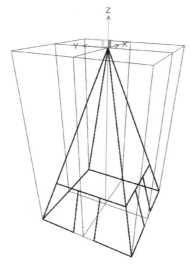

图 4-53　导入的框架模型

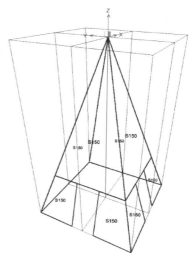

图 4-54　绘制壳单元

　　首先需要定义"HRB400"材料作为板的受力钢筋。再选择下拉菜单：定义/截面属性/面截面，添加"S150"楼板截面（图 4-55）。

　　选择下拉菜单：绘制/绘制多边形，选择"S150"截面，沿各边线绘制屋顶壳单元（图 4-54）。使用 Ctrl＋G 快捷键，调出"选择组"对话框，可以看到系统默认生成了一个名为"DXFIN"的组，该组内的对象就是之前通过 DXF 文件导入的框架对象。选择"DXFIN"组，点击"确定"，所有导入的框架对象被选中，点击"Delete"，删除框架对象。

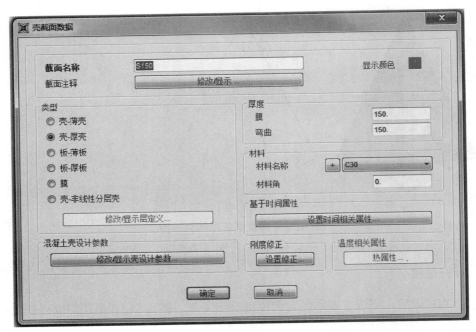

图 4-55 "S150" 板单元截面定义

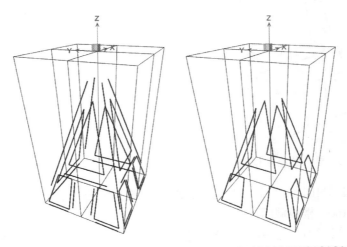

✎ Tips：

➠在导入框架的方法中，要注意区别导入的框架是计算需要，还是只为了建模定位。如果只为了建模定位，一定要注意删除。

➠使用 📊 收缩功能，可以较清楚地看到与壳单元重合的框架是否删除，如下图所示：

在坡屋面的底部有 4 根边梁，为了准确地反映屋面板的边界条件，应在模型中建立这4 根边梁。选择下拉菜单：定义/截面属性/框架截面，添加 "B600×800" 框架截面（图4-56）。

选择下拉菜单：绘制/绘制框架、索、钢索，选择 "B600×800" 截面，沿屋面底部四周绘制框架，注意，为便于节点耦合，对有老虎窗的两个底边应分为三段绘制（图 4-57）。

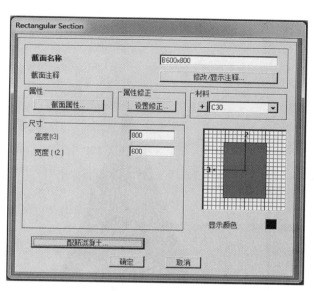

图 4-56 框架截面定义

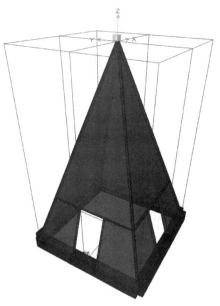

图 4-57 尖塔模型

4.3.4 单元划分与约束条件定义

框选所有单元，选择下拉菜单：指定/面/面自动网格划分，选择"基于剖分组中点和线剖分面"项，最大尺寸填"500"，点击"确定"，完成壳单元划分（图 4-58）。继续选择

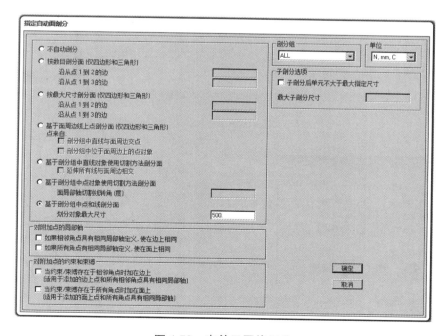

图 4-58 壳单元网格细分

所有单元，选择下拉菜单：指定/框架/自动框架划分，选择"自动框架划分"项，最大段长度填"500"，点击"确定"，完成框架单元划分（图4-59）。继续选择所有单元，选择下拉菜单：指定/面/生成边束缚，选择"沿对象边生成束缚"，生成自动边束缚条件。

使用 Ctrl + W 快捷键，选中"显示分析模型"项，可以看到网格细分的结果（图4-60）。

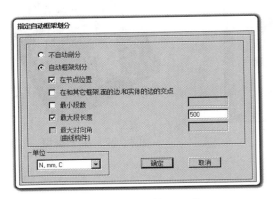

图4-59 框架单元细分

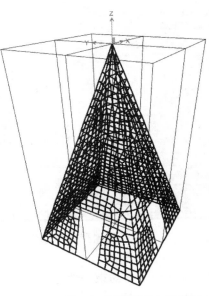

图4-60 单元细分模型即分析模型

选中尖塔底部四点，选择下拉菜单：指定/节点/约束，勾选三个方向平动，完成铰支座指定（图4-61、图4-62）。

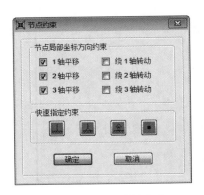

图4-61 指定楼板支座

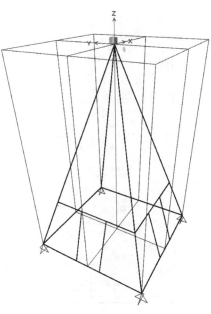

图4-62 铰支座设置情况

4.3.5 定义荷载组合及荷载

选择下拉列表：定义/荷载模式，在【定义荷载模式】对话框中，可以看到已经有恒载的定义（名称为 DEAD），在名称中填"LIVE"，类型选"LIVE"，点击"添加新的荷载模式"，完成活载的定义（图 4-63）。

图 4-63 荷载工况定义

选择下拉列表：定义/荷载组合，在【定义荷载组合】对话框中，点击"添加新组合"，在【荷载组合数据】对话框中，荷载组合名称填"1.35D+0.98L"，荷载工况名称选"DEAD"，比例系数填"1.35"，点击"添加"，再选择荷载工况名称为"LIVE"，比例系数填"0.98"，点击"添加"，完成标准组合的设置（图 4-64）。类似地完成"1.2D+1.4L"组合的定义（图 4-65）。

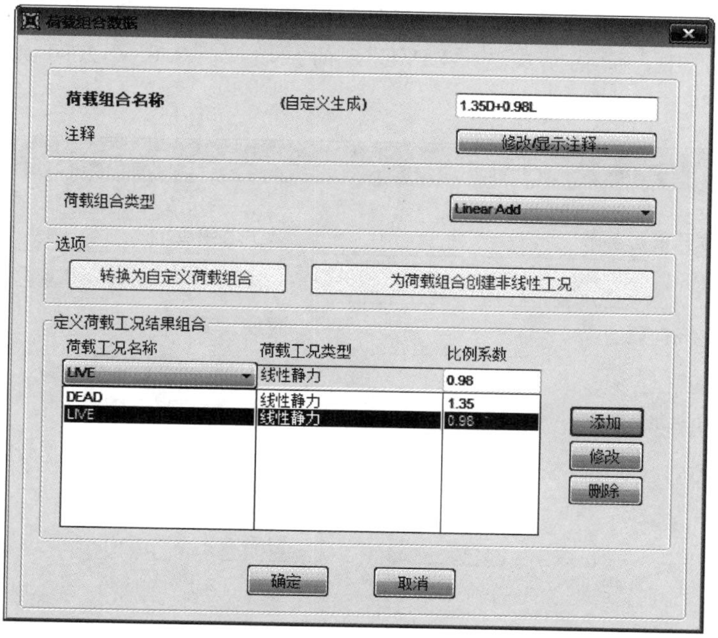

图 4-64 "1.35D+0.98L"荷载组合定义

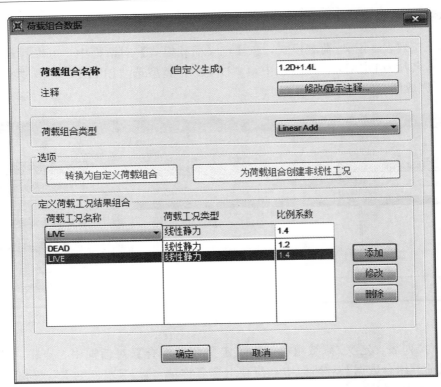

图 4-65 "1.2D＋1.4L"荷载组合定义

尖塔上的附加恒载为建筑面层做法，经过统计取为 $4kN/m^2$，框选所有对象，选择下拉菜单，指定/面荷载，在【面均布荷载】对话框中，荷载模式选"DEAD"，荷载填"−4"，方向填"Z"，点击"确定"（图 4-66）。再次选择下拉菜单，指定/面荷载，在【面均布荷载】对话框中，荷载模式选"LIVE"，荷载填"−0.6"，方向填"Z Projected"，点击确定（图 4-67）。

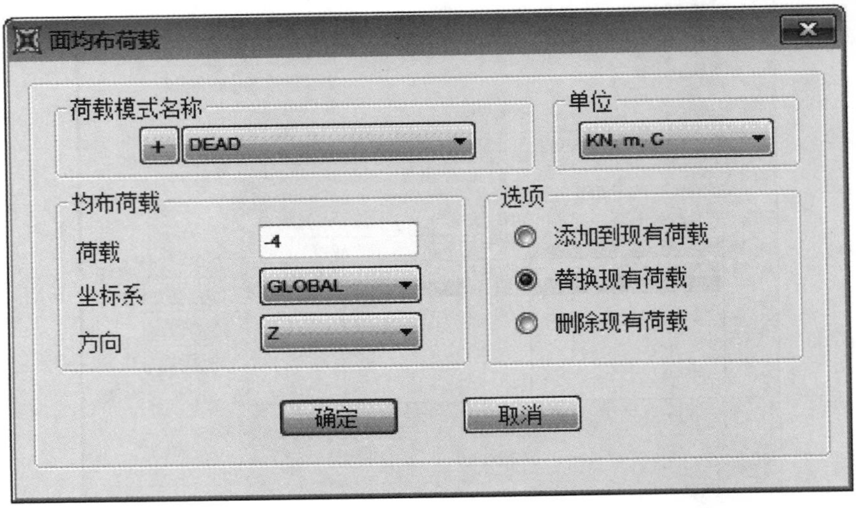

图 4-66 恒载指定

图 4-67　活载指定

4.3.6　分析结果查看

直接按快捷键"F5"，进入运行对话框，点击"运行分析"。

选择下拉菜单：视图/设置三维视图，切换 3D 视图 xy 方向。按快捷键"F9"，在单元内力图中，选择工况组合名为"1.35D＋0.98L"，分量类型选择"内力"，依次选择组成为"M11"和"M22"，显示 X 向和 Y 向弯矩（图 4-68、图 4-69）。

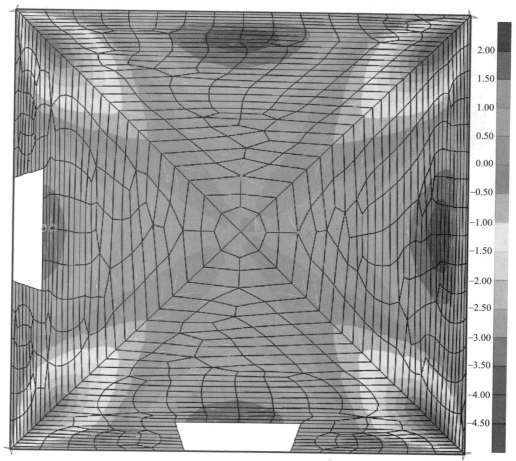

图 4-68　M11 方向弯矩图

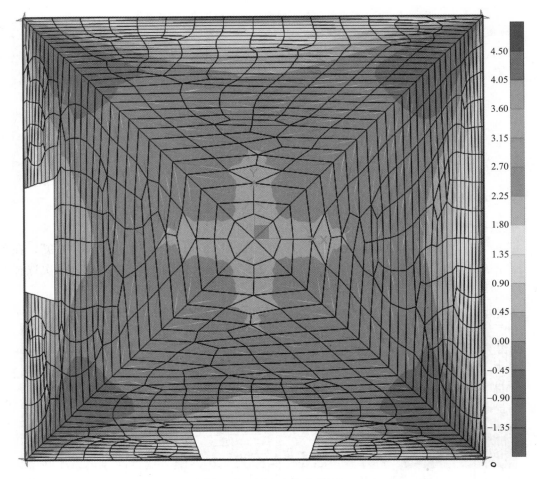

图 4-69　M22 方向弯矩图

从屋面板弯矩值来看，虽然有两个洞口，但是屋面板整体坡度很大，板弯矩很小（$-4.5 \sim 4.5$ kN·m/m），根据此弯矩计算，对应板钢筋都在构造配筋范围，可初步拟定板配筋为 $\Phi 8@150$。

同时，可以看出，由于洞口下方有较强的边梁作为边界约束，西、南两侧的洞口对屋面板弯矩均没有明显的影响。为进一步查看边梁的作用，选择下拉菜单：视图/设置三维视图，切换 3D 视图 xz 方向。按快捷键"F8"，在框架的构件内力图中，选择工况组合名为"1.35D+0.98L"，分量类型选择"弯矩 3-3"，比例系数填"5E-5"，勾选"在图表上显示值"的选项，点击"确认"（图 4-70）。

在边梁的弯矩图（图 4-71）上，可以清楚地看到，北侧边梁弯矩呈现标准的马鞍形，而南侧（有洞口）边梁在开洞区域，弯矩出现局部的增大，峰值弯矩明显大于北侧。这是因为，南侧的洞口完全打断了板自身的竖向抗弯承载能力，洞口处的弯矩几乎全部交由边梁承担。此框架梁弯矩可作为边梁抗弯计算依据，详细计算与一般框架梁一致，此处略去。

Tips：

➡为方便查看，可使用用 Ctrl＋W，关闭面单元显示。

➡北侧边梁的弯矩图不是简支梁的悬链线型，是因为边梁与屋面板共同抗弯，边梁中部的屋面板有效高度远远高于边梁两侧，因此边梁中部的屋面板的抗弯能力远远大于两侧。在边梁和屋面板的协调作用下，边梁中部弯矩反而小于边梁两侧弯矩。

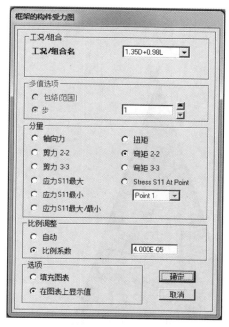

图 4-70 【框架的构件受力图】对话框

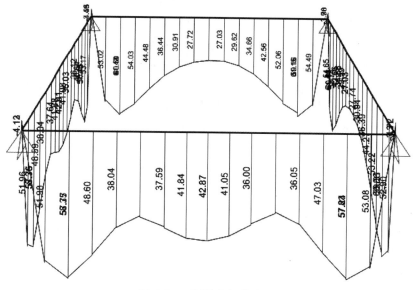

图 4-71 边梁弯矩分布图

由于屋面板基本处于轴向受力状态，下一步应着重考察屋面板的受拉状况，使用下拉菜单：视图/设置三维视图，切换 3d 视图 xz 方向。使用下拉菜单：视图/设置界限，修改Y轴界限最大为"0"，点击"确定"，去掉北侧屋面板的显示。按快捷键"F9"，在单元内力图中，选择工况组合名为"1.35D＋0.98L"，分量类型选择"内力"，依次选择组成为"F22"，显示 Y 向轴力（图 4-72）。可以看到屋面板大部分属于受压状态，在老虎窗洞口两侧，出现局部受拉区域，且拉力较大，极值达到 133kN/m。考虑局部受拉区域单独设置暗柱承担。

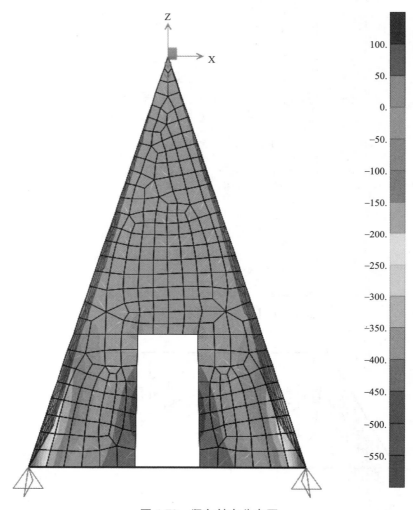

图 4-72 竖向轴力分布图

为了验证暗柱配筋，需要统计洞口局部拉力的大小，放大视图，选择下拉菜单：绘制/绘制截面切割，在洞口左侧受拉最大区域，水平绘制一道切割线（图 4-73），系统给出切割线两侧单元节点力的合力结果（图 4-74），需要留意的是 Z 方向，这里我们可以简单地以 Z 方向代替板轴向（真实的板轴向仅为 Z 方向的一个分量，应该更小）。板局部受拉区域的拉力为 52kN，拉力由暗柱中的钢筋承担：

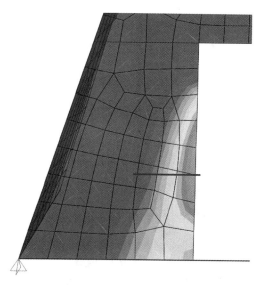

图 4-73　洞口侧绘制截面切割

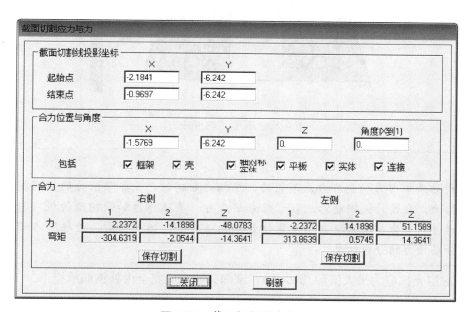

图 4-74　截面切割应力与力

$$A_s = \frac{N}{f_y} = \frac{52 \times 1000}{360} = 145 \text{ mm}^2$$

暗柱纵筋实配 4 Φ 14＝616＞145mm²，满足要求。

虽然设置了暗柱抵抗洞边拉力，但暗柱宽度只有 300mm，应同时保证未配置暗柱区域板配筋满足抗拉要求。按快捷键"F9"，在单元内力图中，选择工况组合名为"1.35D＋0.98L"，分量类型选择"壳应力"，输出类型选择"底面"，选择分量为"S22"，查看分层壳应力（图 4-75）。

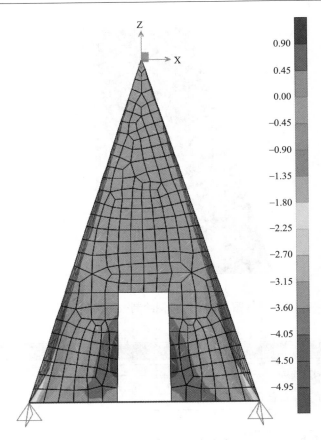

图 4-75　底层 Y 向壳应力

洞边底层壳拉应力最大值约 0.9MPa，该部分拉力应完全由板钢筋承担：

$$\sigma_x b_x h = A_s f_y$$

$$\rho = \frac{A_s}{b_x h} = \frac{\sigma_x}{f_y} = \frac{0.9}{360} = 0.25\%$$

实际板配筋双层双向⚟10@200，配筋率＝393/150/1000＝0.262%＞0.25%，满足要求。

4.4　折板

4.4.1　问题说明

折板结构是将平面进行不同的弯折，形成矢高，从而大幅提高承载能力的做法，不仅拥有较好的力学优点，而且可以提供丰富的建筑造型，是一种能充分发挥建筑、结构各自专业特点的结构形式，广泛地应用于影院、体育馆、商城等公共建筑。经过多年的发展，已经由最初的屋盖发展到墙体、楼板、挡土墙、基础等各个方面。

对于简单的平行折板，《V形折板屋盖设计与施工规程》[14] 规定了简化的计算方法，即以半折的面内弯曲计算纵向受力，半折的面外弯曲计算横向受力，但是该计算方法需满足一系列的尺寸及构造要求，当建筑造型无法满足这些尺寸要求抑或采用更为复杂的折板造型时，简单的分解方法将不再适用，采用有限元方法具体分析就显得尤为重要。

本例选用脊对谷弯折的反向连接折板，这种折板在传统的平行折板基础上，调整弯折节奏，获得了更活泼的建筑表达，但没有简单的计算方法可以遵循。本例的主要尺寸参数见表4-1。

折板的几何信息

表 4-1

跨度(m)	矢高(m)	波宽(m)	板厚 mm)	高跨比	板跨比
16	2	4	200	1/8	1/80

4.4.2 几何建模

新建模型，选择"快速轴网"，X、Y、Z方向的轴网数量依次填写2、10、2，X、Y、Z方向的轴网间距依次填写16、2、2，点击"确定"，完成轴网定义（图4-76）。

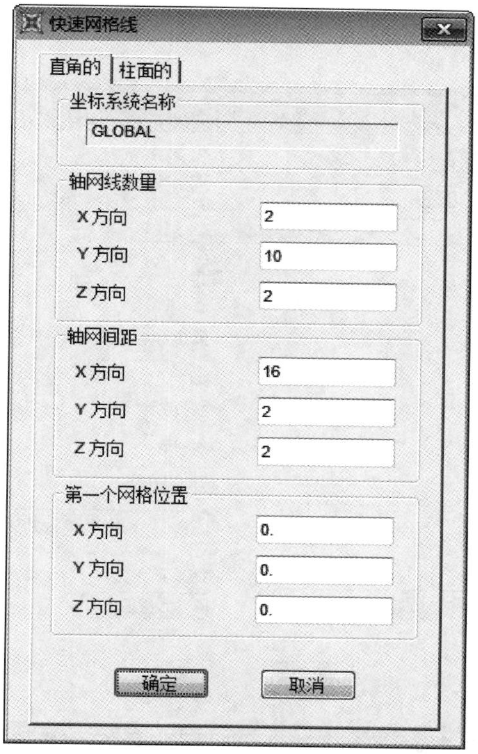

图 4-76 轴网定义

定义"HRB400"材料作为板的受力钢筋。定义"S200"和"S400"楼板截面（图 4-77、图 4-78）。

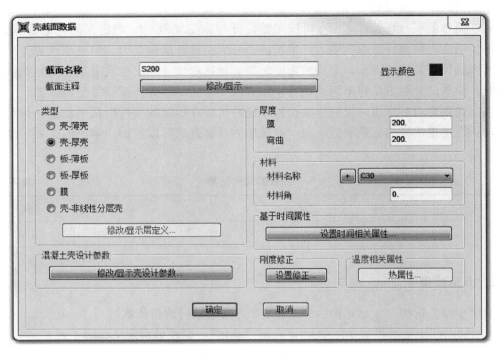

图 4-77 "S200"楼板定义

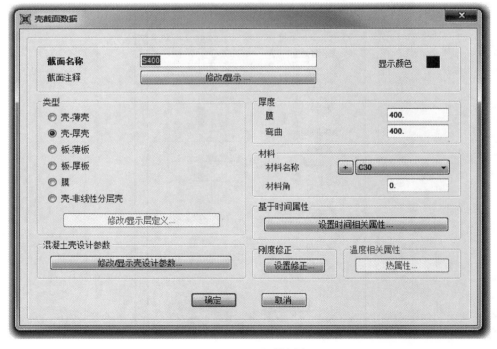

图 4-78 "S400"楼板定义

在"3-d"视图下，选择下拉菜单：绘图/绘制多边形面，按照脊对谷弯折折板的构造，选择下拉菜单：绘图/使用多边形绘图，选择"S200"截面，依次绘制三角形的屋面，继续选择"S400"截面，依次绘制屋面的端部支撑板，如图4-79所示，在绘制屋面板时，应注意弯折的方向，本例为脊对谷弯折，即脊点（高点）与谷点（低点）的连线两侧应向下弯折。

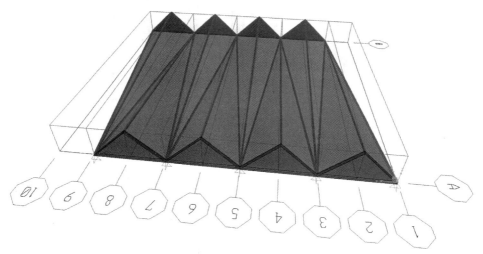

图 4-79　折板几何模型

需要注意的是，由于本例中各个板壳均处于空间倾斜状态，有必要对局部坐标轴进行归一化，避免后续结果读取时出现问题。选择下拉菜单：视图/设置三维视图，在快速视图中点击"XY"，点击"确定"（图4-80）。使用 Ctrl＋W 快捷键，调出【激活窗口选项】窗口，勾选面的"局部坐标"项，点击"确定"。

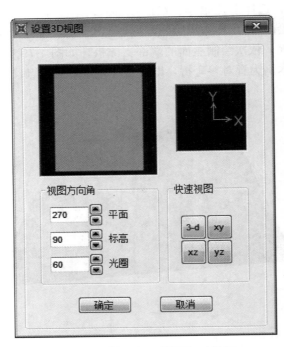

图 4-80　【设置 3D 视图】对话框

以局部 1 轴沿 X 正方向为统一方向，选择所有不在统一方向的壳单元（如图 4-81 所选），选择下拉菜单：指定/面/局部坐标，在【面局部轴】对话框（图 4-82）中，填写角度为"180"，即翻转 1 轴与 2 轴，点击"确定"，完成局部坐标调整，如图 4-83 所示，可

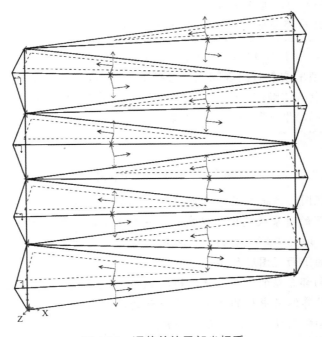

图 4-81　调整前的局部坐标系

以看到，所有壳单元的1、2、3轴均在统一方向上。

图4-82 【面局部轴】对话框

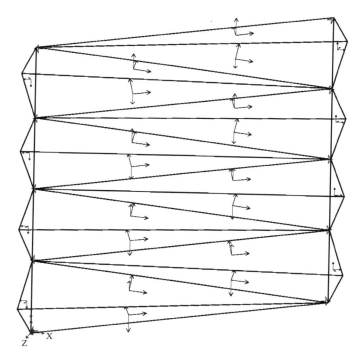

图4-83 调整后的局部坐标系

4.4.3 单元划分与约束条件定义

选择下拉菜单：选择/选择/属性/面截面，选择"S200"截面，所有的折板单元被选中，继续选择下拉菜单：指定/面/自动面网格剖分，选择"基于剖分组中点和线剖分面"，划分对象最大尺寸填"300"（图4-84），注意，不要勾选附加约束的选项，点击"确定"，完成网格细分。

选择下拉菜单：选择/选择/属性/面截面，选择"S200"截面，所有的折板单元被选

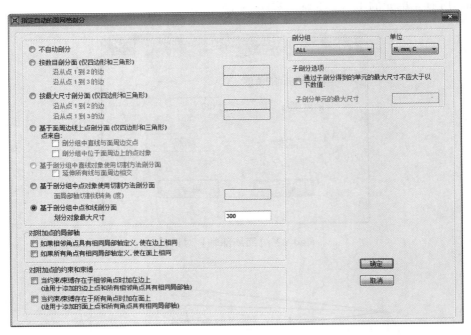

图 4-84　折板的自动网格细分

中，继续选择下拉菜单：指定/面/自动面网格剖分，选择"基于剖分组中点和线剖分面"，划分对象最大尺寸填"300"，勾选边附加约束的选项，点击"确定"（图 4-85），完成网格细分。框选所有壳单元，选择下拉菜单：指定/面/生成边束缚，生成自动边束缚条件。

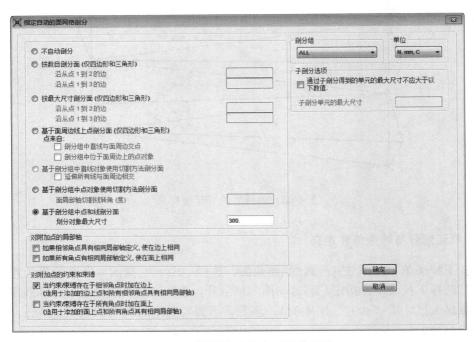

图 4-85　折板支座的自动网格细分

> ✎ Tips:
> ➡ 在网格划分或网格细分中"按最大尺寸剖分面"和"基于剖分组中点和线剖分面"两种方式都是基于最大尺寸控制划分，但具体方式不同，前者与壳单元的边的相互关系有关，后者不区分各个壳单元的边关系，从结果来看，前者划分结果非常"规则"，继承了划分前单元的形状，因此单元形状并不一定好；后者划分结果更为"均匀"，单元形状更好。所以，对于划分前的网格形状比较差的网格，选择"基于剖分组中点和线剖分面"的方式更为合适。

反向连接折板由于有不等高的弯折线，一般采用下承式支座，本例也按下承式支座考虑。框选左侧下部节点，选择下拉菜单：指定/节点/约束，勾选 3 个方向的平移项，点击"确定"（图 4-86），完成铰支座指定。框选右侧下部节点，选择下拉菜单：指定/节点/约束，勾选 3 个方向的平移项，点击"确定"，完成铰支座指定。使用 Ctrl＋W 快捷键，调出窗口选项，勾选"显示分析模型"，可以看到由于支座部分的壳单元在网格细分时设置了自动边约束，折板两端形成了均匀的铰支座（图 4-87）。

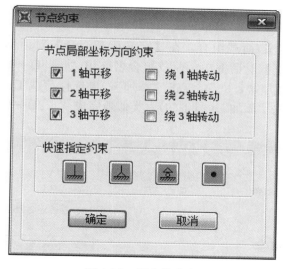

图 4-86 指定铰支座

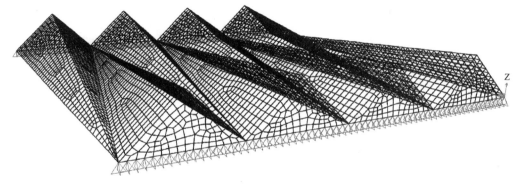

图 4-87 下承式支座

4.4.4 定义荷载组合及荷载

选择下拉列表：定义/荷载模式，在【定义荷载模式】对话框中，可以看到已经有恒载的定义（名称为 DEAD），在名称中填"LIVE"，类型选"LIVE"，点击"添加新的荷载模式"，完成活载的定义（图 4-88）。

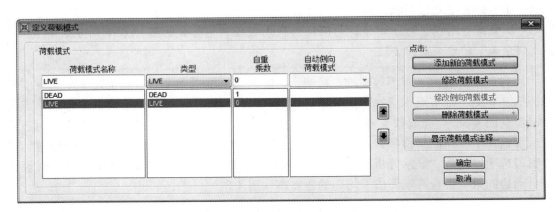

图 4-88 荷载工况定义

选择下拉列表：定义/荷载组合，在【定义荷载组合】对话框中，点击"添加新组合"，在【荷载组合数据】对话框中，荷载组合名称填"1.35D＋0.98L"，荷载工况名称选"DEAD"，比例系数填"1.35"，点击"添加"，再选择荷载工况名称为"LIVE"，比例系数填"0.98"，点击"添加"（图 4-89），类似地完成"1.2D＋1.4L"组合的定义（图

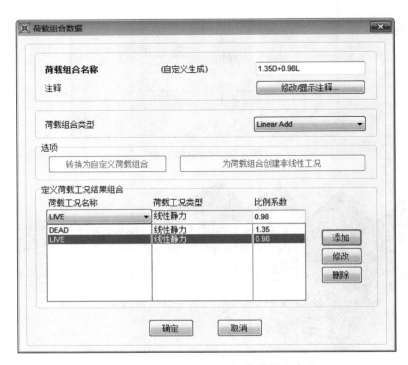

图 4-89 "1.35D＋0.98L"荷载组合定义

4-90）。此外，本例需准确考虑结构变形，需定义准永久荷载工况，荷载组合名称填
"ZYJ"，荷载工况名称选"DEAD"，比例系数填"1"，点击"添加"，由于非上人屋面的
准永久系数为 0，所以不需要再添加活载工况，直接点击"确定"（图 4-91），完成准永久
荷载组合的指定。

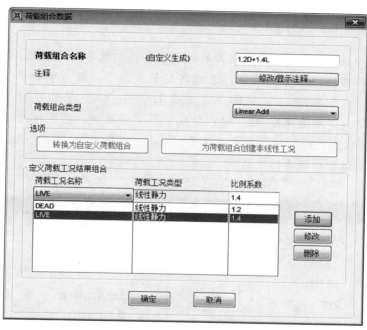

图 4-90 "1.2D＋1.4L"荷载组合定义

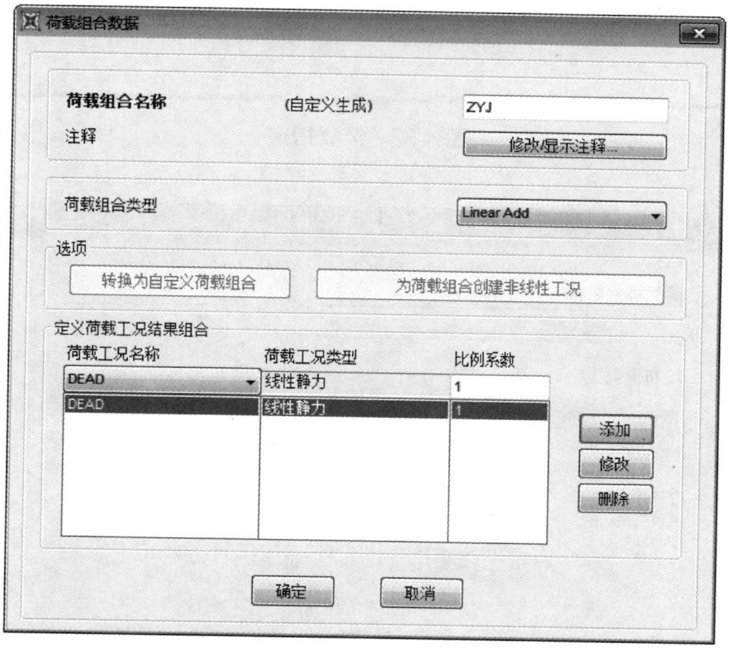

图 4-91 "ZYJ"荷载组合定义

折板上的附加恒载为建筑面层做法以及吊顶荷载，经过统计取为 $4kN/m^2$，框选所有对象，选择下拉菜单，指定/面荷载，在【面均布荷载】对话框中，荷载模式选"DEAD"，荷载填"-4"，方向填"Z"，点击"确定"（图 4-92）。再次选择下拉菜单，指定/面荷载，在【面均布荷载】对话框中，荷载模式选"LIVE"，荷载填"-0.6"，方向填"Z Projected"，点击"确定"（图 4-93）。

> ✎ Tips：
> ➠本例中屋盖为斜板，在竖向荷载输入的时候需考虑"投影"的问题。SAP2000 中提供了荷载投影的功能，以 Z 向为例，若板实际长度为 l，板与全局 Z 向的投影方向（即 XY 平面）的夹角为 α_z，实际长度沿全局 Z 向（XY 平面）的投影长度应为 $l\cos(\alpha_z)$。当输入方向选择为"Z"时，荷载 q 沿 Z 向施加，总荷载为 $q \cdot l$；当输入方向选择为"Z projected"时，荷载 q 沿 Z 向施加，总荷载为 $q \cdot l \cdot \cos(\alpha_z)$。用户在实际使用时，应注意这两者的区别。

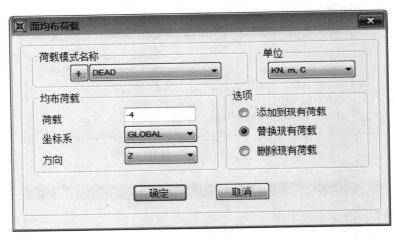

图 4-92　恒载指定

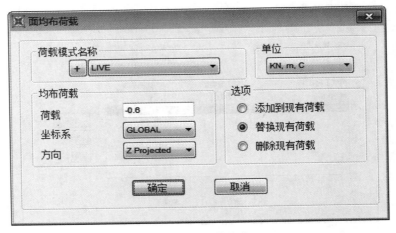

图 4-93　活载指定

4.4.5 分析结果查看

直接按快捷键"F5",进入运行对话框,点击"运行分析"。

运行成功后,按快捷键"F6",在【变形形状】对话框中,选择工况"ZYJ",勾选"在面对象上绘制位移等值线",分量选"Uz",从变形图(图 4-94)可以清楚看到,整个折板的变形反应与简支梁类似,两侧支座处变形为 0,往跨中逐渐增加,跨中最大变形 $f=14\text{mm}$,根据《混凝土结构设计规范》GB 50010—2010 7.2.5,折板采用对称配筋,$\rho=\rho'$,荷载长期作用对挠度增大的影响系数 $\theta=1.6$,故

$$\frac{f}{l_0}=\frac{1.6\times14}{16000}=\frac{1}{714}<\frac{1}{300}$$

跨中挠度满足《混凝土结构设计规范》的要求。

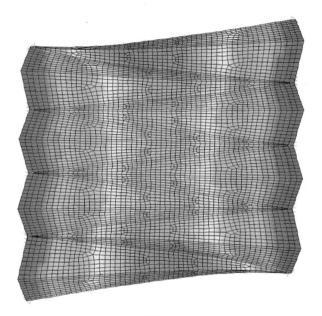

图 4-94 折板竖向变形图

继续查看变形,按快捷键"F6",在【变形形状】对话框中,选择工况"ZYJ",勾选"在面对象上绘制位移等值线",分量选"Ux",可以看到(图 4-95),折板端板上部由于缺乏 X 向约束(沿跨度方向),发生了 X 向变形,最大值约 1.9mm,直观来看,就是整个折板屋面往内凹,因此在具体设计时,应注意端支座的设计(图 4-96),满足弯矩释放的需要,保证实际设计和模型假定以及计算结果符合。

图 4-97 给出了一种常见的插入式支座的具体做法,该节点设置带插口的凹字形支座梁,折板端板向下延长插入支座梁,插入深度 h 最小可取 200mm 并不小于折板厚度 b,插口两侧支座宽度 t 可根据计算确定并不小于折板厚度 b;插口底部设置聚四氟乙烯板,用于支撑折板端板;插口外侧设置聚四氟乙烯板,用于提供端板水平反力;插口内侧设置聚苯板,防止端板转动时与凹槽撞击,活动宽度 s 最小可取 50mm,并满足转动需要,计算时可采用端板转角进行复核,取端板顶部水平位移 δ 与端板高度 H 的比值为 β,聚苯板宽度 s 应满足:

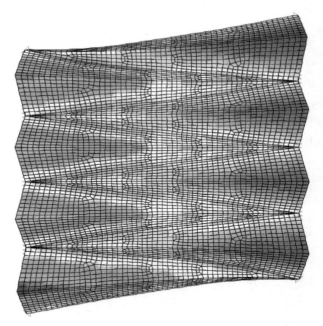

图 4-95　折板横向变形图

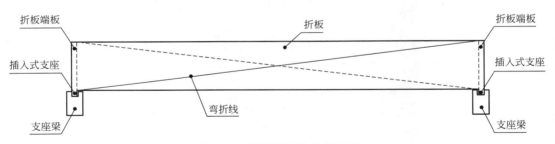

图 4-96　折板屋面支座示意图

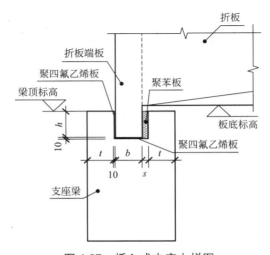

图 4-97　插入式支座大样图

$$s \geqslant \beta \times h = \frac{\delta}{H} \times h$$

此外，需要注意的是，该支座需配合建筑构造设计，以满足屋面防水保温的要求。

运行成功后，按快捷键"F7"，在【节点反力】对话框中，选择工况"1.35D＋0.98L"，勾选"显示结果为箭头"，点击"确定"，切换"Y-Z Plane @X＝0"视图，可以看到竖向支座反力在谷底明显变大（图 4-98），这是由于折板形成的类似拱形的三角形构造，使得竖向压力沿边缘传递，集中在谷底，进一步整理竖向反力的分布如图 4-99 所示，可以更加明显地看到，支座反力在谷底位置的突出集中。

图 4-98　支座竖向反力图

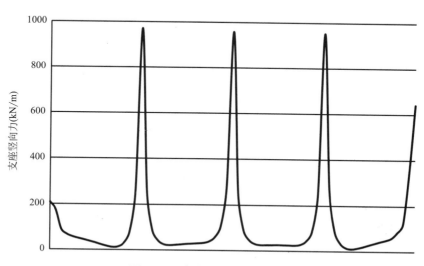

图 4-99　支座竖向反力分布图

于本例的网格划分较为均匀，可以容易得看到，一个三角形支座长度为4m，含有16个细分网格，即每个支座节点的覆盖长度为2/16＝0.25m。

因此，分布力$q = \dfrac{N}{0.25}$（其中N为系统给出的节点力）。

继续整理Y向反力的分布如图4-100所示，可以看到，各个三角形支座基本都关于三角形中心成反对称，即以中心为中点，反力都指向中心，说明在荷载作用下，三角形底部受拉，呈现明显的拱的受力形态。各个三角形支座的Y向反力基本平衡，因此对于连续支座而言，只在三角形的端墙受到不均匀分布的轴力，相当于只在两端有一定的不平衡力，需要重点处理。

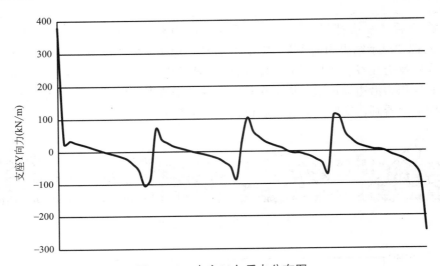

图4-100　支座Y向反力分布图

切换三维XY视图，使用按面属性选择功能，选择"S400"的支座壳单元，使用"Ctrl＋Shift＋J"快捷键，关闭其余单元显示，查看X向反力如图4-101所示，可以看到，同竖向反力一样，三角形谷底的反力出现明显集中。

继续整理X向反力的分布如图4-102所示，可以看到，X向反力全部集中在谷底处，即每个三角形支座端板拱单元的拱脚。所有的X向反力基本都指向一个方向，说明折板本身不能平衡，有较大的水平外力，在施工图设计时，需要考虑该不平衡力的处理，一般而言，可以调整支座设计，以满足水平推力的需要，也可以利用谷底线的位置设置拉梁，以求在两侧支座间相互平衡，该拉梁可以单独设计，但更好的做法是代入模型一起计算，具体的分析，这里不再赘述。

✎ Tips:
➡从支座X向反力图可以看到，反力分布呈现明显的非均匀性，在支座端板的中间部位，支座水平反力很小，此时完全可以用框架梁作为支座，但是在支座端板的拱脚部位，水平反力很大，单纯用框架梁作为支座已经不合适了，应采用框架柱，最好是多跨框架柱作为支座。

➠拱脚处的反力峰值出现的范围很小，在实际计算时，可在支座宽度（如柱宽）范围内进行峰值磨平，采用磨平后的反力作为设计值：

$$\overline{F} = \frac{1}{B}\int_{0}^{B} F\,\mathrm{d}x$$

➠若支座端板的水平反力分布差异过大，不仅不利于支座设计，而且会对支座端板形成较大的面外剪力，此时应进一步加大支座端板的厚度。

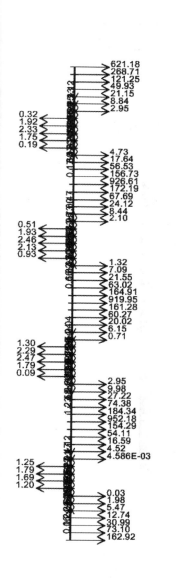
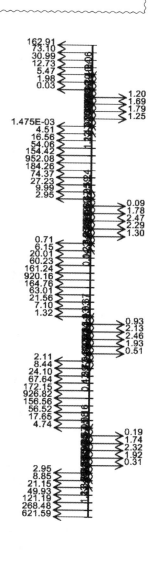

图 4-101 支座 X 向反力图

按快捷键"F9"，在单元内力图中，选择工况组合名为"1.35D＋0.98L"，分量类型选择"内力"，组成选择"M11"，等值线范围设定为"-10"到"10"，显示纵向弯矩（图

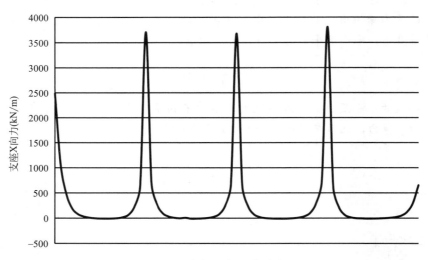

图 4-102　支座 X 向反力分布图

4-103）。由于网格划分较密，为便于观察，可使用 Ctrl＋W，不勾选"显示边"，以关闭壳单元边界显示。

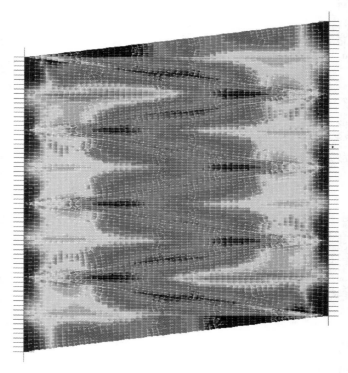

图 4-103　纵向弯矩分布图

可以看到折板纵向弯矩很小，最大正弯矩值约为 13kN·m，最大负弯矩值约为－20kN·m。这是因为折板结构并不直接通过板厚抵抗纵向弯矩，而是靠弯折形成矢高，以矢高下的拉压力臂抵抗纵向弯矩。

继续查看拉压力臂,即纵向轴力。按快捷键"F9",在单元内力图中,选择工况组合名为"1.35D+0.98L",分量类型选择"壳应力",输出类型选择"绝对最大",组成选择"S11",等值线范围设定为"-10"到"10"(单位应切换为"N,mm"),显示纵向轴应力(图 4-104)。

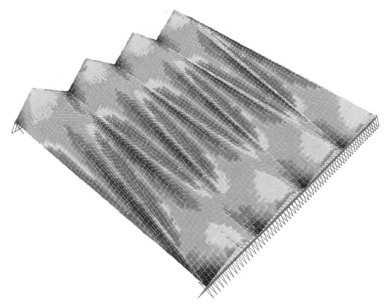

图 4-104 纵向轴应力分布图

可以看到,板壳沿所有脊线受压,沿所有谷线受拉,形成类似桁架的受力体系,该体系在平面呈交互咬合的 W 形。查询最大压应力约 9MPa,小于混凝土抗压强度 $f_c=14.3\text{MPa}$,满足要求。最大拉应力约 5MPa,根据《混凝土结构设计规范》GB 50010—2010 6.2.22 进行受拉验算:

$$N =\sigma_t bh \leqslant f_y A_s$$

$$A_s \geqslant \frac{\sigma_t bh}{f_y} = \frac{5\times 1000\times 200}{360} = 2777\text{mm}^2/\text{m}$$

✎ Tips:
➡从本例中纵向弯矩很小,为简便考虑,在配筋计算时,直接采用轴心受压和轴心受拉公式,实际设计时,应严格按照混凝土规范进行偏心受压和偏心受拉的计算。

按快捷键"F9",在单元内力图中,选择工况组合名为"1.35D+0.98L",分量类型选择"内力",组成选择"M22",等值线范围设定为"-30"到"30"(单位应切换为"kN,m"),显示横向弯矩(图 4-105)。

可以看到折板横向弯矩主要分布在靠近支座两侧,中间部位由于横向弯矩反号,形成一个 S 形的零弯矩带。在支座端,较高矢高的折板刚度大,形成较低矢高折板的支座,最大正弯矩值约为 34kN·m,最大负弯矩值约为-32kN·m,根据《混凝土结构设计规范》GB 50010—2010 6.2.10 进行抗弯计算:

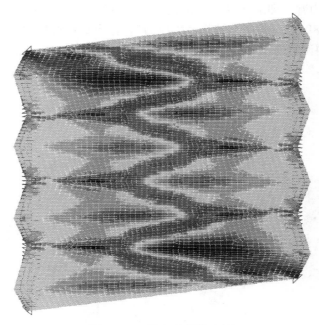

图 4-105　横向弯矩分布图

$$M \leqslant \alpha_1 f_c bx \left(h_0 - \frac{x}{2} \right)$$

$$\alpha_1 f_c bx = f_y A_s - f'_y A'_s$$

横向配筋分别为 $562 mm^2/m$ 及 $528 mm^2/m$。

但是，折板屋面受力较为复杂，采用横向和纵向解耦的方法计算配筋，可能会导致遗漏，因此，还应按 SAP2000 自行计算的配筋结果进行复核。

✎ Tips:

➠ 对复杂受力楼板，使用 SAP2000 计算的配筋结果对手算结果进行复核，是非常必要的。除了因为文中谈到的方向解耦外，更为重要的是最不利截面的验算。在手动计算时，通过结构概念和初步观察，选取了压力最大、弯矩最大等代表性截面进行验算，但是显然，最大配筋并不一定出现在压力最大或弯矩最大处。使用 SAP2000 计算的配筋结果可以对整个楼板配筋进行全面查验，进行必要的包络设计。

➠ SAP2000 对混凝土板的配筋设计思路是利用"三明治"模型，由钢筋层承担面内弯矩、扭矩，面内剪力和轴心拉力，而面外剪力和轴心压力由混凝土承担。计算结果与规范计算相比，在一定适用范围内，误差可以接受，详细的计算过程和规范对比可参见第 8 章。

按快捷键"F9"，在单元内力图中，选择工况组合名为"1.35D＋0.98L"，分量类型选择"混凝土设计"，输出类型选择"绝对最大"，组成选择"ASt1"，等值线范围设定为"0"到"1"（单位应切换为"N，mm"），显示纵向配筋。如图 4-106 所示，可以清楚看到，纵向配筋沿谷底连线分布，其最大值约 $1500 mm^2/m$。

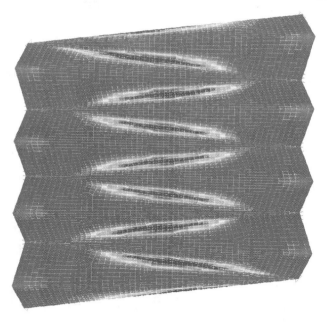

图 4-106　纵向配筋图

按快捷键"F9"，在单元内力图中，选择工况组合名为"1.35D＋0.98L"，分量类型选择"混凝土设计"，输出类型选择"顶面"，组成选择"ASt2"，等值线范围设定为"0"到"1"（单位应切换为"N，mm"），显示横向板面配筋。如图 4-107 所示，可以看到，折板端板附加的三角锥区域，矢高最大，形成明显的横向支座，横向板面配筋主要分布在该区域，其最大值约 $700 \mathrm{mm}^2/\mathrm{m}$。

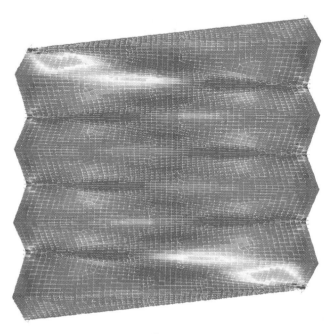

图 4-107　横向板面配筋图

按快捷键"F9"，在单元内力图中，选择工况组合名为"1.35D+0.98L"，分量类型选择"混凝土设计"，输出类型选择"底面"，组成选择"ASt2"，等值线范围设定为"0"到"1"（单位应切换为"N，mm"），显示横向板底配筋。如图 4-108 所示，可以看到，谷底连线区域，几乎没有矢高，形成了明显的跨中正弯矩，是横向板底配筋的主要分布区域，其配筋最大值约 $800\mathrm{mm^2/m}$。

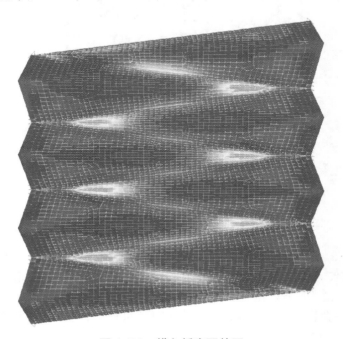

图 4-108　横向板底配筋图

整理手动复核的板配筋与 SAP2000 计算的板配筋结果见表 4-2，据此可以完成折板屋面的板配筋设计。

折板屋面板配筋计算结果统计　　　　　　　　　　表 4-2

板配筋	钢筋面积($\mathrm{mm^2/m}$)		实际配筋
	手动复核结果	SAP2000 计算结果	
纵向配筋	2777(双面)	1500	Φ18@150
横向板面配筋	528	700	Φ14@150
横向板底配筋	562	800	Φ14@150

第5章 墙身稳定性

在高层建筑剪力墙结构和框架剪力墙结构中，需要验算剪力墙墙肢的稳定性。PKPM 软件的 SATWE 模块提供了这一功能，会在超配筋文件中提示某个墙肢"剪力墙稳定超限"，除了墙上荷载过大，墙肢截面不足以外，导致这种情况的另一个原因是 SATWE 在稳定计算时剪力墙支承方式按上下层楼板约束简化为两边支承计算，而实际墙肢的支撑条件比较复杂，有时候这种简化是不符合实际约束情况的。在"墙体稳定验算"菜单中可以考虑三边或者四边支撑，但给定的支撑条件方式有限，实际情况多变，已有的支撑条件不能很好地模拟实际工程中的复杂墙肢的支撑情况。实际工程中约束剪力墙的可能是楼板、各种翼墙，也可能是端柱，甚至是楼梯梯板，这些构件都能起到提高剪力墙稳定性的作用。采用有限元软件可以详细地模拟各种复杂形状墙肢，分析不同边界条件下墙肢的稳定性。

5.1 一字形普通剪力墙墙身稳定性验算

5.1.1 问题说明

本例为一个 3.0m×5.0m 高，0.3m 厚的一字形剪力墙模型（图 5-1），材料为：C30 混凝土，HRB400 钢筋双层双向配置。本节主要示范 SAP2000 软件建立单片剪力墙模型的基本操作流程和确定稳定计算的边界条件。

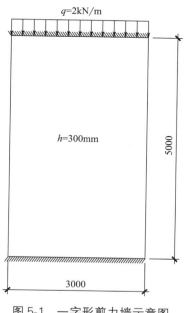

图 5-1 一字形剪力墙示意图

5.1.2　几何建模

本例采用轴线建模，以便更灵活地模拟各种剪力墙形式，熟悉建模方法后，也可以采用其他方法建模。运行 SAP2000，出现【新模型】对话框，选择"轴网"模板（图 5-2），进入【快速网格线】对话框（图 5-3），其中"轴网线数量"下"X 方向"填 2，"Y 方向"填 2，"Z 方向"填 2，"轴网间距"下"X 方向"填 3000，"Y 方向"填 2000，"Z 方向"填 5000，其余均为默认，点击"确定"，系统即按所填写尺寸生成对应的轴网（图 5-4）。在"X-Z Plane @ Y＝0"视图中，点击"绘图→绘制矩形面"，单击左上角和右下角，完成面的绘制，至此，一字形剪力墙几何模型完成（图 5-5）。接下来需要对材料、截面、约束、荷载等信息进行输入。

$\oslash$ Tips：

⟹新模型对话框中，注意单位的设定，本例设定为 N，mm，C。

⟹视图切换可以通过点击工具栏的 **xy xz yz** 来切换，视图中标高通过点击工具栏的 🔼🔽 来切换。

⟹绘制矩形时，可以点击侧工具栏中快捷按钮 ⬜ 完成。

⟹绘制完矩形后，及时点击侧工具栏中快捷按钮 🖱 ，以免在别的地方误画矩形。

⟹绘制矩形面时，会弹出一个"对象属性"的对话框，截面默认为"ASEC1"此处可以使用默认截面，建立几何模型完成后再修改截面属性，也可以提前定义截面，此处直接选择已定义好的截面。

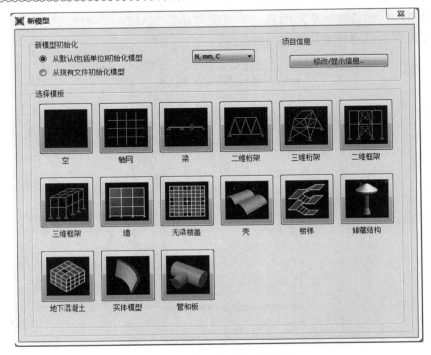

图 5-2　【新模型】对话框

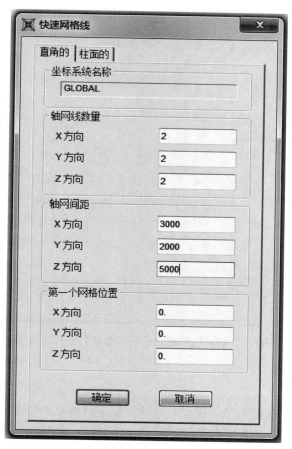

图 5-3 【快速网格线】对话框

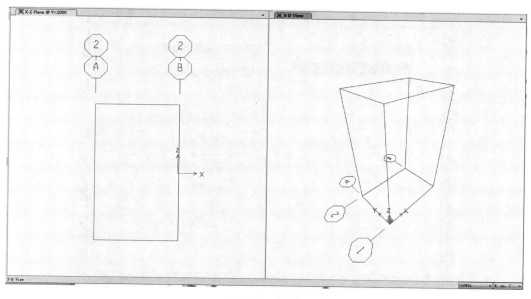

图 5-4 轴网

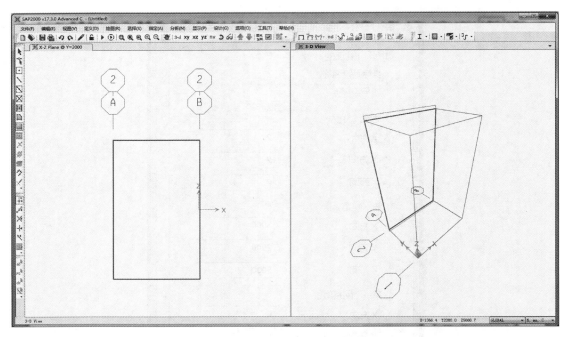

图 5-5　轴网功能建立的一字形剪力墙几何模型

5.1.3　材料及截面定义

材料定义可以参照前面章节，定义对应的混凝土材料 C30 以及钢筋材料 HRB400。

截面定义操作如下，选择下拉菜单：定义/截面属性/面截面。在【面截面】对话框中看到，当前默认的面截面为"ASEC1"，点击"修改/显示截面"（图 5-6），在【壳截面数

图 5-6　【面截面】对话框

据】对话框（图5-7）中，选择壳类型为"壳-厚壳"，修改"膜厚度"为300，修改"弯曲厚度"为300，修改"材料"中"材料名称"为C30，点击"修改/显示壳设计参数"，在【混凝土壳设计参数】对话框（图5-8）中，选择钢筋材料为"HRB400"，选择钢筋布局为"两层"，所有的覆盖到钢质心的距离都填"20"，依次点击"确定"，完成面截面定义。

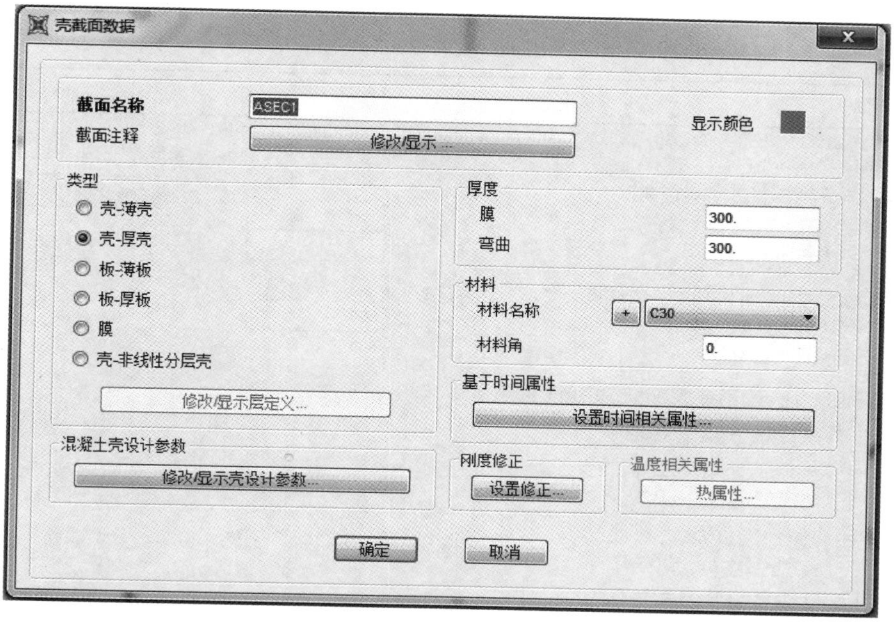

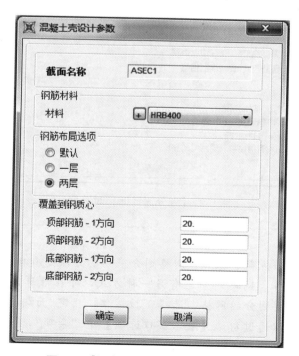

图5-7　【壳截面数据】对话框

图5-8　【混凝土壳设计参数】对话框

5.1.4　网格划分

在"3-D View"视图中，选取所有壳单元，选择下拉菜单：编辑/编辑面/分割面。在【划分选择面】对话框（图 5-9）中，选择"按最大尺寸分割面"，两个尺寸均填"500"（注意应为 mm 单位），点击"确定"，完成网格划分，在视图中可看到划分效果（图 5-10）。

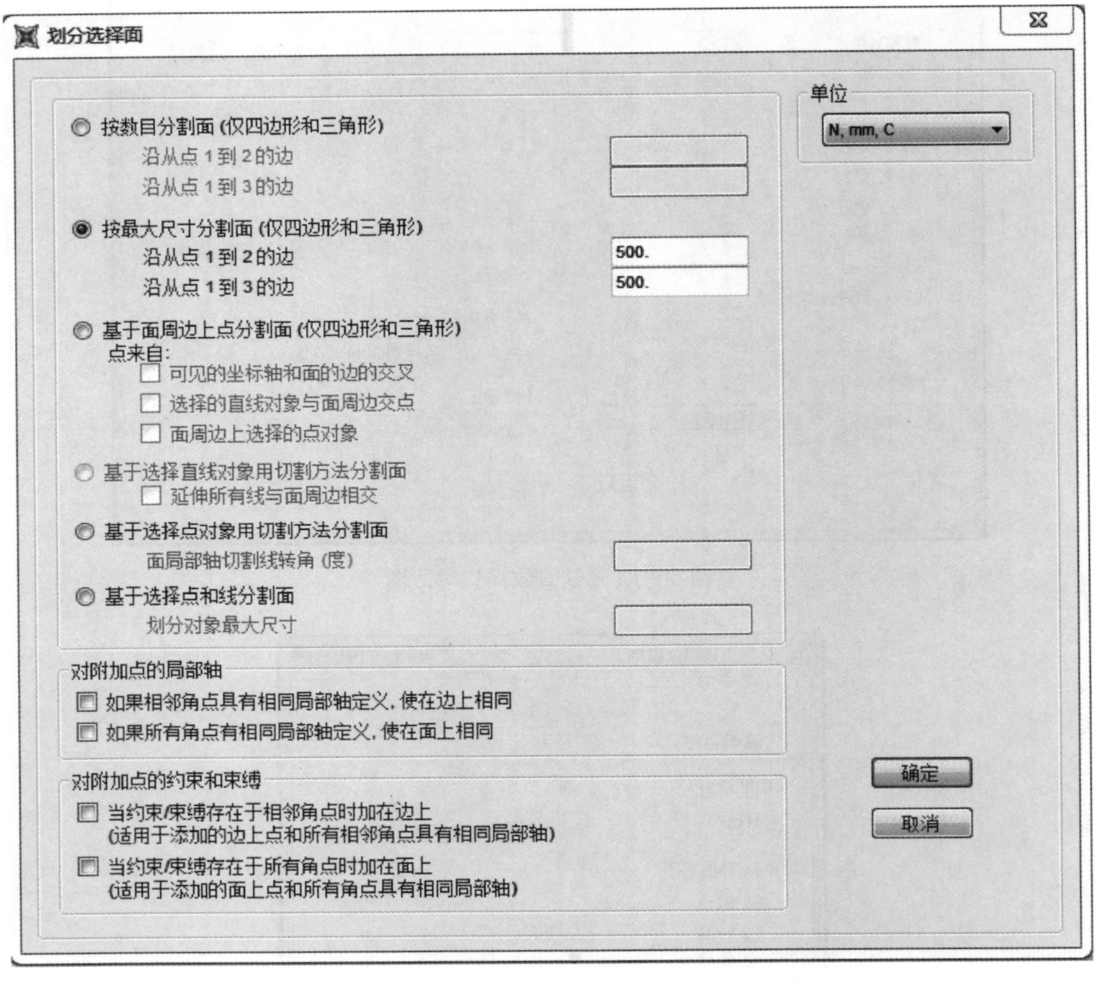

图 5-9　【划分选择面】对话框

✎ Tips：
➡本例中，为了方便节点荷载施加，网格划分采用的方法是直接把几何模型划分成较小单元，直接进行计算。网格划分还有另一种方式，即在计算前对面进行网格细分，方法如下：选定所需要划分的网格，选择下拉菜单：指定/面/自动面网格剖分，第二种网格划分结果，可以通过勾选【激活窗口选项】中"杂项"下"显示分析模型"来显示。具体可参阅第 2 章相关内容。

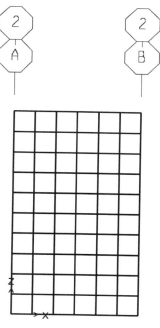

图 5-10　按 0.5m 间距划分网格后的模型

5.1.5　定义约束条件

在 "X-Z Plane @ Y＝0" 视图中，框选最下排节点，选择下拉菜单：指定/节点/约束，在【节点约束】对话框中，连续选中 "1 轴平移" "2 轴平移" 和 "3 轴平移"，点击 "确定"，完成墙肢底部的约束，框选最上排节点，选择下拉菜单：指定/节点/约束，在【节点约束】对话框中，选中 "2 轴平移"，点击 "确定"，完成墙肢顶部的约束（图 5-11）。

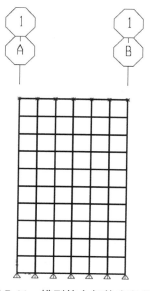

图 5-11　模型的全部约束条件

5.1.6 定义荷载及荷载工况

施加荷载之前，需要先定义荷载模式，选择下拉菜单：定义/荷载模式，在【定义荷载模式】对话框中，"荷载模式名称"输入"DEAD1"，"类型"选择 DEAD，"自重乘数"输入"0"，点击右侧"添加新的荷载模式"，完成除自重外其他恒载模式的定义。在"X-Z Plane @ Y=0"视图中，框选最上排节点，选择下拉菜单：指定/节点荷载/力，在【节点力】对话框（图 5-12）中，荷载模式名称选择"DEAD1"，选择单位为"kN，m，C"，荷载下列"全局 Z 轴向力"中填"−1"，点击"确定"，完成单位力的施加。切换右下角单位至"kN，m，C"，可以看到荷载添加效果（图 5-13）。

图 5-12 【节点力】对话框

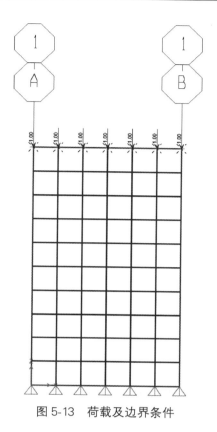

图 5-13 荷载及边界条件

选择下拉菜单：定义/荷载工况，进入【定义荷载工况】对话框（图 5-14），点击"添加新的荷载工况"，进入【荷载工况数据-线性静力】对话框，修改"荷载工况的名称"为

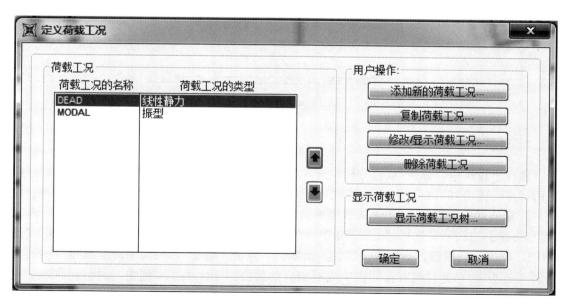

图 5-14 【定义荷载工况】对话框

"BUCK1"，"荷载工况的类型"选择"Buckling"，此时，对话框名称变为【荷载工况数据-屈曲分析】（图 5-15），"施加的荷载"下荷载名称为"DEAD"的对应比例系数为"1E-6"，点击"添加"，修改荷载名称为"DEAD1"，对应比例系数为"1"，点击"添加"，其余按默认，点击"确定"，完成了屈曲分析荷载工况的定义。

✎ Tips：
➠ 可以根据需要，定义任意数量的屈曲分析工况。

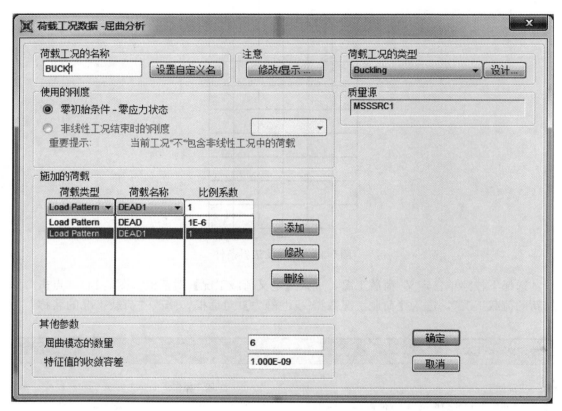

图 5-15 【荷载工况数据-屈曲分析】对话框

5.1.7 计算分析及结果查看

选择下拉菜单：分析/运行分析，进入【运行分析】对话框，点击"运行分析"，开始分析计算（图 5-16）。

计算结束后，系统会自动显示变形后形状。选择下拉菜单：显示/显示变形，进入【变形形状】对话框，选择"工况/组合"为"BUCK1"，"多值选项"选择"振型数"（图 5-17），填关心的振型，本例填"1"，其余默认，点击"确定"，视窗中即显示相应的屈曲变形（图 5-18），并且视窗标题栏中显示相应的屈曲因子大小。本例中，最小屈曲因子为11538.47，即屈曲荷载为 80769.29kN。如果想要视觉效果更明显，可以勾选"在面对象上绘制位移等值线"，得到云图显示结果。

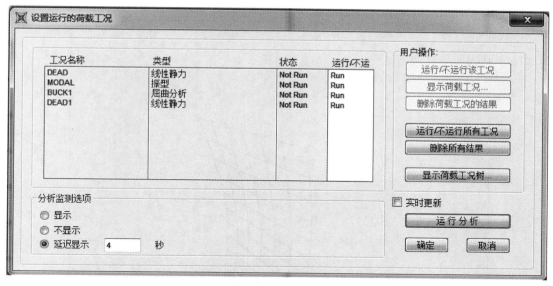

图 5-16 运行分析对话框

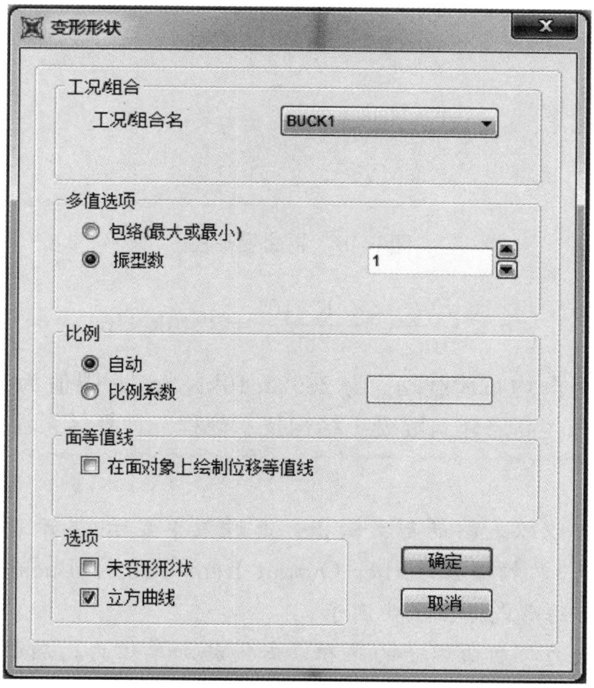

图 5-17 【变形形状】对话框

根据《高层建筑混凝土结构技术规程》[16] 附录 D 及对应条文说明，作用于墙顶组合的等效竖向均布荷载设计 q 不大于 $\dfrac{q_{cr}}{8}$，q_{cr} 为弹性墙肢的临界荷载，即屈曲荷载。对本例，根据《高层建筑混凝土结构技术规程》附录 D 中公式 D.0.1 计算 q：

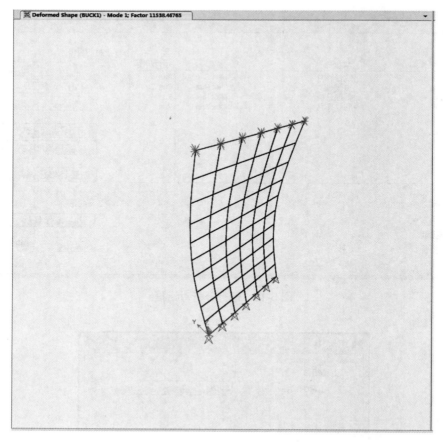

图 5-18　屈曲变形图

$$q \leqslant \frac{E_c t^3}{10 l_0^2} = \frac{8.1 \times 10^5}{250} = 3240 \text{kN/m}$$

　　本例计算得等效竖向均布荷载 q_{cr} 为 26923.10kN/m，q 限值为 3365.39kN/m。对本例，有限元计算结果和《高层建筑混凝土结构技术规程》计算结果误差在 5% 之内。

✎ Tips：

➠ 屈曲分析结果也可以以表格的形式输出，通过菜单显示/显示表格，在选择显示表中，勾选"分析结果/结构输出/Other Output Item/Table：Buckling Factors"，点击"确定"，即可以表格的形式输出屈曲因子。

➠ 屈曲荷载为所施加力与屈曲因子的乘积，本例施加单位力，屈曲荷载数值等于屈曲因子乘以单位力的数量。

➠ 可以通过修改振型数来观察不同振型对应的屈曲模式，对应最小屈曲荷载为临界荷载。

➠ 运行分析结束后，系统会自动锁定模型，如果需要修改模型数据，点击主工具栏中快捷按钮 🔒 解锁。

5.2　带端柱的一字形普通剪力墙墙身稳定性验算

5.2.1　问题说明

实际工程中，经常会在一字形剪力墙的端头设端柱，而规范和常用软件中，未明确给出端柱对墙身稳定的作用如何考虑。本例在上一个一字形普通剪力墙例子的基础上，增设端柱（图 5-19），分析带端柱的一字形普通剪力墙的墙身稳定性，探讨端柱对墙身稳定性的贡献。几何模型为：3.0m×5.0m 高，0.3m 厚的一字形剪力墙，端柱 0.6m×0.6m。材料为：C30 混凝土，HRB400 钢筋，墙身钢筋双层双向配置，端柱纵筋为 12Φ20 均匀配置。

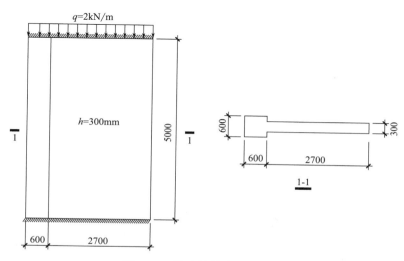

图 5-19　带端柱剪力墙示意图

5.2.2　几何建模

本例采用轴线建模。运行 SAP2000，出现【新模型】对话框，选择"轴网"模板，进入【快速网格线】对话框（图 5-20），其中"轴网线数量"下"X 方向"填 2，"Y 方向"填 2，"Z 方向"填 2，其中"轴网间距"下"X 方向"填 3000，"Y 方向"填 2000，"Z 方向"填 5000，其余均为默认，点击"确定"，系统即按所填写尺寸生成对应的轴网（图 5-21）。在"X-Z Plane @ Y=0"视图中，点击"绘图→绘制矩形面"，单击左上角和右下角，完成面的绘制，形成一字形剪力墙（图 5-22），"绘图→绘制框架/索/钢束"，单击左上角和左下角，完成端柱所在位置杆的绘制。接下来需要对材料、截面、约束、荷载等信息进行输入。

✎ Tips：

➡️绘制矩形面和框架时，也可以点击侧工具栏中快捷按钮完成。

➡️绘制矩形面和框架时，会弹出一个"对象属性"的对话框，可以选择自动生成的默认截面，建立几何模型完成后再修改截面属性，也可以提前定义截面，此处直接选择定义好的截面。

图 5-20　【快速网格线】对话框

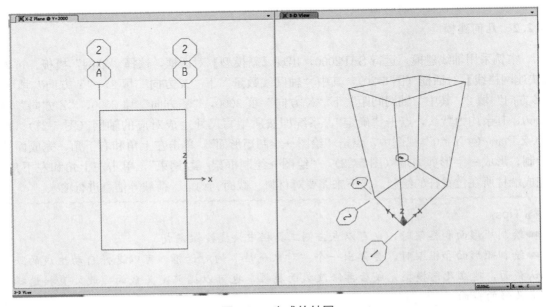

图 5-21　生成的轴网

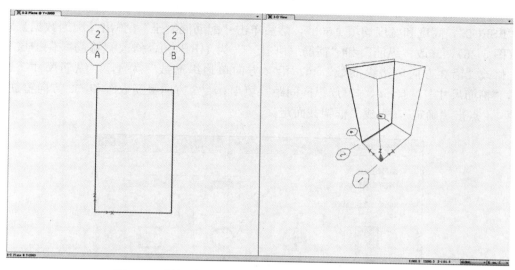

图 5-22　轴网功能建立的带端柱的一字形剪力墙模型

5.2.3　材料及截面定义

材料定义可以参照前面章节，定义对应的混凝土材料以及钢筋材料。

选择下拉菜单：定义/截面属性/面截面，按照上一例题同样的方式修改截面"ASEC1"的属性。本小节重点介绍框架截面的定义，选择下拉菜单：定义/截面属性/框架截面，在【框架属性】对话框中看到，当前默认的属性为"FSEC1"，点击"添加新属性"（图 5-23），在【添加框架截面属性】对话框中，选择框架截面属性类型为"Con-

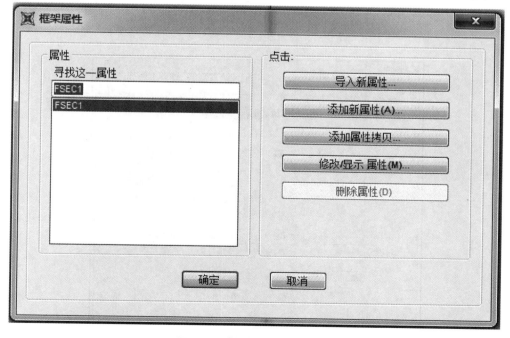

图 5-23　【框架属性】对话框

crete"（图 5-24），单击"矩形"，弹出【矩形截面】对话框（图 5-25），默认"截面名称"为"FSEC2"，高度和宽度均填"600"，然后单击"配筋混凝土"，弹出【配筋数据】对话框（图 5-26），修改"纵筋"和"箍筋（绑扎）"为 HRB400，修改"箍筋净保护层"为20，修改"沿 3 方向单边纵筋数"和"沿 2 方向单边纵筋数"为 4，"纵筋尺寸"选择20d，"箍筋尺寸"选择 8d，"箍筋纵向间距"填 150，"3 方向箍筋数"和"2 方向箍筋数"均填 4，点击"确定"，完成了框架截面定义。

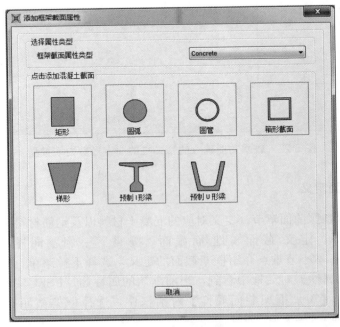

图 5-24　【添加框架截面属性】对话框

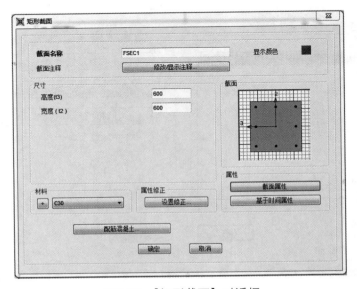

图 5-25　【矩形截面】对话框

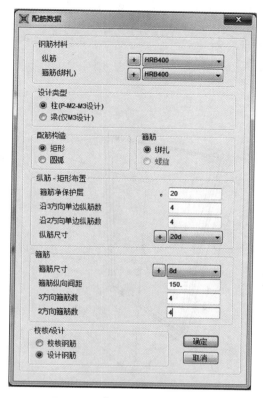

图 5-26 【配筋数据】对话框

选择所绘制框架，选择下拉菜单：指定/框架/框架截面，在弹出的【框架属性】对话框中，选择"FSEC2"，单击"确定"，将"FSEC2"属性赋给端柱。选定所绘制面，选择下拉菜单：指定/面/面截面，在弹出的【面截面】对话框中，选择"ASEC1"，单击"确定"，将"ASEC1"属性赋给一字形剪力墙。此时，将窗口切换至"3-D View"，选择下拉菜单：视图/设置显示选项，弹出【激活窗口选项】对话框（图 5-27），勾选"显示边界

图 5-27 【激活窗口选项】对话框

框"，点击"确定"，即可看到带厚度的几何模型（图 5-28）。

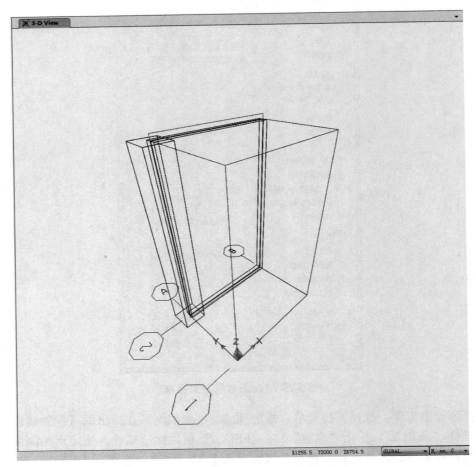

图 5-28　带厚度的三维几何模型

✎ Tips：

➡【激活窗口选项】对话框中有节点、框架/索/钢束、面、实体、连接五种单元显示内容选择区域以及常规、通过颜色显示、杂项三个基本显示选项选择区域。只有模型中含有的对象类型，相应的区域才被激活[17]。通过这个对话框，可以方便地显示模型构件之间的关系，也可以直观地验证所建模型以及边界是否正确。大部分有关图形界面的显示都可以通过这个对话框控制。

➡建立几何模型之前，可以通过定义/截面属性中相关选项，先定义常用的钢筋和截面。

➡定义混凝土矩形截面时，可以对截面惯性矩、横截面面积和抗剪面积等进行修正，通过点击"设置修正"，在弹出的对话框中输入系数来调整。

➡选择纵筋和箍筋尺寸时，选择"∗d"，代表钢筋直径为∗mm，此为中国规范表示方式。

5.2.4 网格划分

剪力墙的单元划分方法同上节。本小节只介绍框架单元的划分。在"3-D View"视图中，选取所绘制框架，选择下拉菜单：编辑/编辑线/分割框架。在【分割选择框架】对话框（图5-29）中，选择"分割框架数"，"框架数"填10，点击"确定"，完成网格划分，在视图中可看到划分效果（图5-30）。在【激活窗口选项】中分别勾选框架和面的"截面"，可以在模型中看到截面编号。

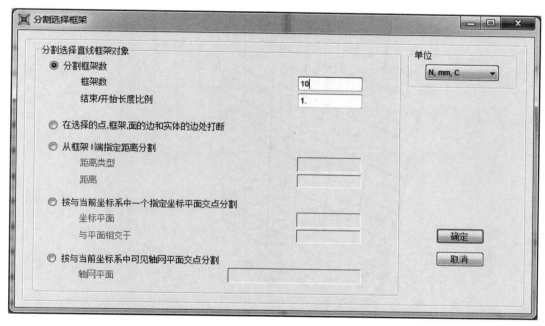

图 5-29 【分割选择框架】对话框

✎ Tips：

➡本例中，框架网格划分采用的方法是把线划分成较小单元，直接进行计算。框架网格划分还有另一种方式，即选定所需要划分的框架，选择下拉菜单：指定/框架/自动框架剖分。具体可参考第2章相关内容。

➡通过把鼠标移动至截面或者框架附近，单击右键，可以弹出相应面或者线信息的对话框。

5.2.5 定义约束条件及荷载

在"X-Z Plane @ Y＝0"视图中，框选最上面排节点和最下面排节点（即对应楼层位置），按上节方法，完成墙肢上下边界的约束。同样，按上节方法，完成荷载及荷载工况的定义。

5.2.6 计算分析及结果查看

选择下拉菜单：分析/运行分析，进入【运行分析】对话框，点击"运行分析"，开始

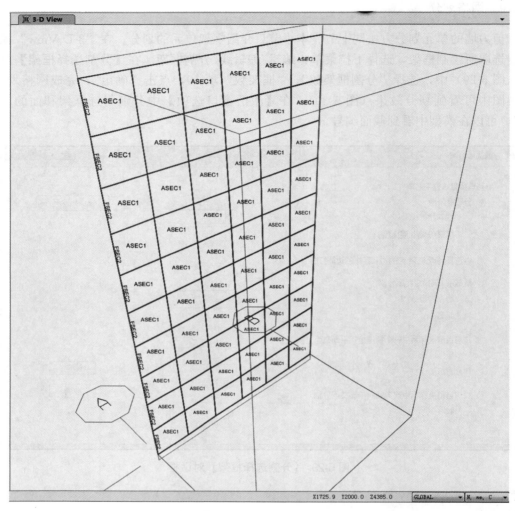

图 5-30　按 0.5m 间距划分网格后的模型

分析计算。

　　计算结束后，系统会自动显示变形后形状（图 5-31）。按上小节方法查看结果，本例中，墙肢最小屈曲因子为 21211.50，即屈曲荷载为 148480.50kN。对比上节例子，可以明显看出端柱对剪力墙稳定的有利作用。

5.2.7　对比模型及计算分析

　　为了比对端柱对一字墙的约束效果，建立几个对比模型，一字墙几何尺寸不变，只改变端柱尺寸，具体模型名称及端柱尺寸详见表 5-1，其中，M _ 3 为端柱尺寸为 300mm×300mm，模拟无端柱一字墙模型，M _ 6 为本例模型，端柱尺寸为 600mm×600mm，M _ h 为取消端柱，加侧边约束模型。所有对比模型计算过程参见本例，按同样方法依次进行单元划分、约束添加和荷载定义。直接按快捷键"F5"，进入运行对话框，点击"运行分析"，分别分析各个模型。计算完成后，各个模型对应屈曲荷载如表 5-1 所示。

模型编号	端柱尺寸(mm×mm)	屈曲荷载 P(kN)	k_n
M_3	300×300	88416.09	1
M_4	400×400	102557.78	1.16
M_5	500×500	124207.37	1.40
M_6	600×600	148480.50	1.68
M_7	700×700	169656.9	1.92
M_8	800×800	185280.97	2.10
M_h	加侧边约束	183716.6	2.08

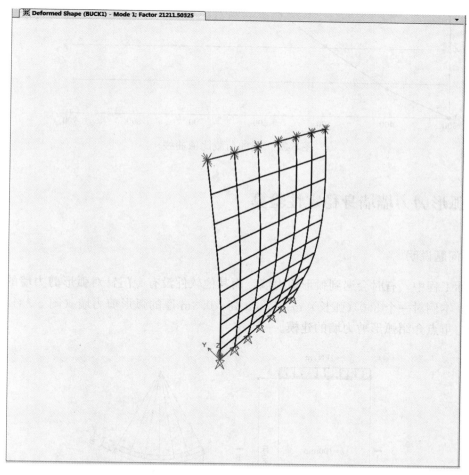

图 5-31　端柱为矩形柱时屈曲结果

定义剪力墙屈曲荷载为 P_n，n 代表端柱尺寸，无端柱时为 P_3，端柱为 $600\text{mm}\times 600\text{mm}$ 时为 P_6，定义各个模型屈曲荷载与无端柱一字墙模型屈曲荷载比值为 k_n，$k_n = \dfrac{P_n}{P_0}$，其中 $n=3$，4，5，6，7，8。以端柱尺寸为横坐标，k_n 为纵坐标，作一条曲线，如图

5-32 所示。由表 5-1 以及图 5-32 可见，端柱对一字墙的约束作用明显，当端柱尺寸为两倍墙厚时，屈曲荷载可以达到一字墙的 1.68 倍，继续增加端柱尺寸，屈曲荷载继续增大，当端柱增大到 $800mm \times 800mm$ 时，k_n 接近三边约束的剪力墙，说明随着端柱的增大，侧边约束作用增大，一字墙由对边约束转变为三边约束构件。实际工程中一般取端柱为 2～3 倍墙厚，可以当作剪力墙的侧边约束。

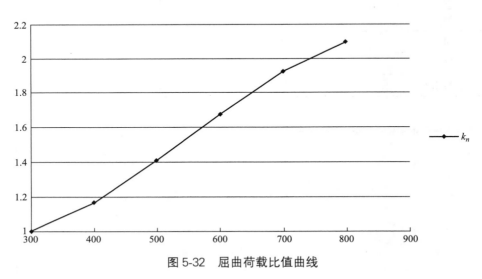

图 5-32　屈曲荷载比值曲线

5.3　弧形剪力墙墙身稳定性验算

5.3.1　问题说明

实际工程中，有时会遇到弧形剪力墙，而其他软件没有专门针对弧形剪力墙的墙身稳定验算。本例对一个 3.0（弧长）m×5.0m 高，0.3m 厚的弧形剪力墙（图 5-33）进行屈曲分析，重点介绍弧形剪力墙的建模。

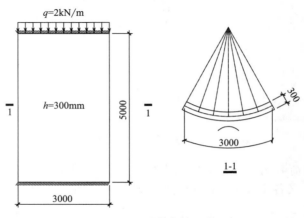

图 5-33　弧形剪力墙示意图

5.3.2　几何建模

本例采用轴线建模。运行 SAP2000，出现【新模型】对话框，选择"轴网"模板，进入【快速网格线】对话框（图 5-34）。点击"柱面的"，其中"轴网线数量"下"沿径向"填 2，"沿弧向"填 7，"沿 Z 方向"填 2，"轴网间距"下"沿径向"填 3000，"沿环向（度）"填 9.55，"沿 Z 方向"填 5000，其余均为默认，点击"确定"，系统即按所填写尺寸生成对应的轴网（图 5-35）。在"Circumference @ R＝3000"视图中，点击"绘图→绘制矩形面"，分别单击每个轴网的左上角和右下角，完成六个面的绘制，形成弧形剪力墙（图 5-36）。接下来对材料、截面、约束、荷载等信息进行输入，和 5.1 节相同。

✎ Tips：

➡用快速网格线方法建立弧墙几何模型时，需要根据网格尺寸以及弧长预先计算好角度。

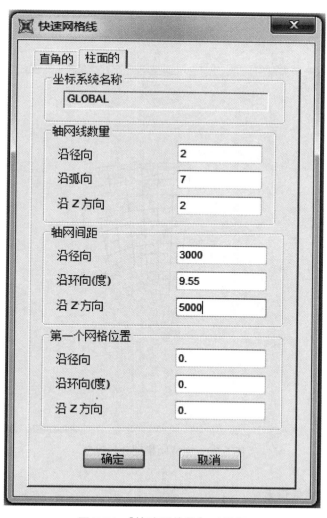

图 5-34　【快速网格线】对话框

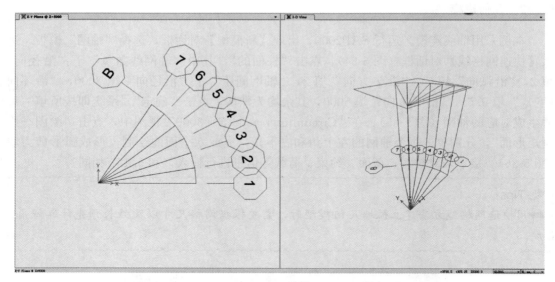

图 5-35　弧向轴网

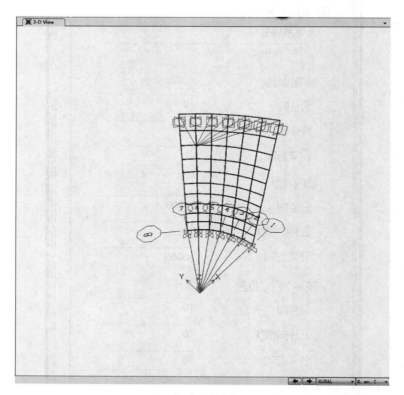

图 5-36　完成网格划分的模型

5.3.3　计算分析及结果查看

计算结束后，系统自动显示变形后形状（图 5-37）。本例中，墙肢最小屈曲因子为

59661.46，即屈曲荷载为 417630.22kN，对比第一小节例子，可以明显看出相同尺寸、厚度，弧形剪力墙的稳定性远远优于一字形剪力墙。

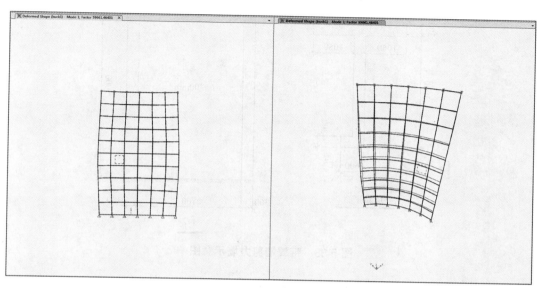

图 5-37　弧形剪力墙屈曲变形

5.4　带翼墙剪力墙墙身稳定性验算

5.4.1　问题说明

　　在规范和常用软件中，对选定的墙，可以考虑三边或者四边支撑，对于支承条件明确的墙很方便。但实际工程中，由于建筑功能的不同，带翼墙的剪力墙形状不一定是规则的"工字形""T 形"或者"L 形"，翼墙的长度对腹板有一定的约束作用，但不一定足以作为腹板的支撑，每个单独墙肢的支承方式也不一定能简单地归结为三边或者四边支撑。本例分析一种带小翼墙的 T 形截面墙肢的稳定性，腹板的支撑情况介于三边支撑和四边支撑之间。剪力墙截面如图 5-38 所示，墙厚 0.3m。材料为：C30 混凝土，HRB400 钢筋，墙身钢筋双层双向配置。

5.4.2　几何建模

　　本例采用轴线建模。运行 SAP2000，出现【新模型】对话框，选择"轴网"模板，进入【快速网格线】对话框（图 5-39）。其中"轴网线数量"下"X 方向"填 4，"Y 方向"填 2，"Z 方向"填 2，"轴网间距"下"X 方向"填 1200，"Y 方向"填 3000，"Z 方向"填 5000，其余均为默认，点击"确定"，系统即按所填写尺寸生成对应的轴网。在"X-Z Plane @ Y=0"视图中，单击右键，在弹出的快捷菜单中点击选择"编辑轴网数据"，弹出【坐标/轴网 系统】对话框（图 5-40），选定系统为"GLOBAL"，单击"修改/显示轴网"，弹出【定义网格系统数据】对话框（图 5-41），修改"X 轴网数据"表格中第三行 C

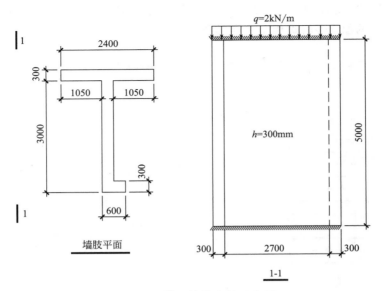

图 5-38　带翼墙剪力墙示意图

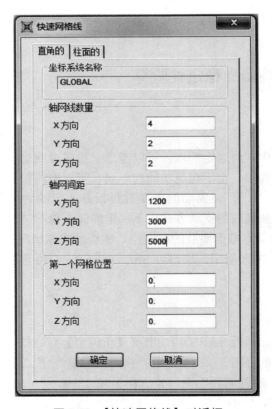

图 5-39　【快速网格线】对话框

轴对应的数据为 1800，第四行 D 轴对应的数据为 2400，其余默认，单击"确定"，完成轴网的修改，修改后的轴网如图 5-42 所示。

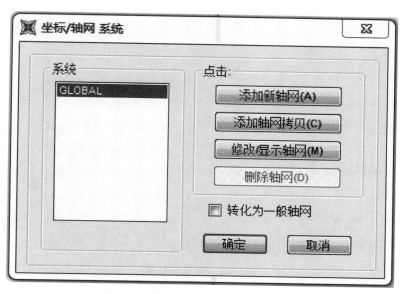

图 5-40 【坐标/轴网 系统】对话框

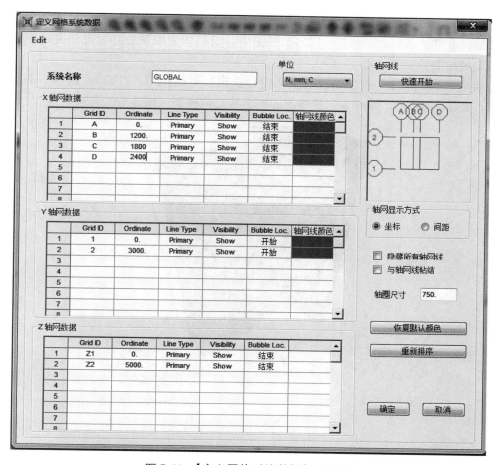

图 5-41 【定义网格系统数据】对话框

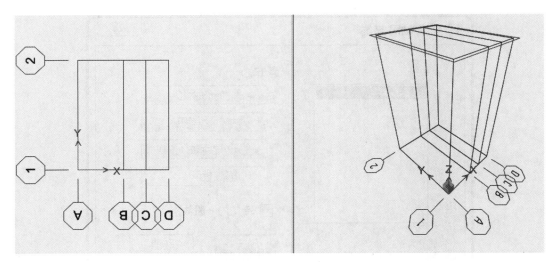

图 5-42　修改后轴网

在"X-Z Plane @ Y＝3000"视图中，使用默认截面"ASEC1"绘制三个矩形组成的长翼墙，单击工具栏中"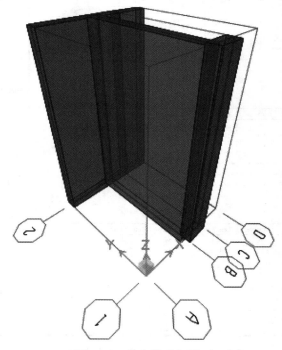"按钮，切换视图至"X-Z Plane @ Y＝0"视图中，绘制另一侧翼墙。在"Y-Z Plane @ X＝1200"视图中，绘制剪力墙腹板，至此，完成了剪力墙几何模型的绘制。

切换至"3-D View"视图，在【激活窗口选项】对话框中，"View Type"下面选择"拉伸"，点击"确定"，即可看到带厚度的剪力墙几何模型（图 5-43）。

图 5-43　剪力墙几何模型

☺ Tips：

➡直接双击轴网任意处，也可弹出【定义网格系统数据】对话框，进行轴网编辑。此对话框中，可以根据个人习惯，选择轴网显示方式为"坐标"或者"间距"。

➡目前为止，我们涉及的坐标系均为系统默认的整体坐标系"GLOBAL"，此坐标系只能被修改，不能删除。复杂模型可能需要建多个坐标系，可以通过选择下拉菜单：定义→坐标系统/轴网，来添加新系统，附加坐标系可以删除和移动。

➡绘制矩形面和框架时，会弹出一个"对象属性"的对话框，可以选择默认截面，建立几何模型完成后再修改截面属性，也可以提前定义截面，此处直接选择定义好的截面。

➡新建模型时，新模型初始化有两个选项，"从默认（包括单位）初始化模型"和"从现有文件初始化模型"，如果是一个全新的工程，按默认选择，如果之前已经建过类似的模型，可以选择"从现有文件初始化模型"，根据提示选择已有模型，可以继承已有模型的材料、截面、荷载工况等，节约时间，提高效率。

5.4.3　材料、截面定义及网格划分

材料定义及截面定义可以参照前面章节，定义对应的混凝土材料以及钢筋材料。如果各翼墙和腹板截面属性不一致，需要分别定义截面。本例腹板、翼墙均定义面截面"ASEC1"，厚度为 300mm，配筋方式同上小节。

在【激活窗口选项】对话框中，"View Type"中选择"标准"，切换至标准显示。选择全部截面，选择下拉菜单：编辑/编辑面/分割面。在【划分选择面】对话框中，选择"按最大尺寸分割面"，两个尺寸均填 200（注意应为 mm 单位），点击"确定"，完成网格划分，在视图中可看到划分效果（图 5-44）。

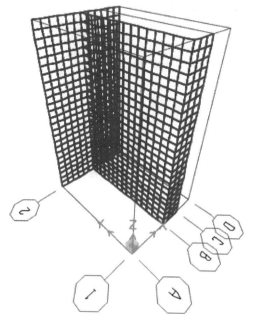

图 5-44　划分网格后模型

5.4.4　定义约束条件及荷载

在"Y-Z Plane @ X=1200"视图中，框选最上面排节点和最下面排节点（即对应楼层位置），按上节方法，完成楼板处的约束。框选最上面排节点，按上节方法，完成楼板处的荷载指定。在"X-Z Plane @ Y=0"视图和"X-Z Plane @ Y=3000"视图中，按同样的方法，完成约束及荷载的定义。按上节方法，定义名为"BUCK1"的屈曲分析荷载工况。

5.4.5　计算分析及结果查看

选择下拉菜单：分析/运行分析，进入【运行分析】对话框，点击"运行分析"，开始分析计算。

计算结束后，选择下拉菜单：显示/显示变形，在【变形形状】对话框中，勾选"在面对象上绘制位移等值线"，可以直观地观察屈曲形状。本例中，墙肢最小屈曲因子为 35719.30，腹板墙肢屈曲荷载为 535789.5kN。由图 5-45 中可以看出，腹板墙肢最先失稳，较小翼缘墙肢稳定性受影响。

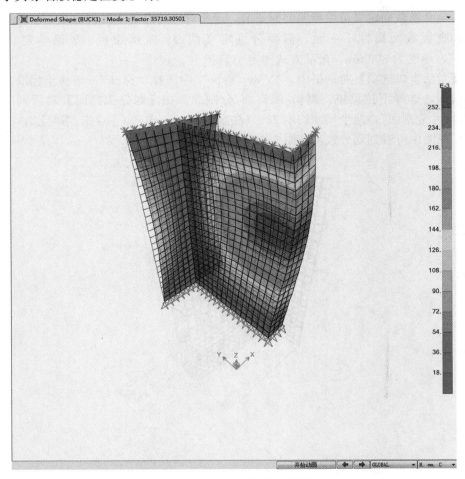

图 5-45　剪力墙屈曲变形图

5.4.6 对比模型及计算分析

为了比对翼墙长度对一字墙的约束效果，建立几个对比模型，一字墙几何尺寸不变，只改变一侧翼墙尺寸，具体模型名称及改变侧翼墙尺寸详见表5-2，其中，M1＿00为T形墙模型，腹板三边约束，在XY平面，Y＝3m处，约束翼墙长度为2.4m，对称于Y轴布置，在XY平面，Y＝0m处，无翼墙约束；M1＿60为本例模型，腹板四边约束，在XY平面，Y＝0m处，约束翼墙长度为0.6m，偏向Y轴正方向布置，在XY平面，Y＝3m处，约束翼墙长度为2.4m，对称于Y轴布置。M＿h为取消Y＝0m处翼墙，加侧边约束模型。其余各个模型和模型M1＿60的区别为Y＝0处约束翼墙长度不同。参考本例建模流程，按同样方法依次进行单元划分、约束添加和荷载定义。直接按快捷键"F5"，进入运行对话框，点击"运行分析"，分别分析各个模型。计算完成后，各个模型对应屈曲荷载如表5-2所示。

对比模型信息

表5-2

模型编号	Y＝0处翼墙长度(mm)	屈曲荷载 P_{1n} (kN)	k_{1n}
M1_00	无翼墙	207208.5	1
M1_40	400	361835.6	1.75
M1_60	600	535789.5	2.58
M1_80	800	682827.3	3.29
M1_100	1000	758920.2	3.66
M1_120	1200	769983.2	3.72
M1_h	加侧边约束	839260.5	4.05

定义剪力墙屈曲荷载为 P_{1n}，n 代表 Y＝0 侧翼墙尺寸，Y＝0 侧无翼墙时为 P_{10}，Y＝0 侧翼墙为 600mm 时为 P_{16}，定义各个模型屈曲荷载与 Y＝0 侧无翼墙 T 形墙模型屈曲荷载比值为 k_{1n}，$k_{1n} = \dfrac{P_{1n}}{P_{10}}$，其中 $n = 0$，4，6，8，10，12。以 Y＝0 侧翼墙尺寸为横坐标，k_{1n} 为纵坐标，作一条曲线，如图5-46所示。由表5-2以及图5-46可见，Y＝0 侧加翼墙对 T 形墙中腹板的约束作用明显增大，当 Y＝0 侧翼墙尺寸从 3 倍墙厚增加到 4 倍墙厚时，临界屈曲荷载增长较小，k_{1n} 曲线基本趋于平缓，说明 Y＝0 侧翼墙对 T 形墙腹板的

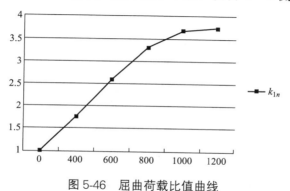

图5-46 屈曲荷载比值曲线

约束作用有限，不会随着 Y＝0 侧翼墙尺寸的增加无限制增大。当 Y＝0 侧翼墙尺寸为四倍墙厚时，临界屈曲荷载达到侧边加约束模型临界屈曲荷载的 92％。实际工程中一般取翼墙大于 3 倍墙厚，基本上可以作为腹板剪力墙侧边约束。

> ✎ Tips：
> ➡ 对多个平面有剪力墙的模型施加楼板处约束时，建议打开局部坐标系显示，判断约束施加方向，以免出错。
> ➡ 实际计算结果显示，当 Y＝0 侧翼墙尺寸不大于 2 倍墙厚时，此处翼墙剪力墙失稳先于腹板剪力墙或和腹板剪力墙同时失稳。

5.5   楼梯间剪力墙墙身稳定性验算

5.5.1   问题说明

在剪力墙结构住宅中，常常设置"剪刀梯"，在剪刀梯梯板的两侧设置剪力墙，梯板之间有时候也会设置一道一字形剪力墙。梯板两侧的剪力墙在楼层处只有一边有楼板约束，而梯板之间的一字形剪力墙则完全不受楼层楼板约束。实际工程中，适当的构造保证后，这两类墙均受可到梯板的约束，梯板对墙身稳定有很大的帮助作用。本例中，楼梯平面如图 5-47 所示。实际建模时楼梯间外楼板向外延伸一跨，梯板取等效板厚，本例中，等效梯板板厚 0.18m，取一层构件计算，所有楼板边界假定固支。剪力墙墙厚 0.2m。材料为：C30 混凝土，HRB400 钢筋，墙身钢筋双层双向配置。

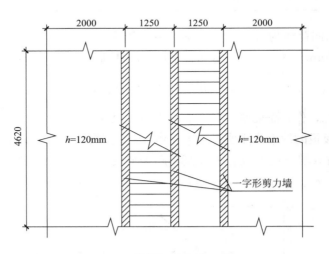

图 5-47   楼梯间剪力墙示意图

5.5.2   建模

由于现有楼梯模板没有剪刀梯模式可选，本例采用轴线建模。运行 SAP2000，出现【新模型】对话框，选择"轴网"模板，进入【快速网格线】对话框（图 5-48）。其中"轴网线数量"下"X方向"填2,"Y方向"填5,"Z方向"填2,"轴网间距"下"X方向"填4620,"Y方向"填1250,"Z方向"填3140,其余均为默认,点击"确定",系统即按所填写尺寸生成对应的轴网。在"X-Z Plane @ Y＝0"视图中,单击右键,在弹出的快捷菜单中点击选择"编辑轴网数据",弹出【坐标/轴网 系统】对话框,单击"修改/显示轴网",弹出【定义网格系统数据】对话框(图5-49),轴网显示方式选为"间距",修改"Y轴网数据"表格中第一行1轴对应的数据为2000,第四行4轴对应的数据为2000,其余默认,单击"确定",完成轴网的修改。

材料定义及截面定义可以参照前面章节。本例依次定义截面"ASEC1",厚度180mm,双层配筋,模拟梯板;"ASEC2",厚度200mm,双层配筋,模拟剪力墙;"ASEC3",厚度120mm,双层配筋,模拟楼板。

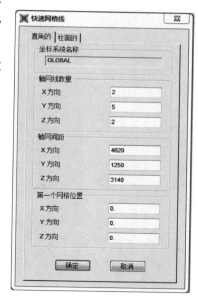

图 5-48 【快速网格线】对话框

材料和截面定义完成后,在"X-Y Plane @ Z＝0"视图中,绘制两个矩形面,即楼板,绘制时截面选"ASEC3"。分别在A轴2-3,和B轴3-4之间绘制直线,绘制完成后平面如图5-50所示。

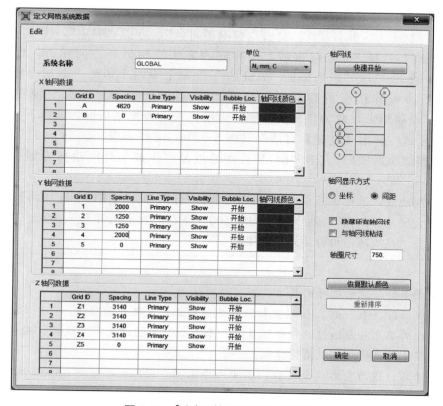

图 5-49 【坐标/轴网 系统】对话框

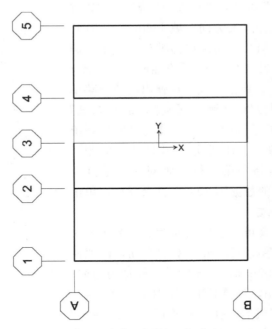

图 5-50　底层建模示意图

选择 2-3 轴之间直线，点击"编辑→拉伸→拉伸线成面"，弹出【拉伸线生成面】对话框（图 5-51），在"添加对象的属性"中，选择"ASEC1"，"增量数据"中，dx 填 4620，dy 填 0，dz 填 3140，数量填 1，勾选"删除源对象"，点击"确定"，完成了一个梯板的绘制。同理，选择 3-4 轴间直线，按相同的方法绘制另一方向梯板。切换视图至"X-Y Plane @ Z＝3140"，选截面"ASEC3"绘制上下两个矩形，即与楼梯间相邻楼板，完成了梯板和楼板的建模。切换至"X-Z Plane @ Y＝2000"视图中，选择"ASEC2"，绘制矩形，此为楼梯间一侧剪力墙。选定所绘制矩形，选择下拉菜单：编辑/带属性复制，弹出【复制】对话框（图 5-52），dx 和 dz 填 0，dy 填 1250，数量填 2，不选"删除源对象"，点击"确定"，即通过复制生成另外两道剪力墙。所建几何模型如图 5-53 所示。

　　选择全部截面，选择下拉菜单：编辑/编辑面/分割面。在【划分选择面】对话框中，选择"按最大尺寸分割面"，两个尺寸均填 500（注意应为 mm 单位），点击"确定"，完成面网格划分。在视图中可看到划分效果。

✎ Tips：

➡线拉伸成面时，注意选择面属性，不可按默认。

➡线拉伸成面时，dx，dy，dz 沿坐标轴正方向为正，反之应填负值。

➡相同属性的单元可以通过"带属性复制"来添加，复制方式有"线性、径向、镜像"三种，合理使用此功能可以简化建模。

➡建议显示窗口设为左右 2 个窗口，其中一个采用"3D-view"，可以直观地看到模型建立的过程。

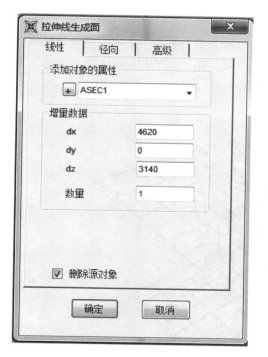

图 5-51 【拉伸线生成面】对话框

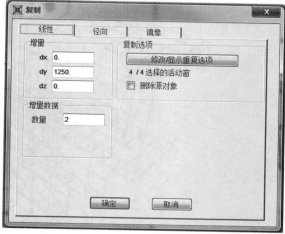

图 5-52 【复制】对话框

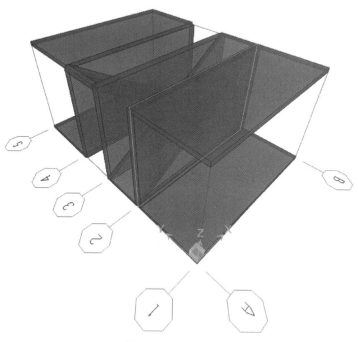

图 5-53 几何模型

5.5.3　定义约束条件及荷载

在"X-Y Plane @ Z＝0"视图中，框选四周板边界，按上节方法，完成楼板处的固支约束，框选 2、3、4 轴节点，完成墙在底层的固支约束。在"X-Y Plane @ Z＝3140"视图中，框选四周板边界，完成楼板处的固支约束（图 5-54）。

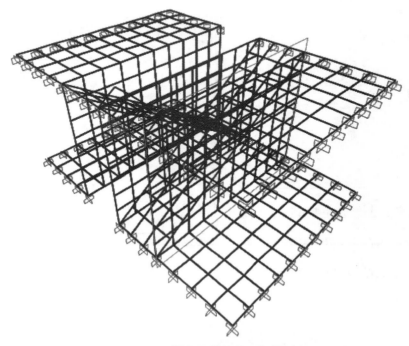

图 5-54　带边界条件的几何模型

在"X-Z Plane @ Y＝2000""X-Z Plane @ Y＝3250""X-Z Plane @ Y＝4500"视图中，框选最上排节点，按第一小节方法，完成墙上单位荷载的施加。按第一小节方法，定义名为"BUCK1"的屈曲分析荷载工况。

5.5.4　计算分析及结果查看

选择下拉菜单：分析/运行分析，进入【运行分析】对话框，点击"运行分析"，开始分析计算。

计算结束后，选择下拉菜单：显示/显示变形，在【变形形状】对话框中，勾选"在面对象上绘制位移等值线"，可以直观地观察屈曲形状，见表 5-3，可以看出，不考虑梯板对剪力墙的约束时，一阶屈曲发生在梯板之间剪力墙，梯板侧剪力墙不屈曲。墙肢最小屈曲因子为 12868，屈曲荷载为 115821kN。

点击主菜单"🔒"图标解锁，选择所有面，点击"指定→面→生成边束缚"，在弹出的【指定边束缚】对话框中，勾选"沿对象边生成束缚"，点击"确定"，即完成了梯板和剪力墙之间的相互束缚。此时，再运行分析。分析结果见表 5-4，结果显示，考虑梯板对剪力墙的约束时，一阶屈曲依然发生在梯板之间剪力墙，梯板侧剪力墙不屈曲。墙肢最小屈曲因子为 29156，屈曲荷载为 262404kN。和不考虑梯板约束结果对比，可以看出：（1）临界屈曲荷载显著增加，说明整体稳定性增强；（2）考虑梯板约束时，梯板约束部位无明显屈曲变形。说明考虑梯板对剪力墙的约束时，剪力墙的稳定性得到了改善。

> ✏️ Tips：
> ➡️ 实际工程中，当考虑剪刀梯梯板对周边墙的约束作用时，需要在构造上将梯板钢筋伸入墙内锚固，在构造上保证梯板和剪力墙的可靠连接。

未考虑梯板约束的剪力墙屈曲形式 表 5-3

坐标	Y=2m	Y=3.25m	Y=4.5m
屈曲形状			
屈曲荷载	不屈曲	115821kN	不屈曲

考虑梯板约束的剪力墙屈曲形式 表 5-4

坐标	Y=2m	Y=3.25m	Y=4.5m
屈曲形状			
屈曲荷载	不屈曲	262404kN	不屈曲

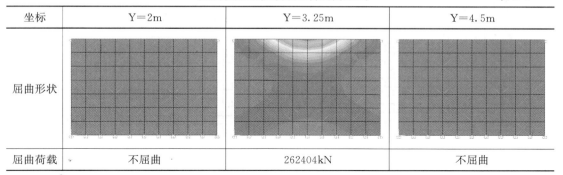

5.6 开洞剪力墙墙身稳定性验算

5.6.1 问题说明

由于设备和建筑功能的需要，常常会在剪力墙上开洞。剪力墙开洞是否会影响其稳定性？开洞大小对其稳定性有什么影响？本小节针对不同边界条件、不同大小洞口的开洞剪力墙，进行稳定性验算，以探究开洞剪力墙的稳定性。本例中，剪力墙尺寸及厚度同前几节，3.0m×5.0m 高，0.3m 厚。材料为：C30 混凝土，HRB400 钢筋，墙身钢筋双层双向配置。

针对不同的边界条件，建立三个基本模型，在基本模型的基础上，改变洞口大小，形成带洞口的剪力墙模型。三个模型分别是：模型一，一字形剪力墙开洞；模型二，四边支撑剪力墙开洞；模型三，带翼墙的剪力墙腹板开洞。

5.6.2　建模

模型一的建模过程基本同 5.1 节，为了开洞需要，网格划分更加细致，网格尺寸为 150mm×150mm。洞口中心和墙中心重合，最小洞口尺寸为 300mm×300mm 正方形洞，洞口依次增大，分别为 600mm×600mm，900mm×900mm，1200mm×1200mm，1500mm×1500mm，1800mm×1800mm，2100mm×2100mm，2400mm×2400mm，均为正方形洞。图 5-55、图 5-56 分别为开洞尺寸为 600mm×600mm 和 1800mm×1800mm 的一字形剪力墙模型。

图 5-55　600×600 洞口一字形剪力墙

图 5-56　1800×1800 洞口一字形剪力墙

模型二和模型一的区别在于约束条件不同，在模型一的基础上增加剪力墙两侧约束，即为模型二。开洞尺寸和位置同模型一。图 5-57、图 5-58 分别为开洞尺寸为 600mm×600mm 和 1800mm×1800mm 的四边支撑剪力墙模型。

模型三为一槽形剪力墙，腹板尺寸为 3.0m×5.0m 高，0.3m 厚，翼墙尺寸为 1.05m 长，0.3m 厚。洞口开在腹板上，开洞尺寸和位置同模型一。图 5-59、图 5-60 为开洞尺寸为 600mm×600mm 和 1800mm×1800mm 的槽型剪力墙模型。

以模型一为例来演示墙上开洞方法。选择下拉菜单：编辑/编辑面/分割面。在【划分选择面】对话框中，选择"按最大尺寸分割面"，两个尺寸均填 150（注意应为 mm 单位），点击"确定"，完成网格划分。网格划分完成后，每个单元的尺寸为 150mm×150mm，选择墙中心周边的四个单元，按"Delete"键，即在剪力墙上开出一个 300mm×300mm 的洞口。同理，可以开出不同尺寸的洞口。

图 5-57　600×600 洞口四边约束剪力墙

图 5-58　1800×1800 洞口四边约束剪力墙

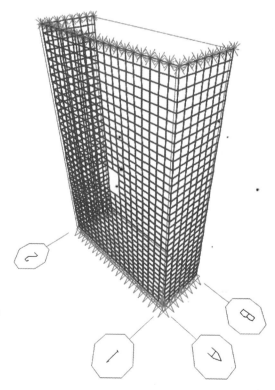

图 5-59　600×600 洞口槽形剪力墙

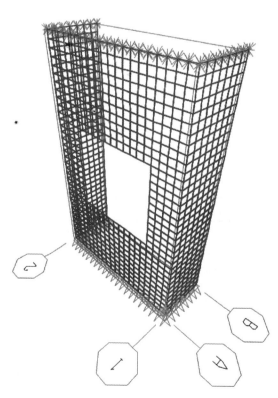

图 5-60　1800×1800 洞口槽形剪力墙

> ✎ Tips:
> ➡墙上开洞时，需要提前确定洞口尺寸以及位置，然后根据需要选择不同的方法分割面单元。

5.6.3　一字形剪力墙开洞稳定性计算

定义剪力墙屈曲荷载为 P_{1_m}，m 代表洞口边长，洞口边长为 300mm 时屈曲荷载为 P_{1_3}，洞口边长为 600mm 时屈曲荷载为 P_{1_6}，定义各个模型屈曲荷载与不开洞剪力墙屈曲荷载比值为 k_{1_m}，$k_{1\_m} = \dfrac{P_{1\_m}}{P_{1\_0}}$，其中 $m=0$，3，6，9，12，15，18，21，24。以洞口尺寸为横坐标，k_{1_m} 为纵坐标，作一条曲线，如图 5-61 所示。由表 5-5 以及图 5-61 可见，墙中央开洞较小时，剪力墙的屈曲荷载下降较少，当洞宽为墙宽的 20% 时，临界屈曲荷载约下降 10%，随着洞口的增大，剪力墙的临界屈曲荷载持续稳定下降。图 5-62～图 5-70 给出了洞口尺寸不同时的屈曲变形情况。

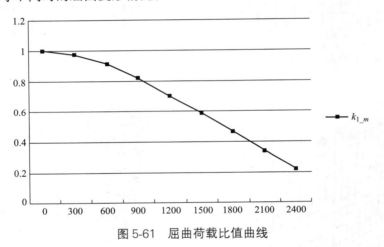

图 5-61　屈曲荷载比值曲线

一字形带洞口剪力墙屈曲荷载　·表 5-5

洞口边长（mm）	屈曲荷载 P_{1_m}（kN）	k_{1_m}	洞宽/墙宽
0	80220	1.00	0
300	78569	0.98	0.1
600	73391	0.91	0.2
900	65675	0.82	0.3
1200	56462	0.70	0.4
1500	46620	0.58	0.5
1800	36729	0.46	0.6
2100	27090	0.34	0.7
2400	17787	0.22	0.8

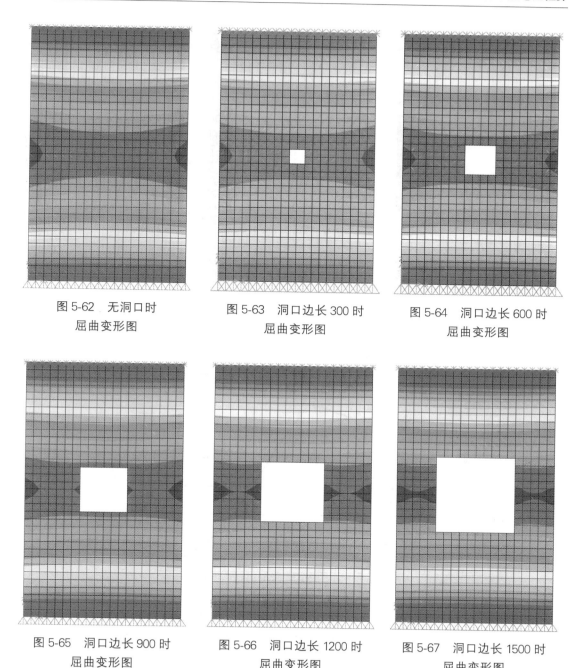

图 5-62 无洞口时
屈曲变形图

图 5-63 洞口边长 300 时
屈曲变形图

图 5-64 洞口边长 600 时
屈曲变形图

图 5-65 洞口边长 900 时
屈曲变形图

图 5-66 洞口边长 1200 时
屈曲变形图

图 5-67 洞口边长 1500 时
屈曲变形图

5.6.4 四边支撑剪力墙开洞稳定性计算

定义剪力墙屈曲荷载为 P_{1_m}，m 代表洞口边长，定义各个模型屈曲荷载与不开洞剪力墙屈曲荷载比值为 k_{1_m}，以洞口尺寸为横坐标，k_{1_m} 为纵坐标，作一条曲线，如图 5-71 所示。由表 5-6 以及图 5-71 可见，墙中央开洞后，剪力墙的屈曲荷载不但没有下降，反而随着洞口的增大，屈曲荷载逐渐增大，当洞宽开到墙宽的 40% 左右时，屈曲荷载

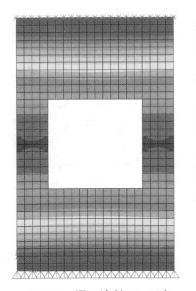

图 5-68　洞口边长 1800 时
屈曲变形图

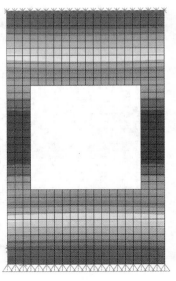

图 5-69　洞口边长 2100 时
屈曲变形图

图 5-70　洞口边长 2400 时
屈曲变形图

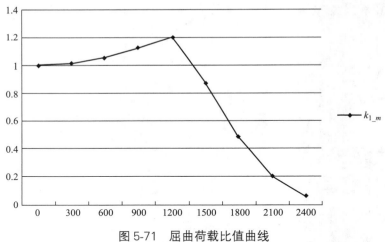

图 5-71　屈曲荷载比值曲线

增大到不开洞剪力墙屈曲荷载的 1.2 倍，继续增大洞口，剪力墙屈曲形式发生改变，屈曲荷载迅速下降。洞口尺寸不同时的屈曲变形情况如图 5-72～图 5-80 所示。

四边约束带洞口剪力墙屈曲荷载　　　　　　　　　　表 5-6

洞口边长（mm）	屈曲荷载 P_{1_m}（kN）	k_{1_m}	洞宽/墙宽
0	880005	1	0
300	892351	1.01	0.1
600	929938	1.06	0.2
900	985425	1.12	0.3

洞口边长(mm)	屈曲荷载 P_{1_m}(kN)	k_{1_m}	洞宽/墙宽
1200	1058022	1.20	0.4
1500	773194	0.88	0.5
1800	427415	0.48	0.6
2100	184590	0.21	0.7
2400	54117	0.06	0.8

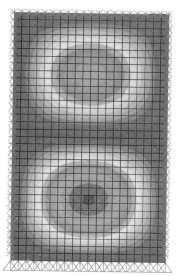

图 5-72 无洞口时
屈曲变形图

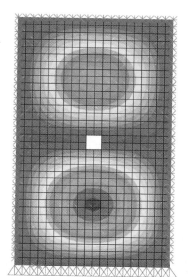

图 5-73 洞口边长 300 时
屈曲变形图

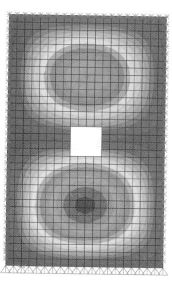

图 5-74 洞口边长 600 时
屈曲变形图

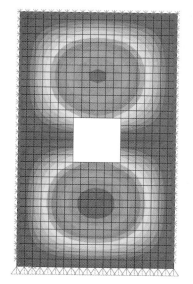

图 5-75 洞口边长 900 时
屈曲变形图

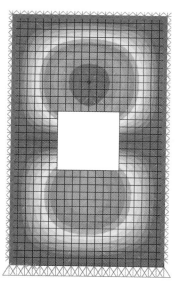

图 5-76 洞口边长 1200 时
屈曲变形图

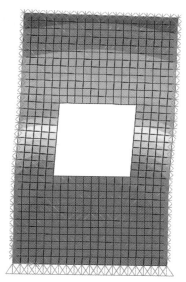

图 5-77 洞口边长 1500 时
屈曲变形图

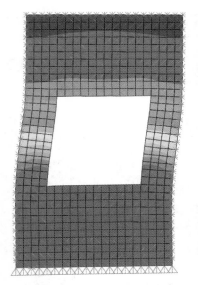
图 5-78　洞口边长 1800 时
屈曲变形图

图 5-79　洞口边长 2100 时
屈曲变形图

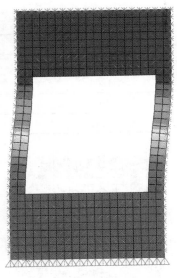
图 5-80　洞口边长 2400 时
屈曲变形图

5.6.5　带翼墙的剪力墙腹板开洞稳定性计算

同样，定义腹板剪力墙屈曲荷载为 P_{1_m}，m 代表洞口边长，定义各个模型屈曲荷载与不开洞剪力墙屈曲荷载比值为 k_{1_m}，以洞口尺寸为横坐标，k_{1_m} 为纵坐标，作一条曲线，如图 5-81 所示。由表 5-7 以及图 5-81 可见，墙中央开洞后，剪力墙的屈曲荷载没有下降，而是随着洞口宽度的增加而缓慢增大，结合图 5-88 所示，当洞口宽度开到墙肢宽度的 60% 时，临界屈曲荷载增大到不开洞时的 1.21 倍，继续增大，腹板大部分开洞，槽形剪力墙已经基本上被分割成两个 L 形剪力墙了，此时屈曲变形已经由腹板转移到翼墙，屈曲荷载已经翼墙屈曲荷载。图 5-82～图 5-90 给出了洞口尺寸不同时屈曲变形情况。

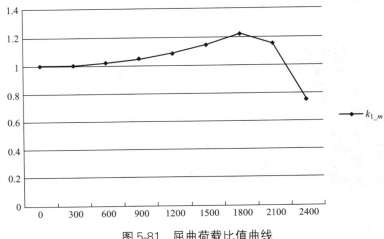

图 5-81　屈曲荷载比值曲线

洞口边长（mm）	屈曲荷载 P_{1_m}（kN）	k_{1_m}	洞宽/墙宽
		槽形带洞口剪力墙屈曲荷载　表 5-7	
0	1038870	1.00	0
300	1043423	1.00	0.1
600	1058236	1.02	0.2
900	1084860	1.04	0.3
1200	1127607	1.08	0.4
1500	1188956	1.14	0.5
1800	1261605	1.21	0.6
2100	1198046	1.15	0.7
2400	780385	0.75	0.8

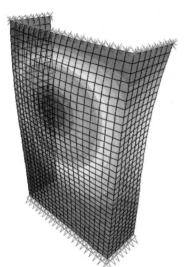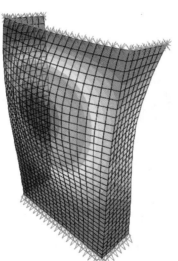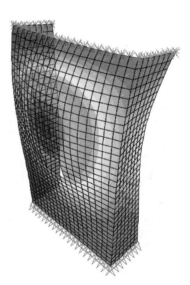

图 5-82 无洞口时　　　　图 5-83 洞口边长 300 时　　　图 5-84 洞口边长 600 时
屈曲变形图　　　　　　　屈曲变形图　　　　　　　　屈曲变形图

5.6.6 本节小结

由模型一～模型三的计算可以看出，带正方形洞口剪力墙，当开洞尺寸较小时，其稳定性受洞口影响较小。对一字形剪力墙，随着洞口的增大，屈曲变形形式未改变，屈曲荷载平稳降低；对四边约束的剪力墙，当开洞尺寸较大时，屈曲变形形式发生改变，临界屈曲荷载先有小幅增加，屈曲变形形式改变后，临界屈曲荷载减小；对带翼墙的剪力墙，其稳定性受洞口影响规律和四边约束的带洞口剪力墙相似，但当洞口开到槽形剪力墙基本上被分割成由强连梁连接的两个 L 形剪力墙时，由腹板屈曲转移到翼墙屈曲，其临界屈曲荷载急剧下降。

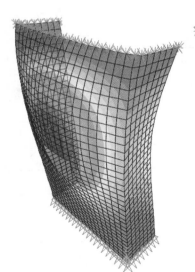

图 5-85　洞口边长 900 时
屈曲变形图

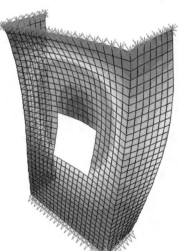

图 5-86　洞口边长 1200 时
屈曲变形图

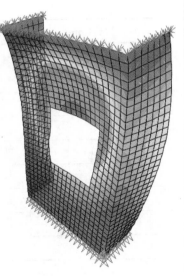

图 5-87　洞口边长 1500 时
屈曲变形图

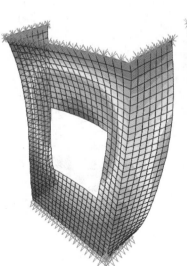

图 5-88　洞口边长 1800 时
屈曲变形图

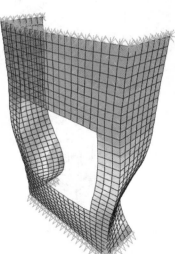

图 5-89　洞口边长 2100 时
屈曲变形图

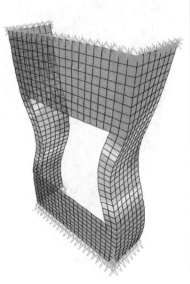

图 5-90　洞口边长 2400 时
屈曲变形图

第6章　预应力构件

SAP2000可以通过一种特殊的类型对象——钢束对象来模拟预应力，钢束可以包含在其他对象中，通过预应力和后张拉对这些对象产生影响[17]。我们可以指定钢束作为分析中的独立单元，也可以指定钢束作为模型的荷载。线性分析中，当我们知道由于弹性缩短或时间影响所带来的预应力损失时，可以将钢束模拟为荷载。

6.1　单跨简支预应力梁分析

6.1.1　问题说明

为了示范预应力梁在SAP2000软件建模分析的基本过程，本小节建立一单跨简支梁模型，跨度18.0m，梁截面0.3m×0.8m，材料为：C40混凝土，普通钢筋采用HRB400，预应力束采用高强低松弛钢绞线 $\phi^s15.2$，钢束面积为 $1112mm^2$，其强度 $f_{ptk}=1860MPa$，孔道成型方式为预埋金属波纹管。预应力筋为抛物线，采用后张法，张拉控制应力值为 $0.6f_{ptk}$，采用单边张拉。锚固端采用夹片式锚具。钢束模拟为单元。梁截面及预应力筋位置详见图6-1。

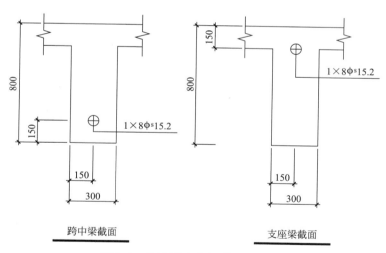

图6-1　单跨预应力梁截面示意图

6.1.2　几何建模

本例采用SAP2000自带模板建模。运行SAP2000，出现【新模型】对话框，修改单位为"kN，m，C"，选择"梁"模板，进入【梁】对话框（图6-2）。其中"跨数"填1，"跨长"填18，勾选左下角"约束"，在"截面属性"下定义梁。点击梁右侧的"＋"号，进入"框架属性"对话框，点击"添加新属性"，弹出【梁】对话框，"框架截面属性类型"选择"Concrete"，混凝土截面类型，选择矩形，进入【矩形截面】对话框（图 6-3），此处定义梁截面 CON _ 30 _ 80，方法同前面章节，材料定义时，点击"材料"下方"+"

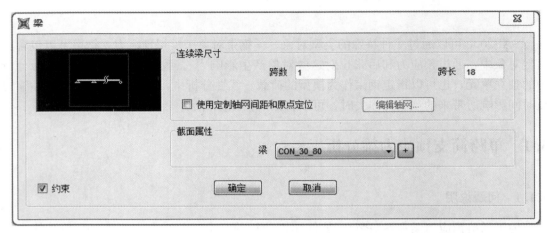

图 6-2　【梁】对话框

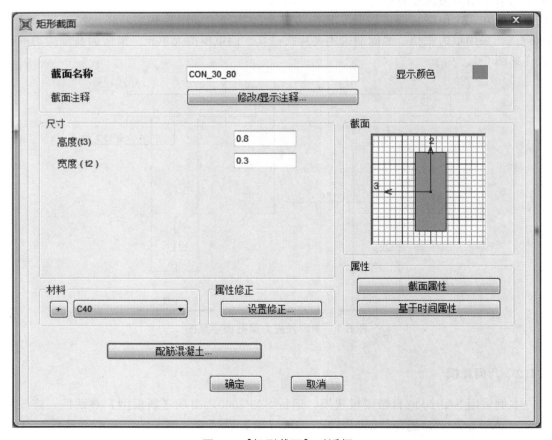

图 6-3　【矩形截面】对话框

号来添加 C40 混凝土，配筋混凝土设置原则也同前面章节。所有设置完成后，点击"确定"，即生成模型。通过"设置显示选项"的控制，可以看到生成的单跨矩形梁，如图 6-4 所示，此时，还没有加预应力筋。

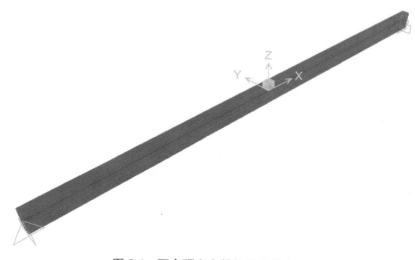

图 6-4　不含预应力筋的单跨简支梁

接下来定义预应力钢筋，点击"定义→材料"，弹出【定义材料】对话框，单击添加新材料，进入【添加材料属性】对话框（图 6-5），"材料类型"选择"Tendon"，"标准"选择"JTG"，"梯度"选择"JTGD62 fpk1860"，点击"确定"，材料列表中增加"JTG-fpk1860"，选定这一材料，点击"修改/显示材料"，进入【材料属性选项】对话框，此对话框可以修改材料的方向对称类型，还可以进一步修改材料的高级属性。点击"定义→截面属性→钢束截面"，弹出【钢束截面】对话框（图 6-6），点击"添加新截面"，进入【钢束截面数据】对话框（图 6-7），名称按默认"TEN1"，"分析模型中钢束建模选项"选择"模拟钢束为单元"，"钢束参数"中，预应力类型默认，材料属性选择前面定义的"JTG- fpk1860"，

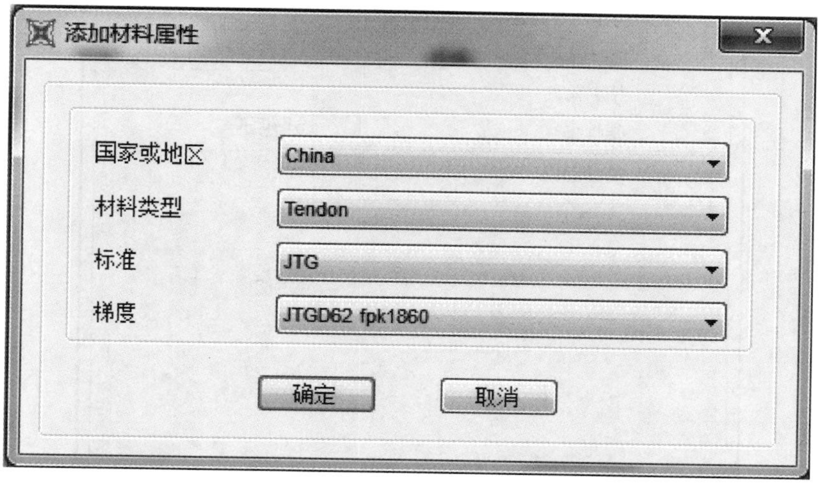

图 6-5　【添加材料属性】对话框

251

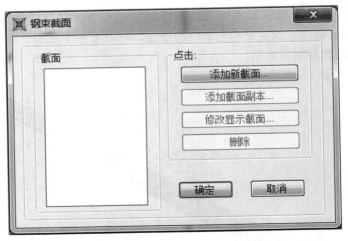

图 6-6　【钢束截面】对话框

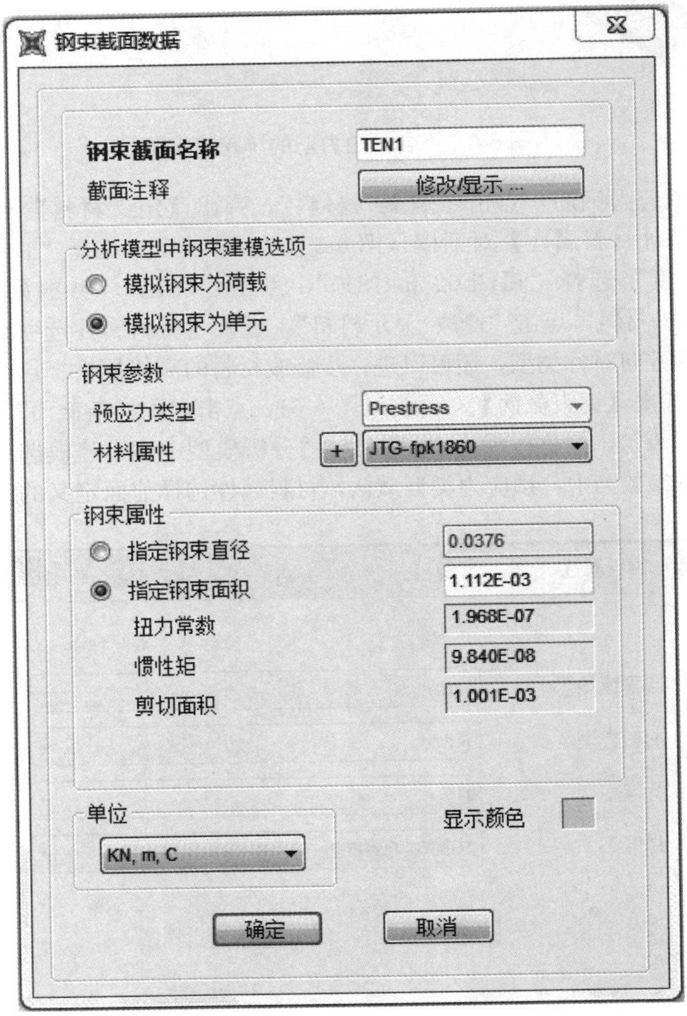

图 6-7　【钢束截面数据】对话框

"钢束属性"中，选择"指定钢束面积"值填"1.112E-3"，单位不变，点击"确定"，返回前一对话框，截面列表中已经显示名为"TEN1"的截面。

点击"绘图→绘制框架/索/钢束"，弹出"对象属性窗口"，线对象类型选择"钢束"，截面选择"TEN1"，XY平面偏移垂直，填0，其余默认。单击简支梁支座的起点和终点，进入【线对象钢束数据2】对话框，点击"快速开始"，弹出【钢束快速开始模板】对话框（图6-8），平面选择"1-2"，角度和跨数默认，"选择快速开始选项"下，选择"抛物线钢束1"，点击"确定"，进入【定义线对象抛物线钢束布局2】对话框（图6-9），此对话框用于详细定义抛物线的线型，"控制点数"默认填3，"钢束布局数据"下，修改Coord2一列数据，1点为0.15（m），2点为−0.15（m），3点为0.15（m），修改完后，点击

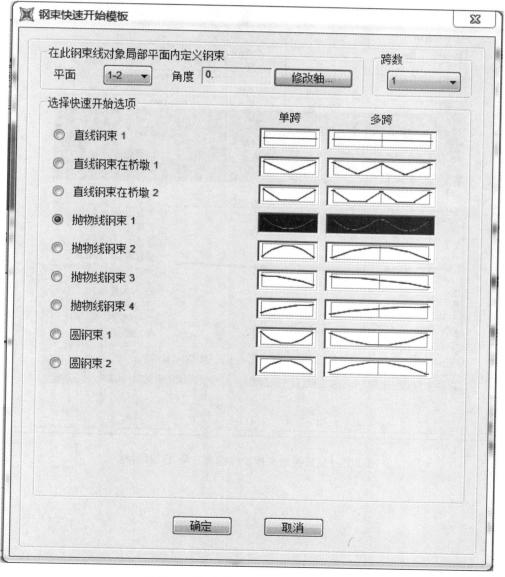

图6-8 【钢束快速开始模板】对话框

"计算结果"下面刷新，即可看到新的线型，勾选"对此钢束使用计算结果"，点击"完成"，回到【线对象钢束数据 2】对话框（图 6-10），可以看到定义的线型已经出现在小窗口中。在【线对象钢束数据 2】对话框中，钢束截面选择"TEN1"，点击"确定"，此时，通过"设置显示选项"的控制，可以看到带预应力筋的单跨矩形梁，如图 6-11所示。

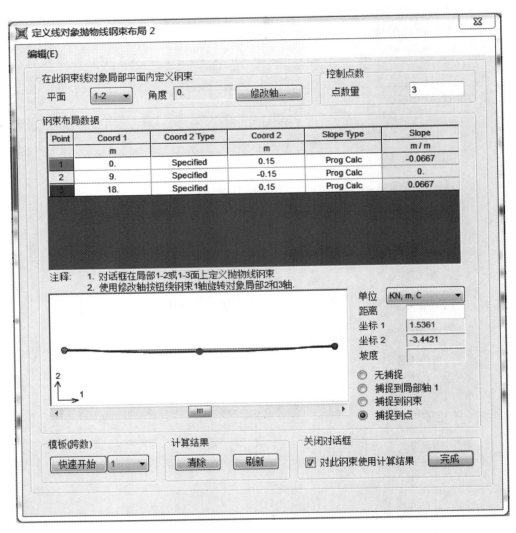

图 6-9　【定义线对象抛物线钢束布局 2】对话框

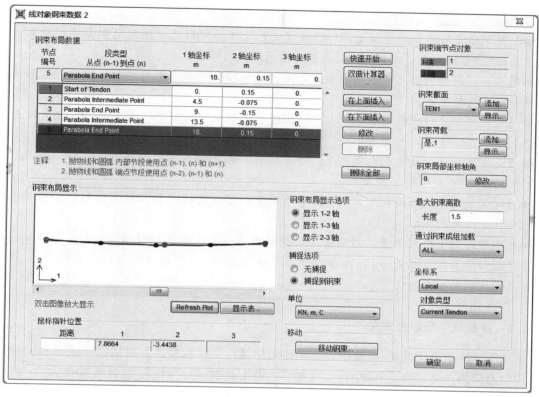

图 6-10 【线对象钢束数据2】对话框

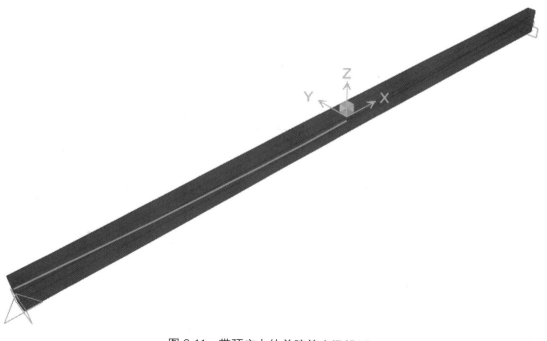

图 6-11 带预应力的单跨简支梁模型

> ✎ Tips：
> ➡如果创建多跨不等跨连续梁，可以在【梁】对话框中勾选"使用定制轴网间距和原点定位"，直接点击"编辑轴网"来修改不同跨数的跨度。
> ➡所有的材料和截面可以边建模型边定义，也可以先采用系统默认的，建模完成后再统一修改材料截面。
> ➡【定义线对象抛物线钢束布局 2】对话框中，钢束布局数据下 Coord1 和 Coord2 分别表示 1，2，3 点的 X 坐标和 Y 坐标，最后一列 Slope 根据前面数据自动计算。
> ➡【定义线对象抛物线钢束布局 2】对话框中，将鼠标放在抛物线上，移动，可以看到不同点的 X 坐标和 Y 坐标。
> ➡【定义线对象抛物线钢束布局 2】对话框中，可以通过"最大钢束离散"下数据来控制钢束网格的大小。
> ➡本例单跨简支预应力梁采用后张法，预应力总损失主要包括四项，分别是张拉端锚具变形和钢筋内缩损失 σ_{l1}，预应力钢筋摩擦损失 σ_{l2}，预应力钢筋松弛损失 σ_{l4}，混凝土的收缩和徐变损失 σ_{l5}。

6.1.3　荷载及荷载组合定义

选择下拉菜单：定义/荷载模式，在弹出的【定义荷载模式】对话框（图 6-12）中定义预应力荷载，荷载模式名称输入"PRE"，类型选择"OTHER"，自重乘数为 0，点击"添加型的荷载模式"，即可看到名为"PRE"的荷载模式出现在列表中。荷载模式名称输入"DEAD1"，类型选择"DEAD"，自重乘数为 0，点击"添加型的荷载模式"，即可看到名为"DEAD1"的荷载模式出现在列表中，用来定义梁上线荷载。默认的"DEAD"荷载模式用来定义自重。

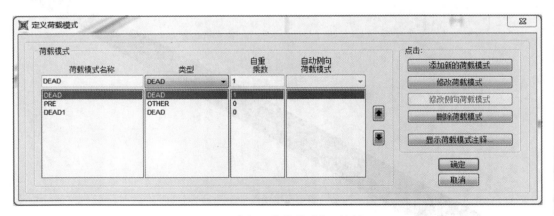

图 6-12　【定义荷载模式】对话框

选定所绘制预应力筋，选择下拉菜单：指定/钢束荷载/钢束力/应力，弹出【钢束荷载】对话框，荷载模式名称选择"PRE"，单位不变，张拉位置选择"钢束 I-端（起点）"，荷载类型选择"力"，钢束荷载输入 1241（kN）。预应力损失在此处分为两部分，一部分为混凝土预压前的损失（也叫第一批损失），包括张拉端锚具变形和预应力钢筋内缩引起的损失和预应力钢筋摩擦引起的损失；另一部分为混凝土预压后的损失（也叫第二批损失），包括预应力钢筋应力松弛引起的损失和混凝土的收缩和徐变引起的损失。第一批损失在对话框"摩擦和锚固损失"下设置，曲率系数填"0.25"，管道局部偏差影响系数填"1.5E-3"，锚固滑移设置填"7E-3"。第二批损失需要预先计算，然后填在"其他损失参数"下。"弹性缩短应力"填 0，"徐变应力"填 0，"收缩应力"填 48263.31，"钢筋松弛应力"填 13950，点击确定，完成钢束荷载的定义。在【钢束荷载】对话框（图 6-13）内，点击"Show Prestress Losses"，弹出【钢束响应表格】对话框（图 6-14），在此对话框中，可以查看预应力损失，可以通过指定"光标距离"下的距离来看各节点处的预应力损失，本例中输入第一节点处距离"1509"，可以看到"光标处的荷载模式"下分别显示

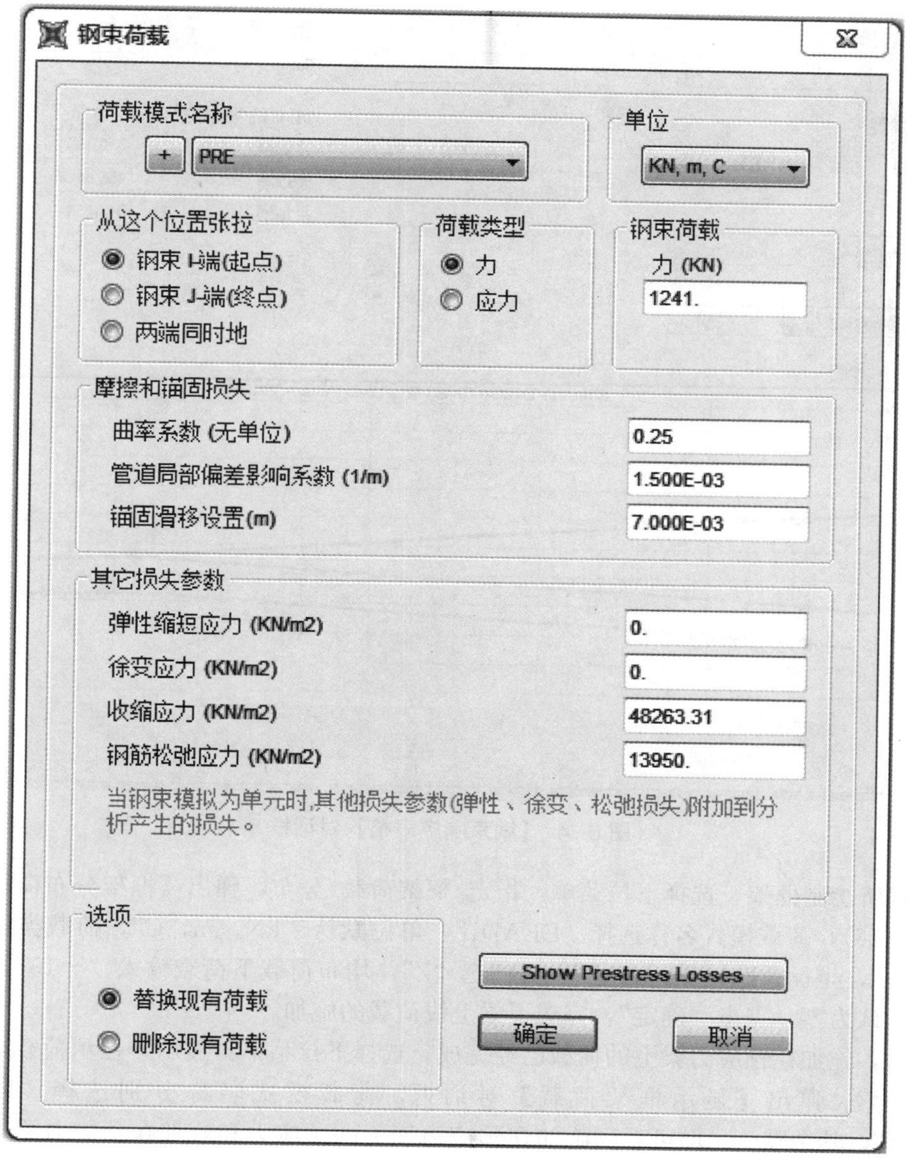

图 6-13　【钢束荷载】对话框

了张拉前、张拉后和其他损失后的预应力损失。相应"钢束影响绘图"下有对应的三个红点示意此节点处预应力。紫色的线示意张拉前整个预应力筋的预应力状况，红色的线示意张拉后其他损失发生前整个预应力筋的预应力状况，绿色的线示意所有损失完成后整个预应力筋的预应力状况。通过这几条曲线可以明显看出预应力损失以及张拉应力在整个曲线中的变化情况，本例为单边张拉，张拉锚固端的损失最大，距离张拉端越远，预应力损失相对减小。还可以点击"输出到 Excel 表格"，可以输出各点处张拉前后的预应力值（图 6-15）。

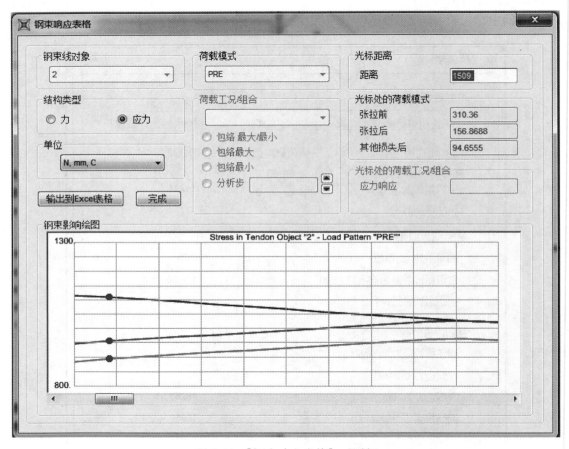

图 6-14 【钢束响应表格】对话框

选定所绘制框架，选择下拉菜单：指定/框架荷载/分布，弹出【框架分布荷载】对话框（图 6-16），荷载模式名称选择"DEAD1"，单位默认"kN，m，C"，荷载类型与方向选择"力"，坐标系选"GLOBAL"，方向选"Z"，均布荷载下荷载输入"-15"，梯形荷载一栏默认为零，点击"确定"，完成了梁上线荷载的施加。

此时，施加在预应力梁上的荷载已经完成。选择下拉菜单：显示→显示荷载指定→框架/索/钢索，弹出【显示框架荷载】对话框，荷载模式名称分别选择"PRE"和"DEAD1"，其余默认，即可看到施加在预应力筋上的预应力和施加在预应力梁上的均布荷载（图 6-17～图 6-20）。

	A	B	C	D
1	距离	张拉前	张拉后	其他损失后
2	0	1116.0072	946.665	884.4517
3	1509.2444	1110.3591	956.8705	894.6571
4	3016.9665	1101.6374	963.9864	901.7731
5	4523.9294	1092.9864	971.165	908.9517
6	6024.0302	1084.4284	978.3645	916.1512
7	7524.8901	1075.9491	985.6507	923.4374
8	9027.2621	1067.4614	992.9444	930.7311
9	10529.634	1059.0407	1000.3051	938.0918
10	12030.494	1050.7599	1007.7898	945.5765
11	13530.595	1042.5325	1015.32	953.1067
12	15037.558	1034.3456	1022.9627	960.7494
13	16545.28	1026.221	1026.221	964.0077
14	18054.524	1021.0273	1021.0273	958.814

图 6-15　距离张拉端距离处预应力值

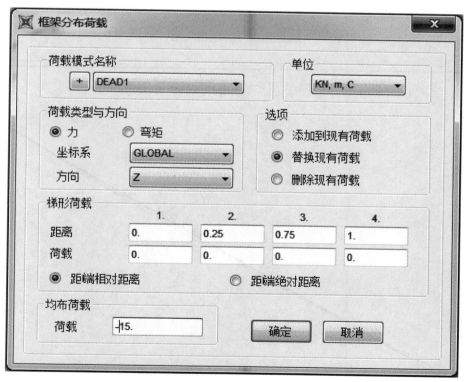

图 6-16　【框架分布荷载】对话框

显示框架荷载			☒

荷载模式名称   PRE ▾

荷载类型

○ 跨荷载(力)
　　坐标系　　　None, (display as defin ▾

○ 跨荷载(弯矩)
　　坐标系　　　None, (display as defin ▾

○ 重力乘数
　　坐标系　　　GLOBAL ▾

○ 温度等值线
○ 温度值
○ 2-2轴温度梯度等值线
○ 2-2轴温度梯度值
○ 3-3轴温度梯度等值线
○ 3-3轴温度梯度值

○ 变形荷载
○ 目标力
○ 应变荷载值
　　组成　　　　　　　　　　　　▾

● 施加钢束荷载数据
● 钢束计算荷载数据

○ 跨波动荷载
　　荷载步辐　　　　　　　　　　▾
　　坐标系　　　None, (display as defin ▾

○ 打开结构风荷载
　　坐标系　　　Frame Local ▾

☑ 显示跨间荷载及节点荷载
☑ 显示跨荷载值

[确定]　　[取消]

图 6-17　显示预应力筋荷载对话框

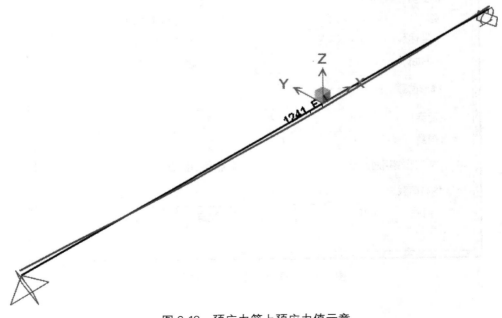

图 6-18　预应力筋上预应力值示意

图 6-19 显示外加恒载对话框

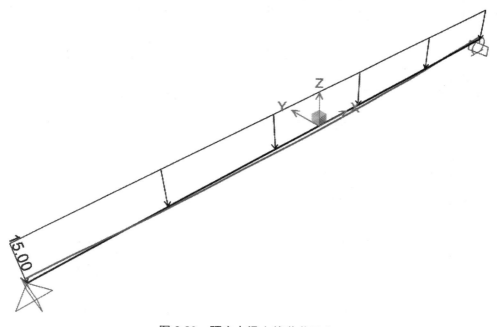

图 6-20 预应力梁上线荷载示意

选择下拉菜单：定义/荷载工况，在弹出的【定义荷载工况】对话框（图 6-21）中，点击"添加新的荷载工况"，在弹出的【荷载工况数据-线性静力】对话框（图 6-22）中，荷载工况名称填"PRE"，"荷载工况的类型"选择"Static"，"施加的荷载"下荷载类型选择"Load Pattern"，荷载名称选"PRE"，比例系数填"1"，然后点击"添加"，最后点击"确定"，返回前对话框。此时可以看到，荷载工况名称的列表里面，已经有了 PRE 荷载工况。

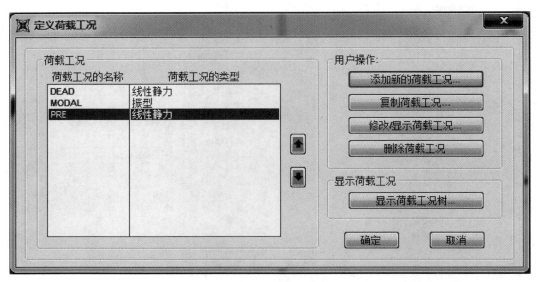

图 6-21 【定义荷载工况】对话框

图 6-22 【荷载工况数据-线性静力】对话框

选择下拉菜单：定义/荷载组合，在弹出的【定义荷载组合】对话框中，点击"添加新组合"，在弹出的【荷载组合数据】对话框（图 6-23）中，荷载组合名称填"D+PRE"，"荷载组合类型"选择"Linear Add"，"定义荷载工况结果组合"下荷载工况名称选择"DEAD"，荷载工况类型默认为"线性静力"，比例系数填"1"，然后点击"添加"，接着，荷载工况名称选择"PRE"，荷载工况类型默认为"线性静力"，比例系数填"1"，然后点击"添加"，此时，可以看到荷载工况名称下列表中，有"DEAD"和"PRE"两个，最后点击"确定"，返回前对话框。此时可以看到，荷载工况名称的列表里面，已经有了"D+PRE"荷载工况（图 6-24）。同样的方法，定义荷载组合"D+D1+PRE"，此组合包括自重，恒载和预应力荷载。

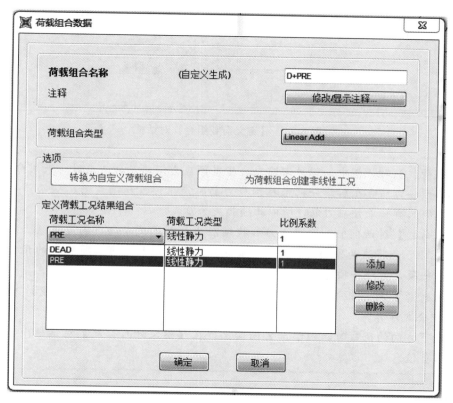

图 6-23 【荷载组合数据】对话框

✎ Tips：

➡【钢束荷载】对话框中，曲率系数对应《混凝土结构设计规范》10.2.4 条中"预应力筋与孔道壁之间的摩擦系数"，管道局部偏差影响系数对应《混凝土结构设计规范》10.2.4 条中"考虑孔道每米长度局部偏差的摩擦系数"，锚固滑移设置对应《混凝土结构设计规范》10.2.2 条中"锚具变形和预应力筋内回缩值"。

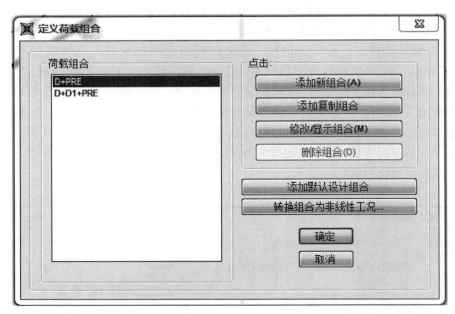

图 6-24　【定义荷载组合】对话框

➡【钢束荷载】对话框中，弹性回缩应力指当预应力钢筋多余一束时，采用分批张拉，已锚固的预应力筋会在后续分批张拉预应力筋时产生弹性压缩变形，从而产生预应力损失，本例只有一束预应力筋，所以此项损失为 0。

➡【钢束荷载】对话框中，徐变应力和收缩应力分别定义，而我国《混凝土结构设计规范》10.2.5 条将这两项损失合为一个公式计算，所以此处可以将计算的预应力损失填在任意一项，另外一项为 0。

➡【钢束荷载】对话框中，钢筋松弛应力可根据我国《混凝土结构设计规范》表 10.2.1 中公式计算。

➡定义向下方向的荷载时，由于正 Z 向向上，在【框架分布荷载】对话框中，均布荷载值要填负值。

6.1.4　计算分析及结果查看

选择下拉菜单：分析/运行分析，进入【设置运行的荷载工况】对话框，点击"运行分析"，开始分析计算，或者直接按 F5 进入该对话框。

计算结束后，系统会自动显示 DEAD 工况下变形形状。选择下拉菜单：显示/显示变形，进入【变形形状】对话框（图 6-25），选择"工况/组合"为"DEAD""PRE""D+PRE"或"D+D1+PRE"，比例选"自动"，选项下"未变形形状"和"立方曲线"均勾选，点击"确定"，视窗中即显示各个对应工况下，梁以及预应力筋的变形，将鼠标放到节点上，即可查看该节点的变形值（图 6-26～图 6-30）。

图 6-25 【变形形状】对话框

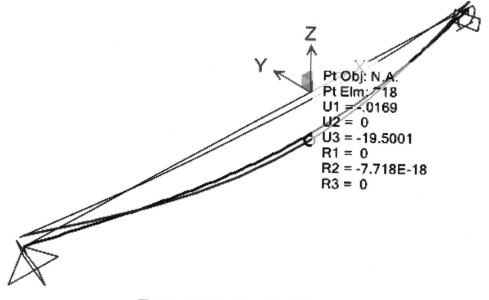

图 6-26 DEAD 工况下预应力筋变形值

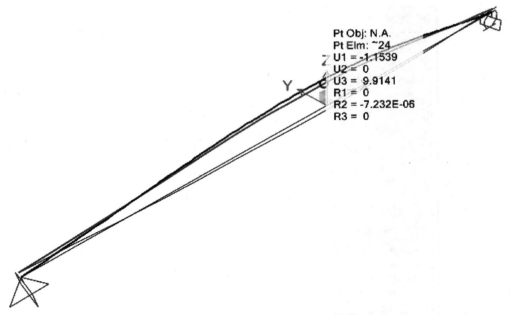

图 6-27　PRE 工况下预应力筋变形值

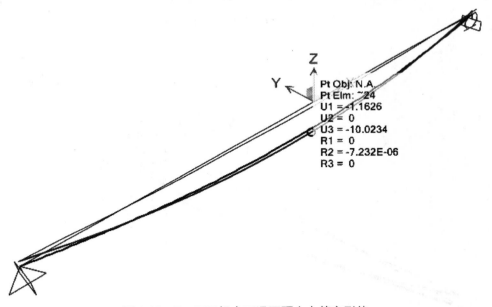

图 6-28　D＋PRE 组合工况下预应力筋变形值

✎ Tips：

▶按 F5 设置运行的荷载工况时，可以选择不关注的工况，设定为不运行，提高计算效率。

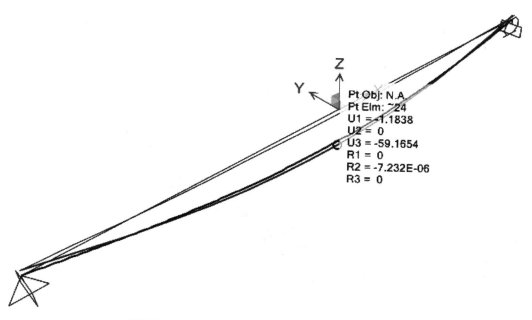

图 6-29 D＋D1＋PRE 组合工况下预应力筋变形值

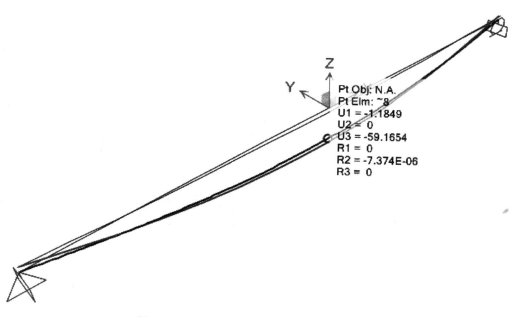

图 6-30 D＋D1＋PRE 组合工况下梁变形值

选择下拉菜单：显示→显示力/应力→框架/索/钢索，进入【框架的构件内力图/应力图】对话框，选择"工况/组合"为"DEAD""PRE""D＋PRE"或"D＋D1＋PRE"，类型选择"力"，组成选择"弯矩 3-3"，比例选"自动"，选项选"填充图"点击"确定"，视窗中即显示各个对应工况下，预应力梁的弯矩图，将鼠标放到节点上，即可查看该节点的弯矩值（图 6-31）。如果选项选"在图上显示值"，即可显示各节点处弯矩值，如图 6-32～图 6-35 所示。此时，弯矩图上弯矩值显示比较杂乱，可以通过"设置显示选项"中"不显示框架"来显示预应力筋弯矩结果。

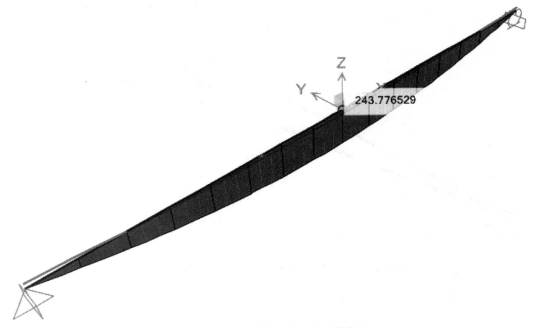

图 6-31　恒载工况下预应力梁弯矩图

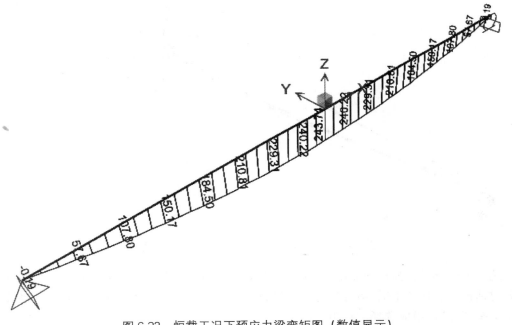

图 6-32　恒载工况下预应力梁弯矩图（数值显示）

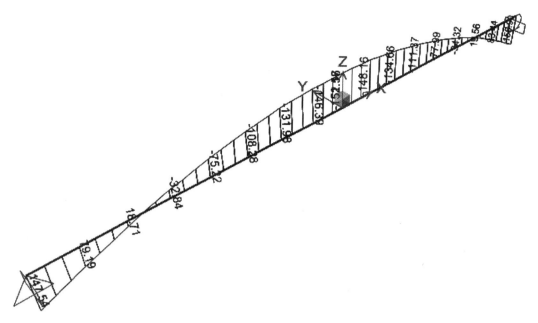

图 6-33　PRE 工况下预应力梁弯矩图（数值显示）

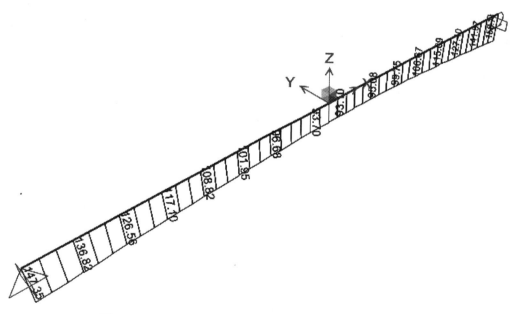

图 6-34　D＋PRE 组合工况下预应力梁弯矩图（数值显示）

选择下拉菜单：视图→设置显示选项，弹出【激活窗口选项】对话框（图 6-36），勾选"不显示框架"，窗口只显示预应力筋，为了方便看应力，将单位切换到"N，mm，C"，按 F8 快捷键，同样可以弹出【框架的构件内力图/应力图】对话框，选择"工况/组合"为"DEAD""PRE""D＋PRE"或"D＋D1＋PRE"，类型选择"应力"，组成选择

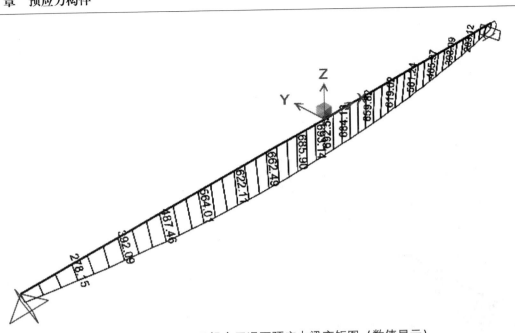

图 6-35　D＋D1＋PRE 组合工况下预应力梁弯矩图（数值显示）

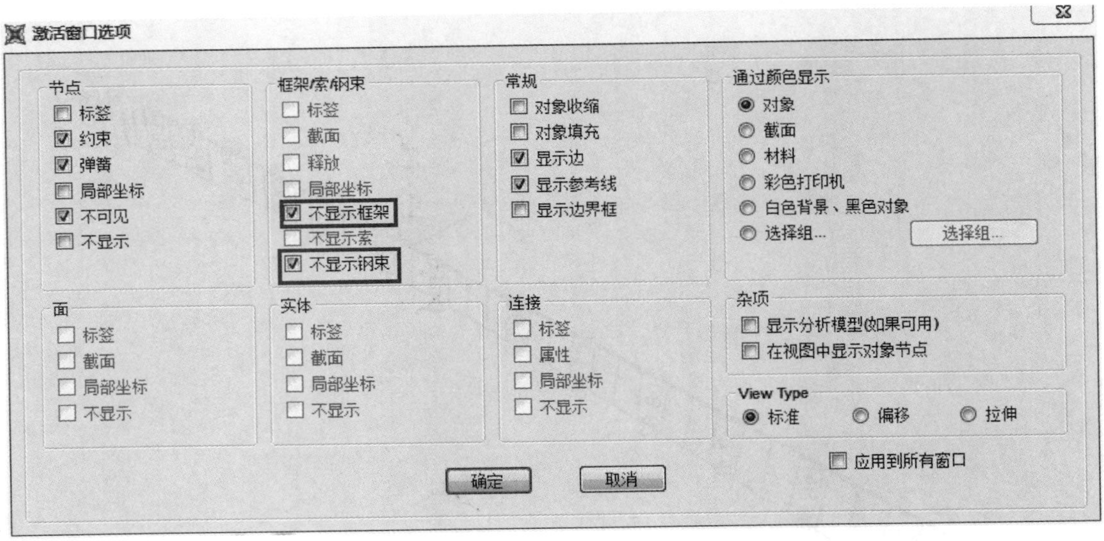

图 6-36　控制显示选项

"S11"，比例选"自动"，选项选"在图上显示值"点击"确定"，即显示各工况下预应力筋应力图（图 6-37～图 6-44）。如果想看预应力梁应力图，在【激活窗口选项】对话框，勾选"不显示钢束"，以同样的方法可以看到各工况下预应力梁应力图。

对框架单元，SAP2000 可以详细的读取到每一个截面的内力值，将鼠标放在框架上，单击右键，即弹出【框架对象图 1】对话框（图 6-45），在此对话框中，可以选择定义的任意工况，关心的项目，可以用鼠标左键单击应力图中任意位置，即可在应力图右侧看到相应位置的内力值。

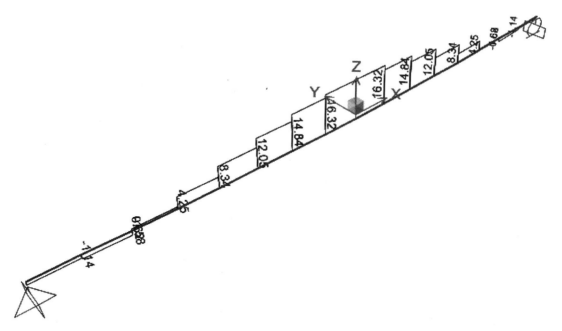

图 6-37　DEAD 工况下预应力筋应力值

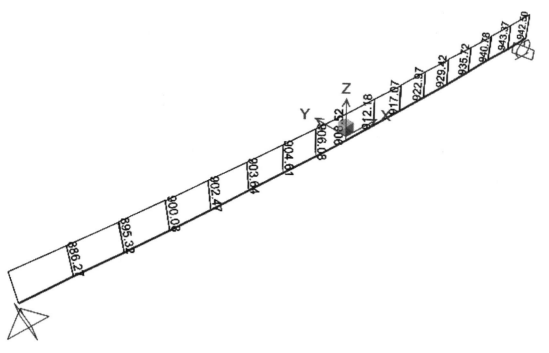

图 6-38　PRE 工况下预应力筋应力值

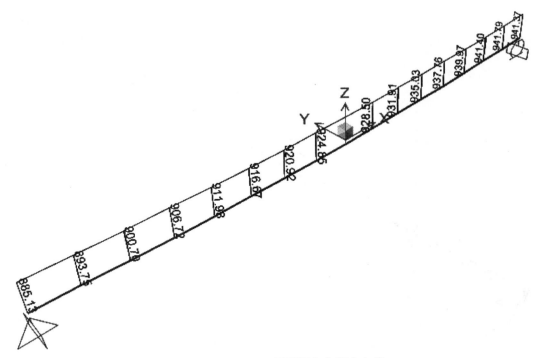

图 6-39 D＋PRE 工况下预应力筋应力值

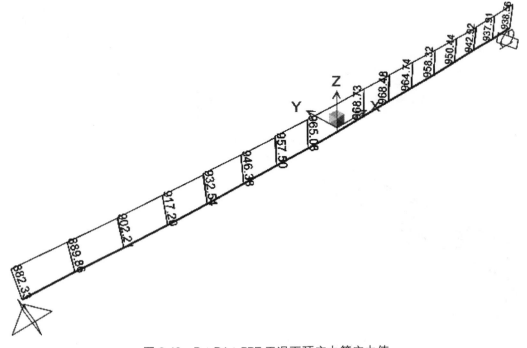

图 6-40 D＋D1＋PRE 工况下预应力筋应力值

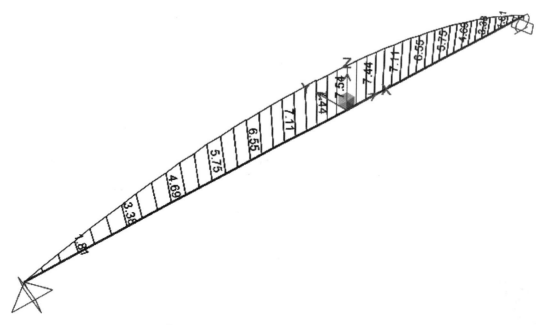

图 6-41 DEAD 工况下预应力梁应力图

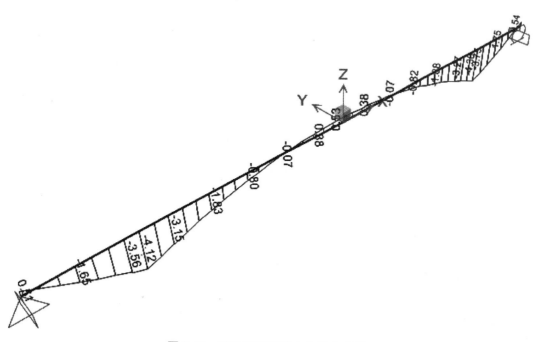

图 6-42 PRE 工况下预应力梁应力图

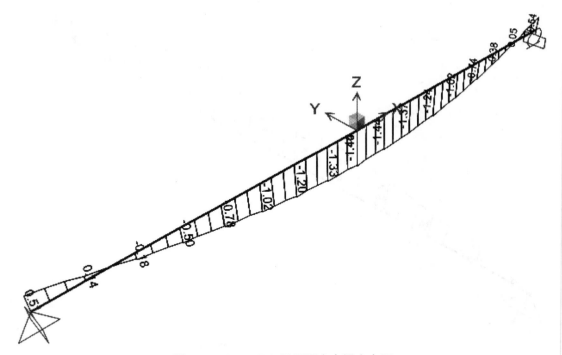

图 6-43　D＋PRE 工况下预应力梁应力图

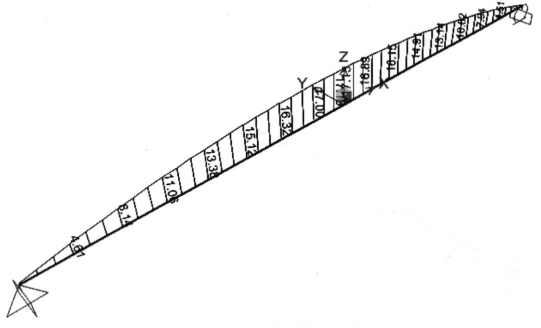

图 6-44　D＋D1＋PRE 工况下预应力梁应力图

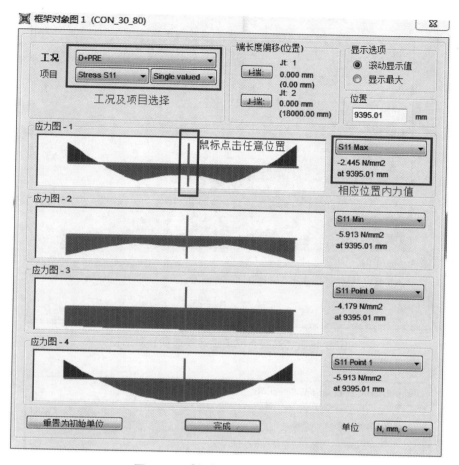

图 6-45 【框架对象图 1】对话框

6.1.5 预应力梁设计

选择下拉菜单：设计→混凝土框架设计→查看/修改首选项，进入【混凝土框架设计首选项】对话框（图 6-46），设定结构设计的基本条件，在此对话框中，单击左侧项，可以在右侧窗口中看到相应的项描述。选择下拉菜单：设计→混凝土框架设计→选择设计组合，进入【Design Load Combinations Selection】对话框（图 6-47），可以看到荷载组合列表中只有"D+PRE"和"D+D1+PRE"两条，选定"D+D1+PRE"然后点击右侧"Add"，将它添加到设计荷载组合列表里面，其余默认，单击"OK"，完成荷载工况的选择。

设计→混凝土框架设计→开始结构设计/校核，即自动完成对构件的设计。将单位改为"N，mm，C"，即可看到预应力梁的配筋图（图 6-48）。将鼠标放在梁上，单击右键，弹出【混凝土梁设计信息】对话框（图 6-49），在此对话框中，可以看到不同组合、不同位置截面的顶面和底面配筋。选定任何一组关心的数据，点击对话框下方"摘要"，即可显示当前位置梁设计信息（图 6-50）。同样可以点击"抗弯细节"和"抗剪细节"，来查看相应部位的详细设计信息。同样可以点击"表数据"，以列表的方式查看设计结果。

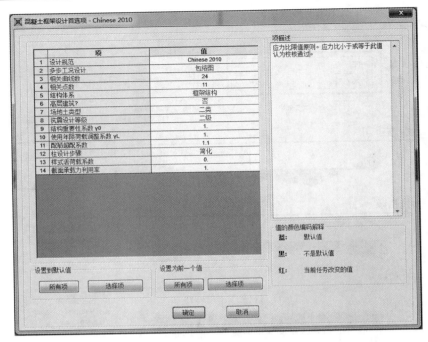

图 6-46　【混凝土框架设计首选项】对话框

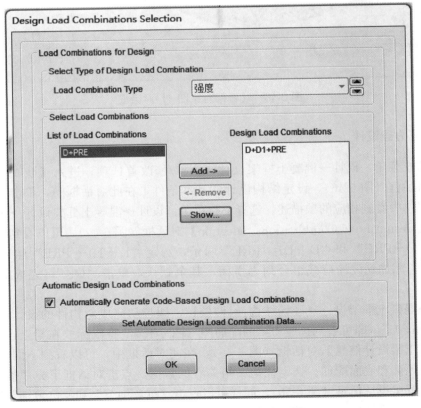

图 6-47　【设计荷载组合】对话框

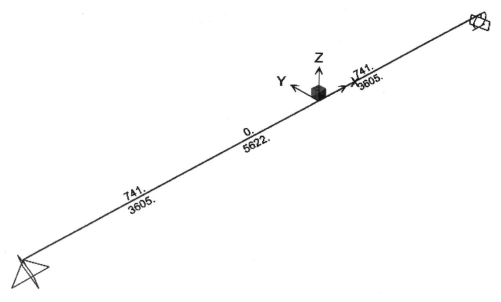

图 6-48 预应力梁配筋面积（mm²）

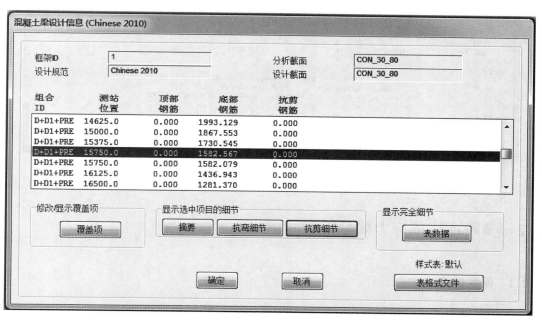

图 6-49 【混凝土梁设计信息】对话框

✎ Tips：

➠【混凝土梁设计信息】对话框中，可以通过点击"覆盖项"，依据《混凝土结构设计规范》来修改构件的截面类型，抗震设计及构造等级，各内力放大系数，是否转换梁，梁弯矩调幅系数，扭矩调整系数，箍筋的混凝土保护层厚度。

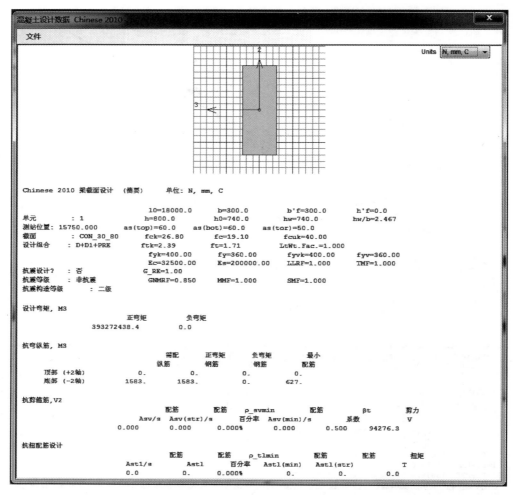

图 6-50　【混凝土设计数据】对话框

6.2　多跨连续预应力梁分析

6.2.1　问题说明

实际工程中经常会用到多跨连续预应力梁，为了更好地发挥预应力效果，对于此类梁，预应力钢筋索形一般采用四段抛物线形，整个索形的控制点为顶点标高，最低点标高，以及反弯点位置。本小节建立一个三跨连续梁模型，每跨跨度 18.0m，梁截面 0.3m×0.9m，材料为：C40 混凝土，普通钢筋采用 HRB400，预应力束采用高强低松弛钢绞线 $\phi^s 15.2$，钢束面积为 $1112mm^2$，其强度 $f_{ptk}=1860MPa$，孔道成型方式为预埋金属波纹管。采用后张法，张拉控制应力值为 $0.6f_{ptk}$，采用两边张拉。锚固端采用夹片式锚具。钢束模拟为单元。梁截面及预应力筋位置详见图 6-51。

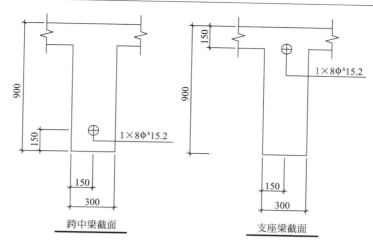

图 6-51　多跨预应力梁截面示意图

6.2.2　几何建模

本例采用 SAP2000 自带模板建模。运行 SAP2000，出现【新模型】对话框，在新模型初始化下方选择"从现有文件初始化模型"，选择"梁"模板，以上小节例子初始化模型，进入【梁】对话框（图 6-52）。其中"跨数"填"3"，"跨长"填"18"，勾选左下角"约束"，在"截面属性"下定义梁。点击梁右侧的"＋"号，进入【框架属性】对话框，选择已有的截面"CON_30_80"，点击"修改/显示属性"，弹出【矩形截面】对话框（图 6-53），修改截面名称为"CON_30_90"，高度改为"0.9"，点击"确定"，返回前一个对话框，可以看到框架属性列表里面已经只有名称为"CON_30_90"的截面。点击"确定"，返回前一对话框，再点击"确定"，即生成一个三跨连续梁模型。

图 6-52　【梁】对话框

点击"定义→材料"，可以看到【定义材料】对话框里面已经有上一小节定义的材料，所以本节不再重复。点击"定义→截面属性→钢束截面"，弹出【钢束截面】对话框，可以看到【钢束截面】对话框里面已经有上一小节定义的钢束"TEN1"，本节可以继续

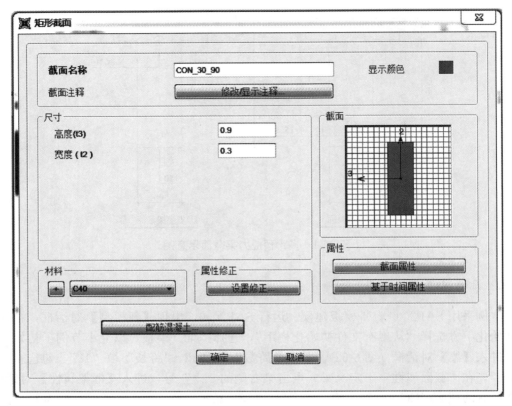

图 6-53 【矩形截面】对话框

使用。

点击"绘图→绘制框架/索/钢束",弹出"对象属性窗口",线对象类型选择"钢束",截面选择"TEN1",XY 平面偏移垂直,填"0",其余默认。单击连续梁支座的起点和终点,进入【线对象钢束数据 8】对话框,点击"快速开始",弹出【钢束快速开始模板】对话框(图 6-54),平面选择"1-2",角度默认,跨数选"3","选择快速开始选项"下,选择"抛物线钢束 1",点击"确定",进入【定义线对象抛物线钢束布局 7】对话框(图 6-55),此对话框用于详细定义抛物线的线型,"控制点数"填"13","钢束布局数据"下,修改 Coord1 下数据为对应控制点的水平坐标,Coord2 下数据为对应控制点的竖向坐标,在支座和跨中处"Slope Type"为"Specified","Slope"填为"0",其余关键点处,"Slope Type"为"Prog Calc",程序自动计算"Slope"的值。修改完后,点击"计算结果"下面刷新,即可看到新的线型,勾选"对此钢束使用计算结果",点击"完成",回到【线对象钢束数据 7】对话框(图 6-56),可以看到定义的线型已经出现在小窗口中。在【线对象钢束数据 7】对话框中,钢束截面选择"TEN1",点击"确定",此时,通过"设置显示选项"的控制,可以看到带预应力筋的三跨连续梁,如图 6-57 所示。

✎ Tips:
➠本小节模型从上小节例子初始化而来,所以里面已经包含了相应的材料、截面和荷载工况,可以根据需要增加或者修改。

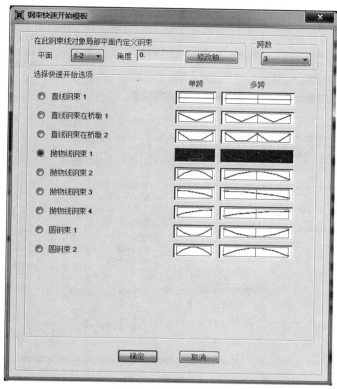

图 6-54 【钢束快速开始模板】对话框

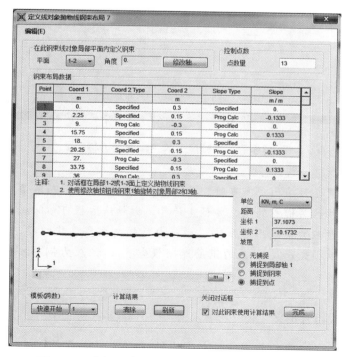

图 6-55 【定义线对象抛物线钢束布局 7】对话框

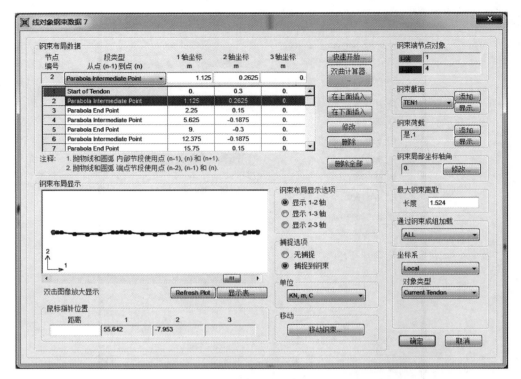

图 6-56　【线对象钢束数据 7】对话框

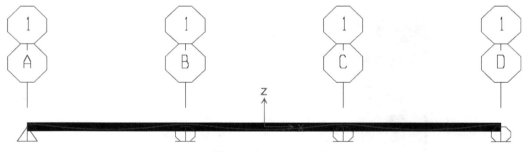

图 6-57　带预应力的三跨连续梁模型

➡对多跨预应力梁，预应力筋布置时，需要布置成一根多跨，而不是多根单跨。

➡预应力索形抛物线关键点的值需要预先计算，抛物线方程可参阅相关书籍。

➡本例三跨连续预应力梁采用后张法，预应力总损失主要包括四项，分别是张拉端锚具变形和钢筋内缩损失 σ_{l1}、预应力钢筋摩擦损失 σ_{l2}、预应力钢筋松弛损失 σ_{l4}、混凝土的收缩和徐变损失 σ_{l5}。

6.2.3　荷载及荷载组合定义

选择下拉菜单：定义/荷载模式，在弹出的【定义荷载模式】对话框（图 6-58）中，荷载模式列表下可以看到之前定义的荷载模式，本例另外定义名为"LIVE"的可变荷载

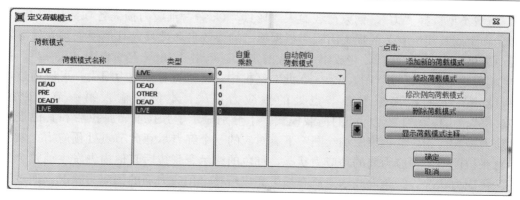

图 6-58 【定义荷载模式】对话框

模式，在荷载模式名称里输入"LIVE"，类型选择"LIVE"，自重乘数为"0"，点击"添加新的荷载模式"，即可看到增加的名为"LIVE"的荷载模式已经在列表中。

选定所绘制预应力筋，选择下拉菜单：指定/钢束荷载/钢束力/应力，弹出【钢束荷载】对话框（图 6-59），荷载模式名称选择"PRE"，单位不变，张拉位置选择"两端同时

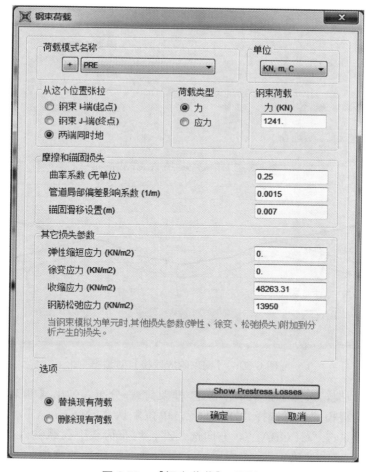

图 6-59 【钢束荷载】对话框

地",荷载类型选择"力",钢束荷载输入"1241"(kN)。预应力损失各项数值同上小节,同样,和距离及线型有关的损失由程序根据给定的参数自动计算,其他损失预先计算好填入相应表格,点击"确定",完成钢束荷载的定义。点击"Show Prestress Losses",弹出【钢束响应表格】对话框(图6-60),在此对话框中,可以查看预应力损失,可以通过指定"光标距离"下的距离来看各节点处的预应力损失,本例中输入第一节点处距离"6975.85",可以看到"光标处的荷载模式"下分别显示了张拉前、张拉后和其他损失后的预应力损失。相应"钢束影响绘图"下有对应的三个红点示意此节点处预应力。紫色的线示意张拉前整个预应力筋的预应力状况,红色的线示意张拉后其他损失发生前整个预应力筋的预应力状况,绿色的线示意所有损失完成后整个预应力筋的预应力状况。通过这几条曲线可以明显看出预应力损失以及张拉应力在整个曲线中的变化情况,本例为两端张拉,张拉锚固端的损失最大,距离张拉端越远,预应力损失相对减小。但在中间跨的跨中,预应力损失相对较大,整个预应力损失对称分布。还可以点击"输出到 Excel 表格",可以输出各点处张拉前后的预应力值(图6-61)。

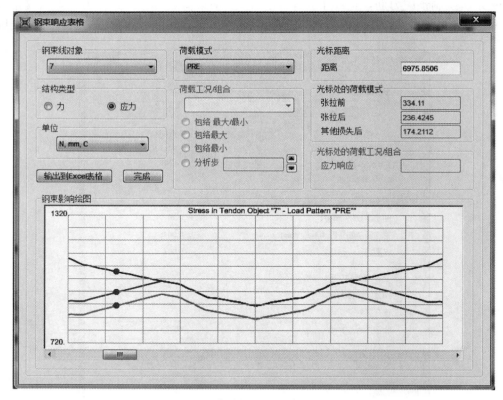

图 6-60　【钢束响应表格】对话框

选定所绘制框架,选择下拉菜单:指定/框架荷载/分布,弹出【框架分布荷载】对话框(图6-62),荷载模式名称选择"DEAD1",单位默认"kN,m,C",荷载类型与方向选择"力",坐标系选"GLOBAL",方向选"Z",均布荷载下荷载输入"—15",梯形荷载一栏默认为零,点击"确定",完成了梁上线荷载(恒载)的施加。同样,选定所绘制框架,选择下拉菜单:指定/框架荷载/分布,弹出【框架分布荷载】对话框,荷载模式名

	A	B	C	D
1	**距离**	**张拉前**	**张拉后**	**其他损失后**
2	0	1116.0072	912.6179	850.4046
3	563.1989	1110.4645	915.6092	853.3959
4	1125.7787	1100.3766	914.0461	851.8328
5	1690.8513	1090.3563	912.5882	850.3749
6	2256.5457	1084.1676	914.9714	852.758
7	3388.263	1078.5935	926.5459	864.3326
8	4518.874	1070.821	935.9054	873.6921
9	5648.9333	1063.1062	945.3142	883.1009
10	6774.0065	1055.4678	954.7239	892.5106
11	7899.6313	1047.8955	964.208	901.9946
12	9026.3551	1040.3086	973.6941	911.4808
13	10153.079	1032.7767	983.2352	921.0219
14	11278.704	1025.3672	992.8821	930.6688
15	12403.777	1017.9999	1002.5629	940.3496
16	13533.836	1010.6657	1010.6657	948.4524
17	14664.447	1003.3827	1003.3827	941.1694
18	15796.164	998.2239	998.2239	936.0106
19	16361.859	992.5582	992.5582	930.3448
20	16926.931	983.5197	983.5197	921.3064
21	17489.511	974.585	974.585	912.3717
22	18052.71	965.6819	965.6819	903.4686

图 6-61 距离张拉端距离处部分预应力值

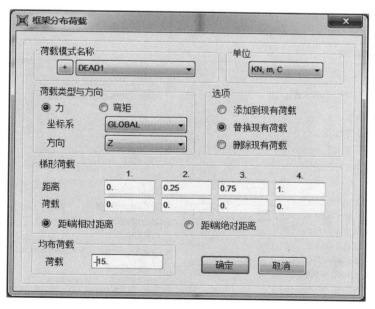

图 6-62 【框架分布荷载】恒载指定对话框

称选择"LIVE",单位默认"kN,m,C",荷载类型与方向选择"力",坐标系选"GLOBAL",方向选"Z",均布荷载下荷载输入"－5",梯形荷载一栏默认为零,点击确定,完成了梁上线荷载(活荷载)的施加(图 6-63)。

此时,施加在预应力梁上的荷载已经完成。选择下拉菜单:显示→显示荷载指定→框

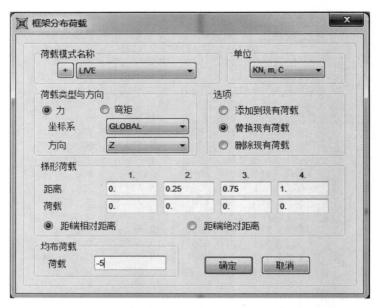

图 6-63　【框架分布荷载】活载指定对话框

架/索/钢索,弹出【显示框架荷载】对话框,荷载模式名称分别选择"PRE""DEAD1"和"LIVE",其余默认,即可看到施加在预应力筋上的预应力和施加在预应力梁上的均布荷载(图 6-64～图 6-69)。

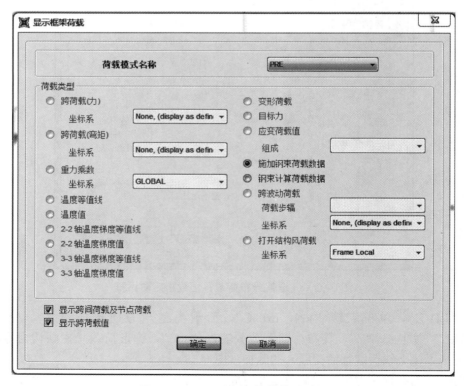

图 6-64　显示预应力筋荷载对话框

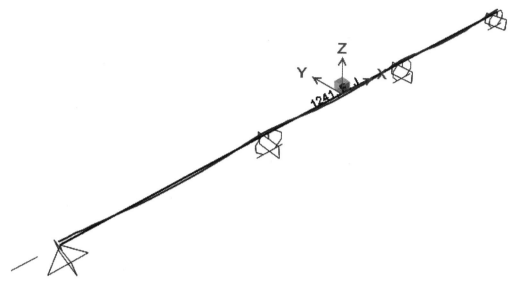

图 6-65 预应力筋上预应力值示意

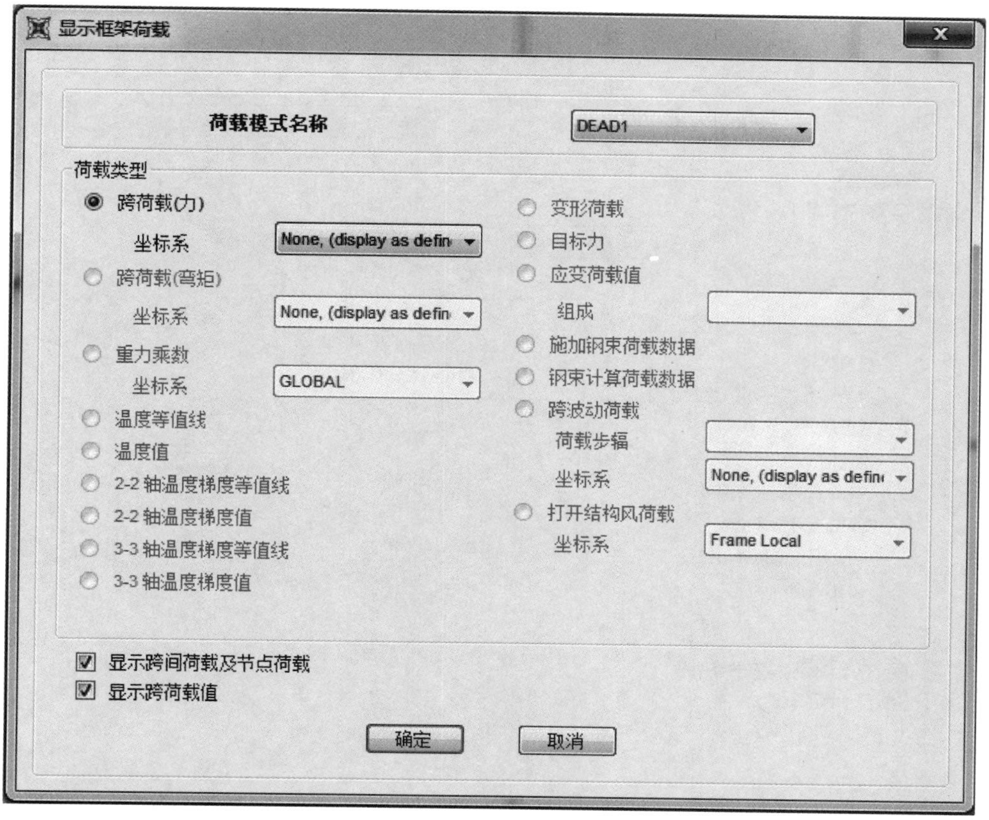

图 6-66 显示外加恒载对话框

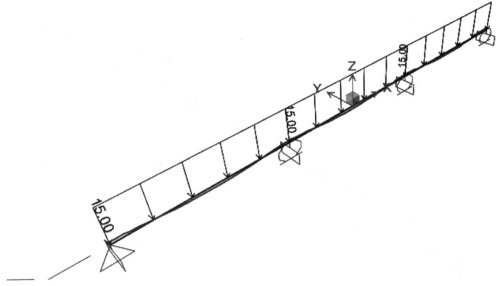

图 6-67　预应力梁上线荷载（恒载）示意

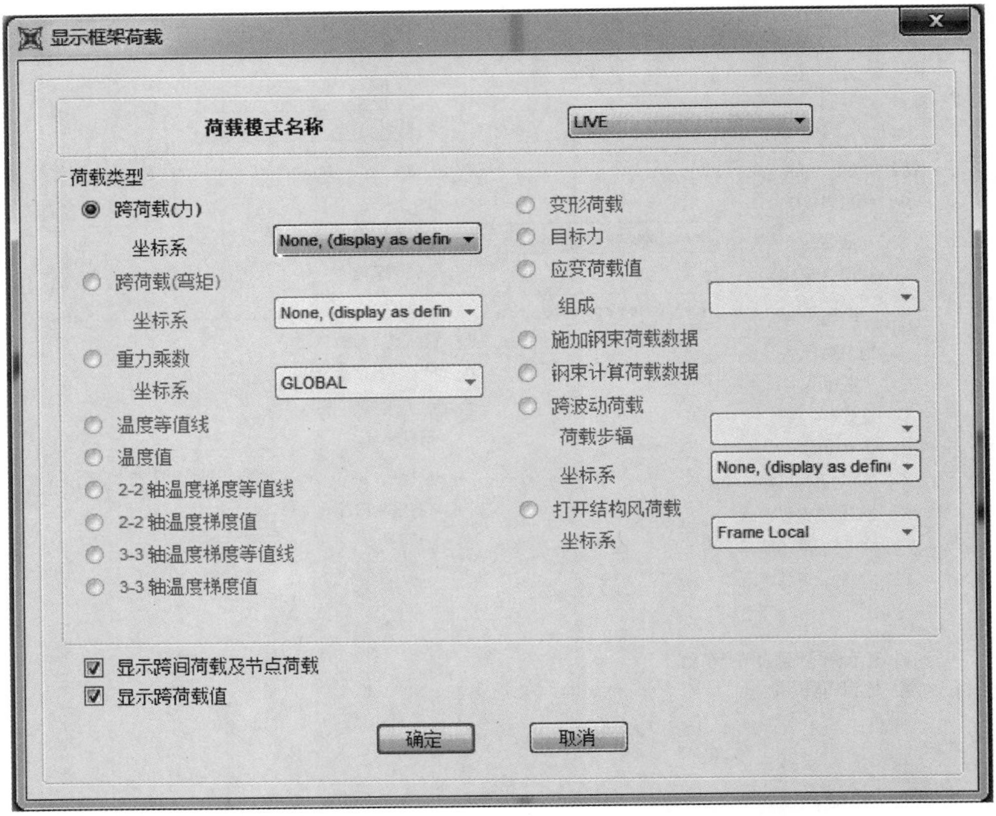

图 6-68　显示外加活载对话框

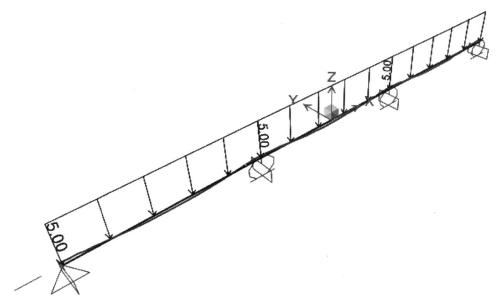

图 6-69 预应力梁上线荷载（活载）示意

选择下拉菜单：定义/荷载工况，在弹出的【定义荷载工况】对话框中，荷载工况列表下，已经存在"DEAD""MODAL""PRE""DEAD1""LIVE"五种荷载工况，不需另行定义（图 6-70）。

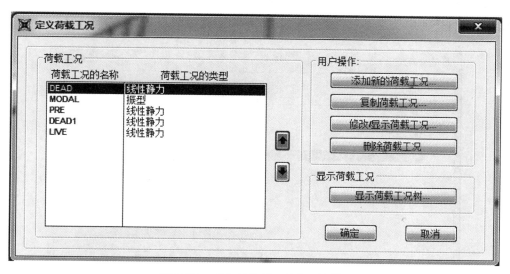

图 6-70 【定义荷载工况】对话框

选择下拉菜单：定义/荷载组合，在弹出的【定义荷载组合】对话框中，荷载组合列表下，已经存在"D+PRE""D+D1+PRE"，本节需要增加荷载组合。点击"添加默认的荷载组合"，在弹出的【添加规范定义自定义组合】对话框中（图 6-71），选择"混凝土框架设计"，点击"确定"，在荷载组合列表中，可以看到，增加了"UDCON1""UD-

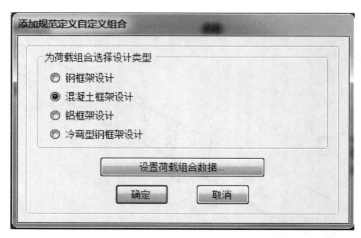

图 6-71 【添加规范定义自定义组合】对话框

CON2"和"UDCON3"三组荷载组合（图 6-72），选定"UDCON1"，点击"修改/显示组合"，弹出【荷载组合数据】对话框，在此对话框可以看到，此组合为恒载控制时的基本组合，修改荷载组合名称为"1.35D＋0.98L"，同样，修改"UDCON2"荷载组合名称为"1.2D＋1.4L"，修改"UDCON3"荷载组合名称为"D＋1.4L"（图 6-73～图 6-75）。点击"添加新组合"，弹出【荷载组合数据】对话框（图 6-76），荷载组合名称输入"D＋D1＋L＋PRE"，荷载工况名称选择"D＋D1＋PRE"，比例系数填"1"，点击右侧"添加"，再选择荷载工况名称为"LIVE"，比例系数填 1，点击右侧"添加"，点击"确定"，完成此荷载组合的定义。点击"添加新组合"，弹出【荷载组合数据】对话框，荷载组合

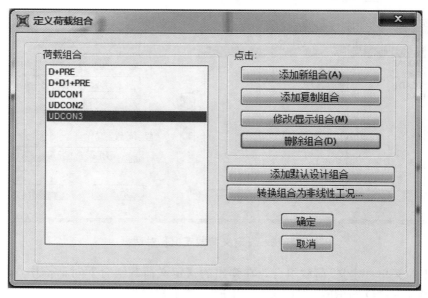

图 6-72 【定义荷载组合】对话框

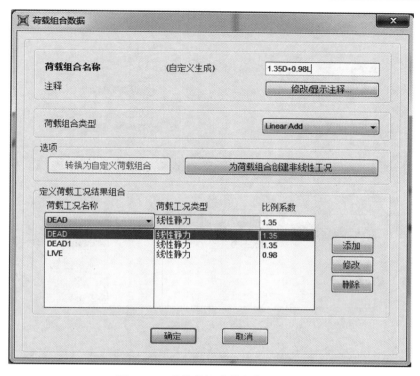

图 6-73 【荷载组合数据】对话框

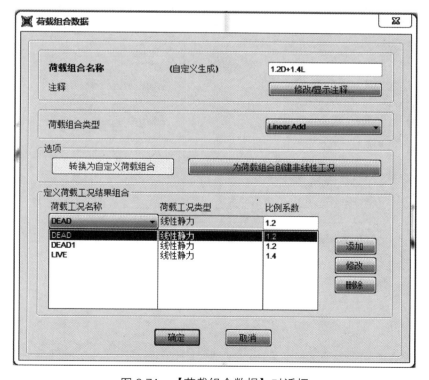

图 6-74 【荷载组合数据】对话框

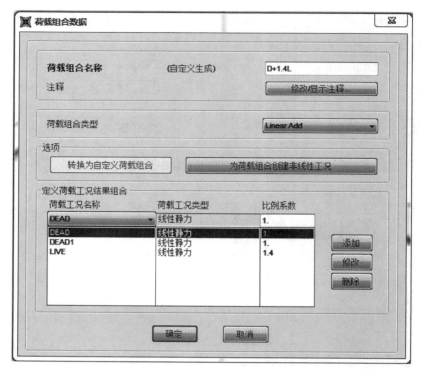

图 6-75　【荷载组合数据】对话框

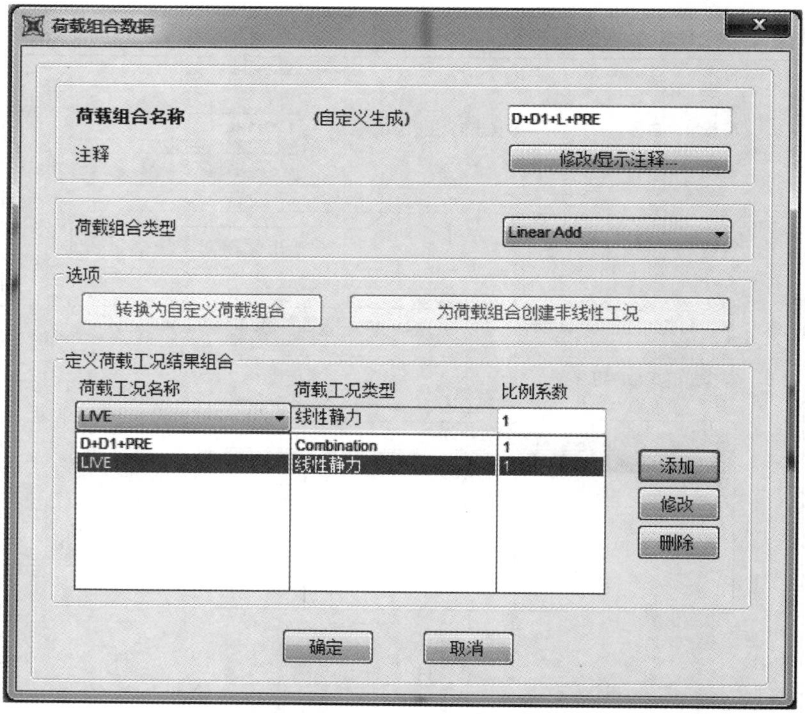

图 6-76　【荷载组合数据】对话框

名称输入"D+D1+L"，荷载工况名称选择"DEAD"，比例系数填"1"，点击右侧"添加"，荷载工况名称选择"DEAD1"，比例系数填"1"，点击右侧"添加"，再选择荷载工况名称为"LIVE"，比例系数填"1"，点击右侧"添加"，点击"确定"，完成此荷载组合的定义。此时，关心的荷载工况定义完成。荷载组合列表里一共显示六种组合（图6-77）。

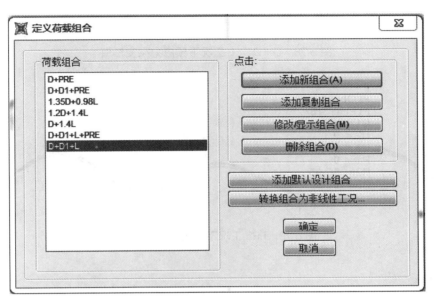

图6-77 【定义荷载组合】对话框

> 🖎 Tips：
> ➠荷载定义及指定完成后，可以通过右键单击预应力筋来查看预应力筋相关数据。在【线对象钢束数据7】对话框中，点击钢束荷载右侧的"显示"，可以看到钢束的预加力以及损失情况，此处也可以显示预应力损失。
> ➠【钢束荷载】中相关参数同上节。

6.2.4 计算分析及结果查看

选择下拉菜单：分析/运行分析，进入【设置运行的荷载工况】对话框，点击"运行分析"，开始分析计算，或者直接按F5进入该对话框。

计算结束后，可以查看相应结果。选择下拉菜单：显示/显示变形，进入【变形形状】对话框，选择"工况/组合"为"D+D1+L""PRE"等，比例选自动，选项下"未变形形状"和"立方曲线"均勾选，点击"确定"，视窗中即显示各个对应工况下，预应力梁以及预应力筋的变形，将鼠标放到节点上，即可查看该节点的变形值（图6-78～图6-80）。

在【激活窗口选项】对话框，勾选"不显示钢束"。选择下拉菜单：显示→显示力/应力→框架/索/钢索，进入【框架的构件内力图/应力图】对话框，选择"工况/组合"为

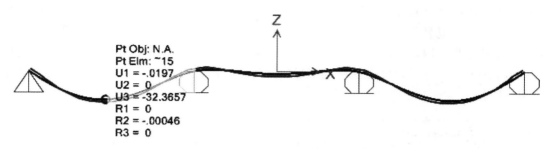

图 6-78　D+D1+L 工况下预应力梁变形值

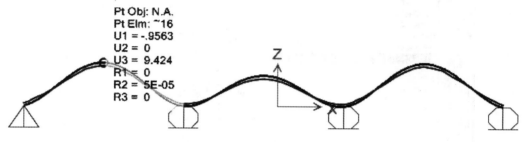

图 6-79　PRE 工况下预应力梁变形值

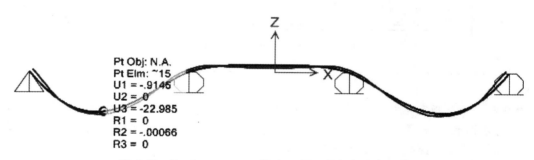

图 6-80　D+D1+L+PRE 组合工况下预应力梁变形值

"1.35D+0.98L""1.2D+1.4L""PRE"或"D+D1+L+PRE"，类型选择"力"，组成选择"弯矩 3-3"，比例选自动，选项选"在图上显示值"点击"确定"，视窗中即显示各个对应工况下，预应力梁的弯矩图（图 6-81～图 6-84）。其余内力及应力查看方法同上小节单跨预应力梁（图 6-85～图 6-88）。

图 6-81　1.35D+0.98L 工况下预应力梁弯矩图（一跨半）

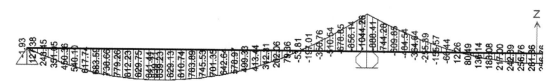

图 6-82　1.2D＋1.4L 工况下预应力梁弯矩图（一跨半）

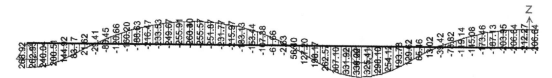

图 6-83　PRE 工况下预应力梁弯矩图（一跨半）

图 6-84　D＋D1＋L＋PRE 组合工况下预应力梁弯矩图（一跨半）

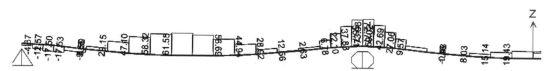

图 6-85　D＋D1＋L 工况下预应力筋应力值

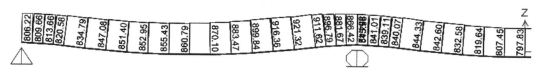

图 6-86　PRE 工况下预应力筋应力值

图 6-87　D＋D1＋L＋PRE 工况下预应力梁应力值

6.2.5　预应力梁设计

设计首选项的查看和修改方法同上小节单跨预应力梁。选择下拉菜单：设计→混凝土

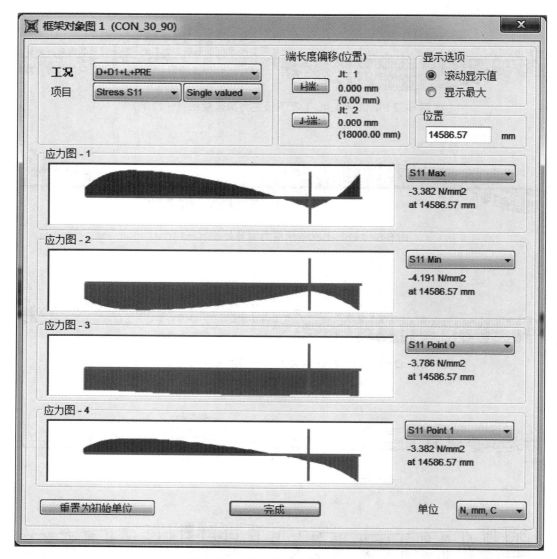

图 6-88　【框架对象图 1】对话框

框架设计→选择设计组合，进入【Design Load Combinations Selection】对话框，可以看到设计荷载组合列表里已经有"D+1.4L""D+D1+PRE""1.2D+1.4L"和"1.35D+0.98L"四条，选定"D+D1+L+PRE"然后点击右侧"Add"，将它添加到设计荷载组合列表里面，其余默认，单击"确定"，完成荷载工况的选择（图 6-89）。

设计→混凝土框架设计→开始结构设计/校核，即自动完成对构件的设计。将单位改为"N，mm，C"，即可看到预应力梁的配筋图（图 6-90）。同样，将鼠标放在梁上，单击右键，弹出【混凝土梁设计信息】对话框，在此对话框中，可以按上一小节方法查看关于预应力连续梁的详细信息。

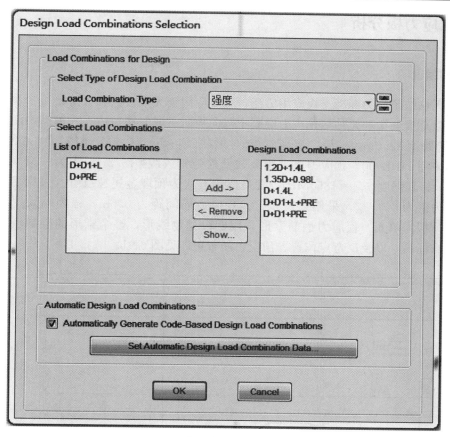

图 6-89 　【设计荷载组合】对话框

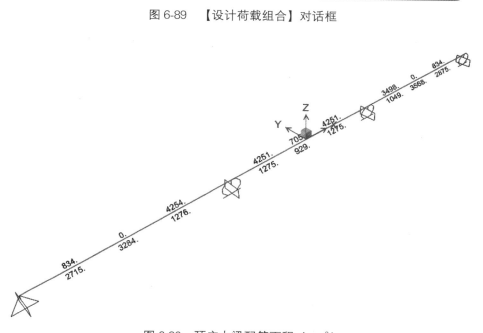

图 6-90 　预应力梁配筋面积（mm²）

6.3 预应力板分析

6.3.1 问题说明

后张无粘结预应力混凝土板应用广泛，主要应用于无梁楼盖和大跨楼板。本小节建立一个由混凝土框架梁和无粘结预应力混凝土双向板所组成的楼盖体系。模型平面为 3 跨×3 跨，每跨跨度 12.0m，一层，层高 4.0m，梁截面 0.5m×0.9m，材料为：C40 混凝土，普通钢筋采用 HRB400，预应力束采用高强低松弛钢绞线 $\phi^s 15.2$，5 根为一束，钢束面积为 695mm²，其强度 $f_{ptk}=1860$MPa，孔道成型方式为预埋金属波纹管。采用后张法，张拉控制应力值为 $0.7 f_{ptk}$，采用两边张拉。预应力筋间距为 0.5m，锚固端采用夹片式锚具。钢束模拟为单元。预应力钢筋索形采用四段抛物线形，整个索形的控制点为顶点标高，最低点标高，以及反弯点位置。预应力筋布置详见图 6-91。

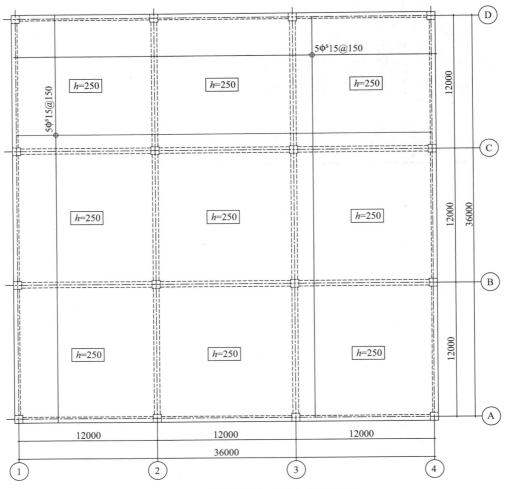

图 6-91 平面及预应力筋布置示意图

6.3.2 几何建模

本例采用 SAP2000 自带模板建模。运行 SAP2000，出现【新模型】对话框，在新模型初始化下方选择"从现有文件初始化模型"，选择"三维框架"模板，以上小节例子初始化模型，进入【三维框架】对话框（图 6-92）。其中"三维框架类型"选"Beam-Slab Building"，梁板结构尺寸下，"层数"填 1，"楼层高度"填 4，"跨数，X"填 3，"X 方向跨度"填 12，"跨数，Y"填 3，"Y 方向跨度"填 12，"分段数，X"填 4，"分段数，Y"填 4，勾选左下角"约束"，在"截面属性"下定义梁、柱和楼板。点击梁右侧的"＋"号，进入"框架属性"对话框，选择已有的截面"CON_30_90"，点击"修改/显示属性"，弹出【矩形截面】对话框（图 6-93），修改截面名称为"CON_50_90"，宽度改为"0.5"，点击"确定"，返回前一个对话框，可以看到框架属性列表里面已经只有名称为"CON_50_90"的截面。点击柱右侧的"＋"号，进入【框架属性】对话框（图 6-94），点击"添加新属性"，按前面章节的方法定义名为"COL_70_70"的柱截面，点击"确定"，返回前一个对话框，可以看到框架属性列表里面已经只有名称为"COL_70_70"的截面。点击面右侧的"＋"号，进入【面截面】对话框，点击"添加新截面"，按前面章节的方法定义名为"S_250"的面截面（图 6-95），点击"确定"，返回前一个对话框，可以看到截面列表里面已经只有名称为"S_250"的截面。点击"确定"，返回前一对话框，再点击"确定"，即生成一 3 跨×3 跨的梁板模型。

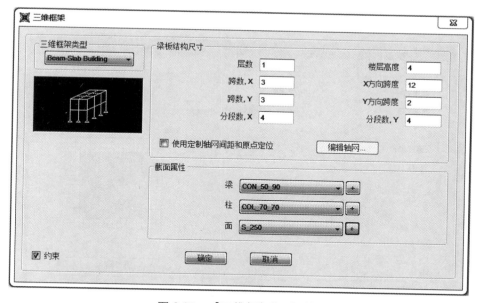

图 6-92　【三维框架】对话框

点击"定义→材料"，可以看到【定义材料】对话框里面已经有上一小节定义的材料，所以本节不再重复。点击"定义→截面属性→钢束截面"，弹出【钢束截面】对话框，可以看到【钢束截面】对话框里面已经有上一小节定义的钢束"TEN1"，本节可以在此基础上修改使用，点击"修改显示截面"，在弹出的【钢束截面数据】对话框（图 6-96）中，修改指定钢束面积为 6.95E-4，点击"确定"，即完成钢束的修改。

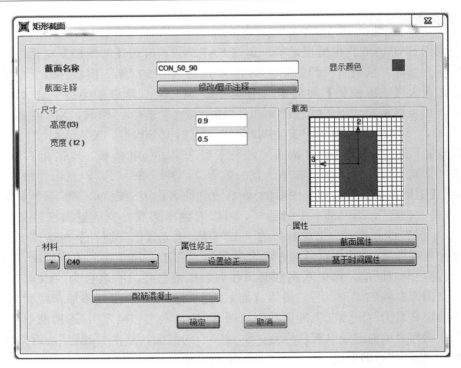

图 6-93 【矩形截面】对话框（定义梁）

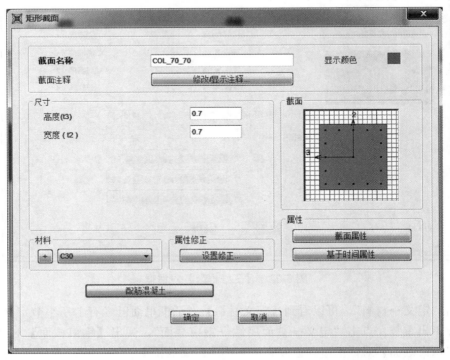

图 6-94 【矩形截面】对话框（定义柱）

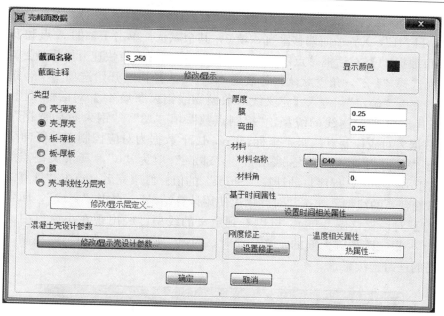

图 6-95 【壳截面数据】对话框

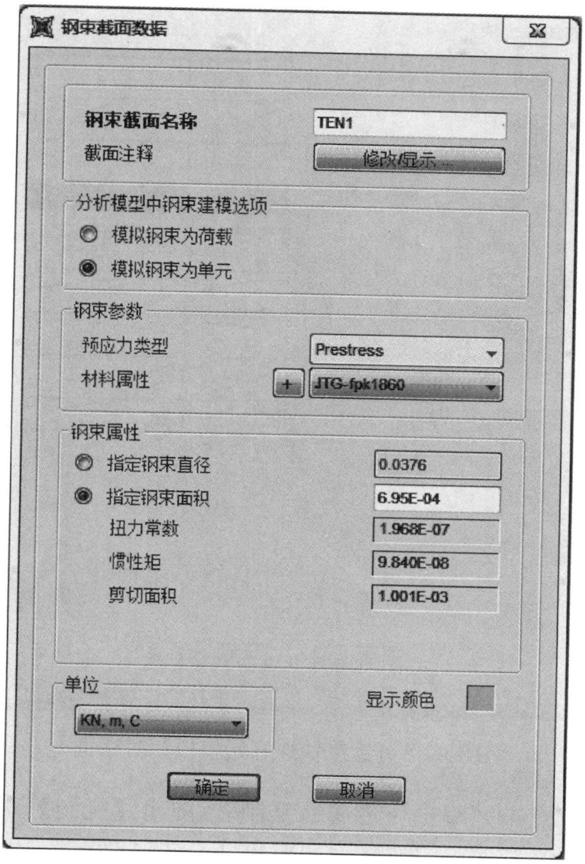

图 6-96 【钢束截面数据】对话框

点击"绘图→绘制框架/索/钢束",弹出"对象属性窗口",线对象类型选择"钢束",截面选择"TEN1",XY 平面偏移垂直,填 0,其余默认。单击 1 轴的 A 点和 D 点,进入【线对象钢束数据 41】对话框,点击"快速开始",弹出【钢束快速开始模板】对话框(图 6-97),平面选择"1-2",角度默认,跨数选"3","选择快速开始选项"下,选择"抛物线钢束 1",点击"确定",进入【定义线对象抛物线钢束布局 41】对话框(图 6-98),此对话框用于详细定义抛物线的线型,"控制点数"填"13","钢束布局数据"下,修改 Coord1 下数据为对应控制点的水平坐标,Coord2 下数据为对应控制点的竖向坐标,在支座和跨中处"Slope Type"为"Specified","Slope"填为"0",其余关键点处,"Slope Type"为"Prog Calc",程序自动计算"Slope"的值。修改完后,点击"计算结果"下面刷新,即可看到新的线型,勾选"对此钢束使用计算结果",点击"完成",回到【线对象钢束数据 41】对话框(图 6-99),可以看到定义的线型已经出现在小窗口中。点击"确定",完成了一根三跨预应力筋的定义。此时,通过"设置显示选项"的控制,可以看到带预应力筋的三跨连续梁。

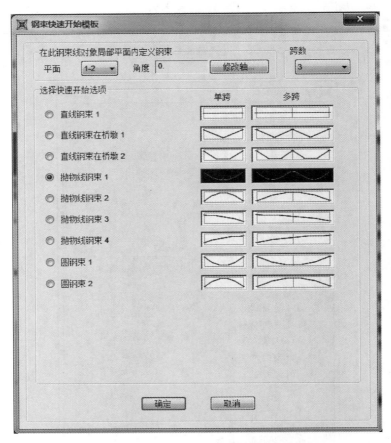

图 6-97　【钢束快速开始模板】对话框

选定预应力钢束,点击"编辑→带属性复制",弹出【复制】对话框(图 6-100),增量 dy 填"0.5",数量填"72",勾选删除原对象,点击"确定",即完成一个方向预应力

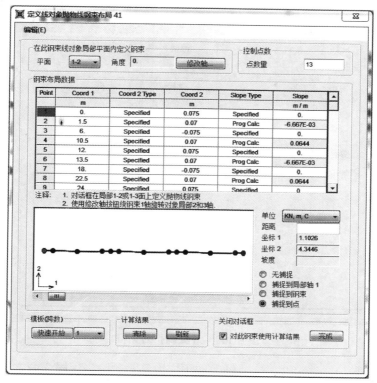

图 6-98　【定义线对象抛物线钢束布局 41】对话框

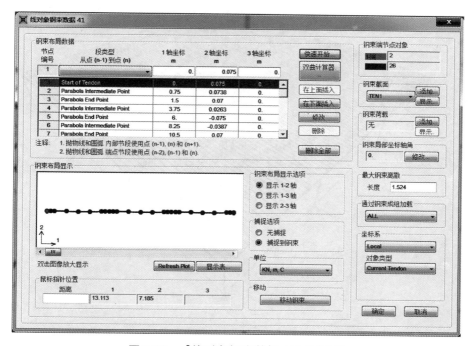

图 6-99　【线对象钢束数据 41】对话框

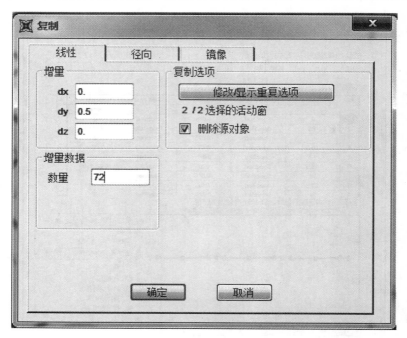

图 6-100 【复制】对话框

筋的布置（图 6-101）。选定 2、3、4 轴上的预应力筋，删除。用同样的方法，布置另一个方向的预应力筋（图 6-102）。

图 6-101 完成一个方向预应力筋的模型

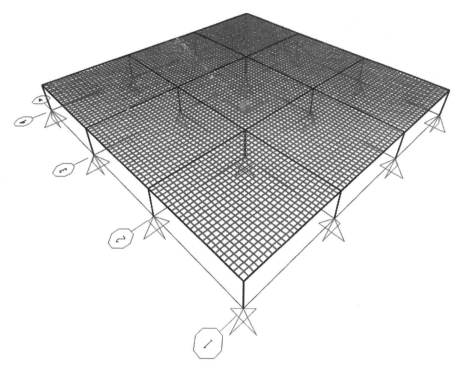

图 6-102 所有预应力板筋布置完成的模型

✎ Tips：

➠三维框架类型"Open Frame Building"对应纯框架结构（不包括楼板），"Perimeter Frame Building"对应周边框架结构（不包括楼板），"Beam-Slab Building"对应梁板结构，"Flat Plate Building"对应无梁楼盖结构。

➠【定义线对象抛物线钢束布局】对话框中，修改钢束布局数据时，需要先指定好"Coord 2 Type"和"Slope Type"，否则，修改的数据会被程序自动计算取代。

几何模型建模完成后，选择所用框架"con_50_90"，点击菜单：指定→框架→自动框架划分，弹出【指定自动的框架剖分】对话框（图 6-103）中，点选"自动剖分框架"，勾选"最大的分段长度"，值填"0.5"，同理，按 0.5m 划分柱子。选择所有的楼板"S_250"，点击菜单：指定→面→自动面网格划分，弹出【指定自动的面网格剖分】对话框中，点选"按最大尺寸剖分面"，值填"0.5"，点击"确定"，完成面网格的划分（图 6-104）。在【激活窗口选项】对话框中，勾选杂项下面的"显示分析模型"，点击"确定"，即可看到已经划分网格的楼板（图 6-105）。

6.3.3 荷载及荷载组合定义

选择下拉菜单：定义/荷载模式，在弹出的【定义荷载模式】对话框中，荷载模式列表下可以看到之前定义的荷载模式，需要增加新的荷载模式可以按前小节的方法定义，本例不再另外定义。

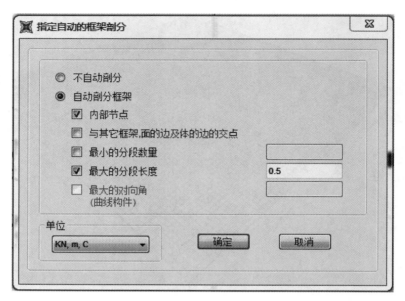

图 6-103　【指定自动的框架剖分】对话框

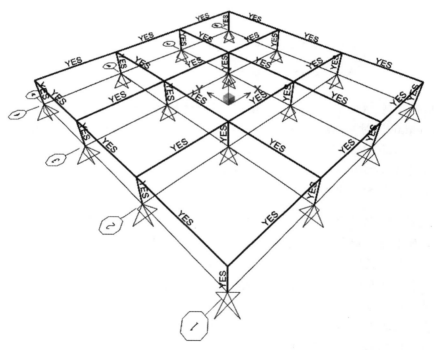

图 6-104　已划分单元的框架

　　选定任意一根所绘制预应力筋，单击右键，弹出【线对象钢束数据 n】对话框，在钢束荷载右侧，点击"添加"，弹出【钢束荷载】对话框（图 6-106），荷载模式名称选择"PRE"，单位不变，张拉位置选择"两端同时地"，荷载类型选择"力"，钢束荷载输入"905"（kN）。预应力损失各项数值同上小节，同样，和距离及线型有关的损失由程序根

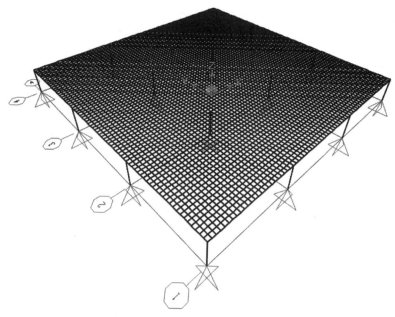

图 6-105 已划分单元的楼板

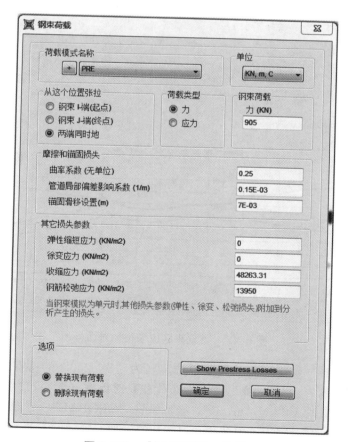

图 6-106 【钢束荷载】对话框

据给定的参数自动计算，其他损失预先计算好填入相应表格，点击"确定"，完成钢束荷载的定义。点击"Show Prestress Losses"，弹出【钢束响应表格】对话框（图 6-107），在此对话框中，可以查看预应力损失，可以通过指定"光标距离"下的距离来看各节点处的预应力损失。紫色的线示意张拉前整个预应力筋的预应力状况，红色的线示意张拉后其他损失发生前整个预应力筋的预应力状况，绿色的线示意所有损失完成后整个预应力筋的预应力状况。通过这几条曲线可以明显看出预应力损失以及张拉应力在整个曲线中的变化情况，本例为两端张拉，张拉锚固端的损失最大，距离张拉端越远，预应力损失相对减小。但在中间跨的跨中，预应力损失相对较大，整个预应力损失基本呈对称分布。还可以点击"输出到 Excel 表格"，可以输出各点处张拉前后的预应力值（图 6-108）。添加钢束荷载完成后，可以看到"钢束荷载"下已经显示"是，1"，说明钢束荷载添加成功。同样的方法，添加不同钢束的荷载，每束钢束的钢束荷载可以根据实际情况添加，本例实际添加的每束钢束荷载均相同，未考虑分批张拉带来的预应力损失。通过显示→显示荷载指定→框架/索/钢索（F）菜单可以在模型中明显地看到已施加预应力的预应力筋和未施加预应力的预应力筋（图 6-109）。

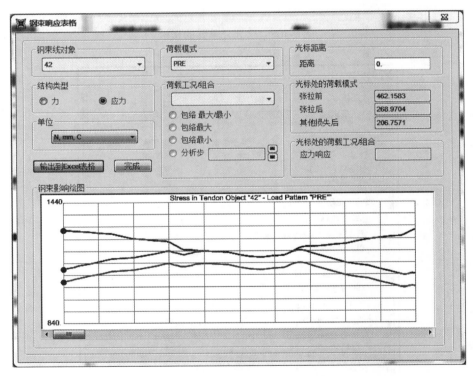

图 6-107　【钢束响应表格】对话框

通过选择→选择→属性→面截面菜单选定名为"S_250"的所有楼板，选择下拉菜单：指定/面荷载/均匀（壳），弹出【面均布荷载】对话框（图 6-110），荷载模式名称选择"DEAD1"，单位默认"kN，m，C"，坐标系选"GLOBAL"，方向选"Z"，荷载输入"—2.5"，点击"确定"，完成了面荷载（恒载）的施加。同样的方法，选定楼板，选择下拉菜单：指定/面荷载/均匀（壳），弹出【面均布荷载】对话框（图 6-111），荷载模式名

	A	B	C	D
1	**距离**	**张拉前**	**张拉后**	**其他损失后**
2	0	1302.1583	1108.9704	1046.7571
3	375.0012	1301.8138	1113.7525	1051.5392
4	750.0013	1301.1983	1118.2636	1056.0503
5	1125.0056	1300.5831	1122.7751	1060.5617
6	1500.0109	1299.0643	1126.383	1064.1697
7	2625.3381	1295.604	1138.3069	1076.0936
8	3750.482	1291.2595	1149.344	1087.1307
9	4876.5517	1286.9276	1160.4066	1098.1933
10	6002.8049	1275.1514	1164.0273	1101.814
11	7128.1329	1262.9599	1167.22	1105.0067
12	8253.1696	1257.6783	1177.3186	1115.1053
13	9379.3736	1252.4159	1187.4525	1125.2392
14	10505.869	1248.5611	1198.9979	1136.7846
15	10881.303	1242.6151	1198.1844	1135.9711
16	11256.387	1233.0944	1193.7915	1131.5781
17	11631.395	1223.6476	1189.4714	1127.2581
18	12006.752	1212.5922	1183.5474	1121.3341
19	12381.754	1205.9786	1182.0604	1119.8471
20	12756.754	1205.4084	1186.6168	1124.4035

图 6-108　距离张拉端距离处部分预应力值

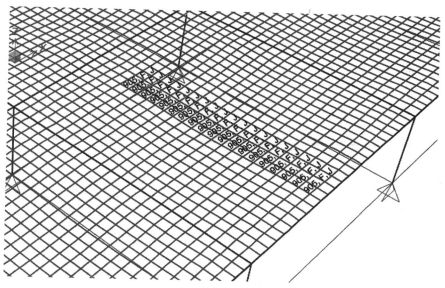

图 6-109　已施加预应力显示

称选择"LIVE"，单位默认"KN，m，C"，坐标系选"GLOBAL"，方向选"Z"，荷载输入"−3.5"，点击"确定"，完成了面荷载（活载）的施加。

　　此时，需要施加的荷载已经完成。选择下拉菜单：显示→显示荷载指定→面，弹出【显示面荷载】对话框（图 6-112），荷载模式名称分别选择"DEAD1"和"LIVE"，均布荷载等值线下，坐标系选"GLOBAL"，方向选"Z"，其余默认，即可看到以等值线显示的施加在楼板上的恒载和活载（图 6-113），预应力筋上的预应力查看方法同上小节。如果

309

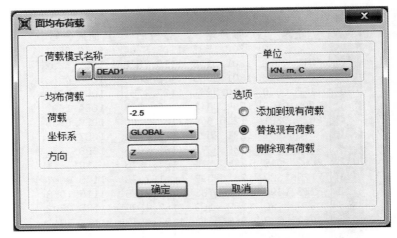

图 6-110　【面均布荷载】恒载指定对话框

图 6-111　【面均布荷载】活载指定对话框

想看面荷载的方向，选择"均布荷载合成"（图 6-114），即可看到荷载的方向（图 6-115）。

　　选择下拉菜单：定义/荷载工况，在弹出的【定义荷载工况】对话框中，荷载工况列表下，已经存在"DEAD""MODAL""PRE""DEAD1""LIVE"五种荷载工况，不需另行定义。

　　选择下拉菜单：定义/荷载组合，在弹出的【定义荷载组合】对话框中，看到六种组合，本例另外增加三组组合。点击"添加新组合"，弹出【荷载组合数据】对话框，荷载组合名称输入"1.2D＋1.4L＋PRE"，荷载工况名称选择"1.2D＋1.4L"，比例系数填"1"，点击右侧添加，再选择荷载工况名称为"PRE"，比例系数填"1"，点击右侧"添加"，点击"确定"，完成此荷载组合的定义（图 6-116）。点击"添加新组合"，弹出【荷载组合数据】对话框，荷载组合名称输入"1.35D＋0.98L＋PRE"，荷载工况名称选择"1.35D＋0.98L"，比例系数填"1"，点击右侧"添加"，荷载工况名称选择"PRE"，比例系数填"1"，点击右侧"添加"，点击"确定"，完成此荷载组合的定义（图 6-117）。此时，关心的荷载工况定义完成。荷载组合列表里一共显示九种组合。

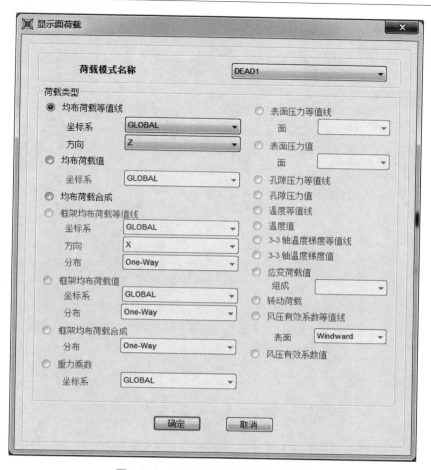

图 6-112 显示预应力筋荷载对话框

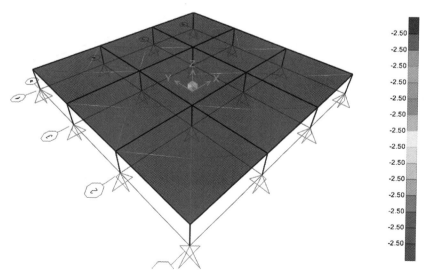

图 6-113 楼板上恒载示意（等值线方式）

图 6-114　显示外加活载对话框

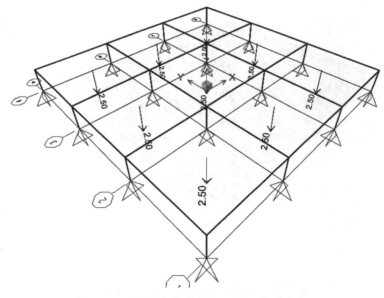

图 6-115　楼板上恒载示意（显示荷载方向）

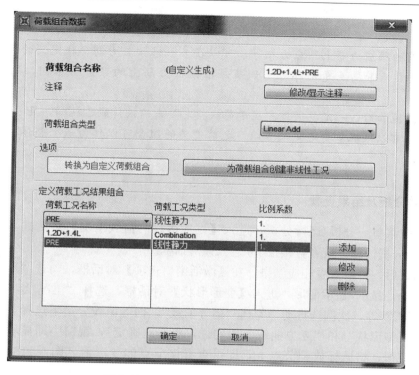

图 6-116　1. 2D + 1. 4L + PRE 组合定义

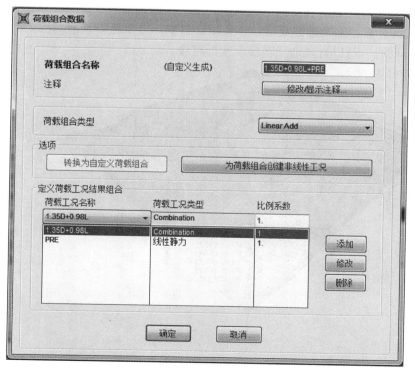

图 6-117　1. 35D + 0. 98L + PRE 组合定义

✎ Tips:

➠如果所有的预应力筋上预应力相等，可以在某一根预应力筋形状定义的时候，直接施加荷载，然后带属性复制即可。如果每根预应力筋上的预应力不同，则必须单个施加。

➠所有荷载施加后，一定要通过"显示荷载指定"来确认荷载已施加，且方向正确。

➠荷载组合可以根据需要定义很多组，之前定义的组合可以作为一个整体参与后面的组合。

6.3.4　计算分析及结果查看

选择下拉菜单：分析/运行分析，进入【设置运行的荷载工况】对话框，点击"运行分析"，开始分析计算，或者直接按 F5 进入该对话框。

计算结束后，可以查看相应结果。在【激活窗口选项】对话框，勾选"不显示钢束"。选择下拉菜单：显示/显示变形，进入【变形形状】对话框，选择"工况/组合"为"D＋D1＋L""PRE"等，比例选自动，勾选"面等值线"，面等值线分量下选择"结果幅值"，选项下"未变型形状"和"立方曲线"均勾选，点击"确定"，视窗中即显示各个对应工况下楼板的变形，将鼠标放到节点上，即可查看该节点的变形值（图 6-118～图 6-120）。由图可见，在竖向荷载作用下，边跨楼板跨中变形最大，中间楼板跨中变形相对较小，而在预应力荷载作用下则相反，中间楼板跨中变形最大，边跨楼板跨中变形相对较小，所以综合作用下，楼板局部会出现反拱，反拱最大值为中间楼板跨中，反拱变形约为 6.6mm，沿－Z 方向。此计算结果为弹性变形，在实际应用中，可以指导调节预应力筋的布置及预加力的大小。同时，可以直观地反映楼板变形趋势。

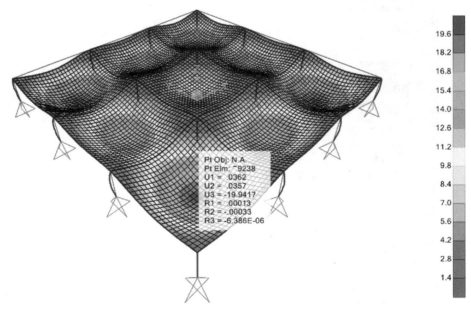

图 6-118　D＋D1＋L 工况下楼板变形值

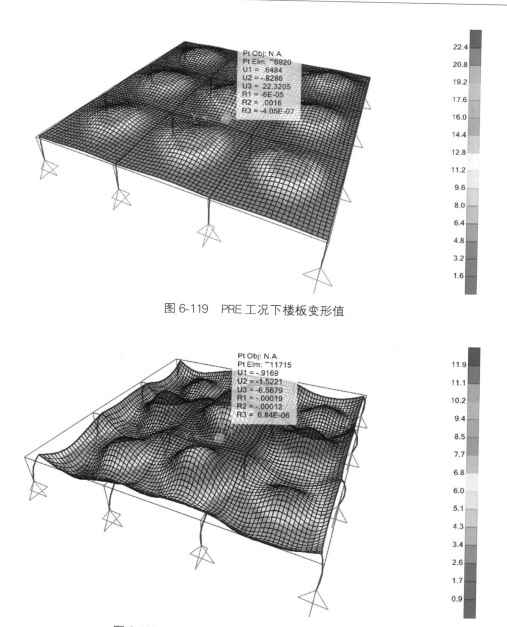

图 6-119　PRE 工况下楼板变形值

图 6-120　D＋D1＋L＋PRE 组合工况下楼板变形值

在【激活窗口选项】对话框，勾选"不显示钢束"。选择下拉菜单：显示→显示力/应力→壳，进入【单元内力图】对话框，选择"工况/组合"为"1.35D＋0.98L＋PRE""1.2D＋1.4L＋PRE"（图 6-121），分量类型选择"内力"，组成选择分别选"M11"和"M22"，应力平均选"无"，其余默认，即可看到相应荷载组合下各个方向弯矩图（图 6-122、图 6-123），本例"1.2D＋1.4L＋PRE"荷载组合控制设计。根据弯矩设计值，可以对楼板进行设计和复核。

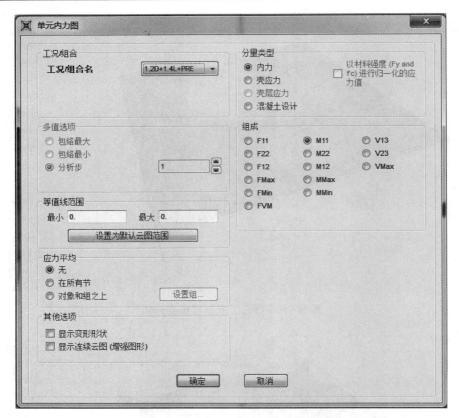

图 6-121　【单元内力图】对话框

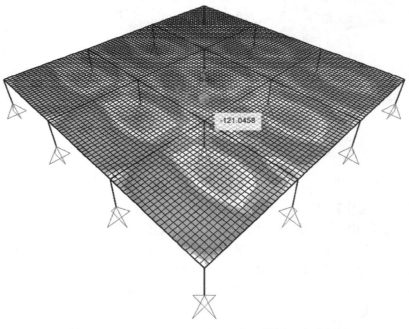

图 6-122　1.4D + 1.2L + PRE 工况下楼板 X 向弯矩图

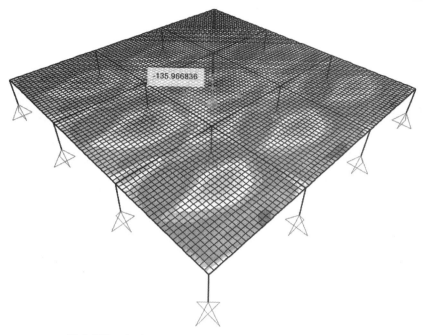

图 6-123　1.4D＋1.2L＋PRE 工况下楼板 Y 向弯矩图

按快捷键"F9"，也可以进入【单元内力图】对话框（图 6-124），选择分量类型为"壳应力"，输出类型为"顶面"（或"底面"），对应组成选为"S11"，即可看到 1 方向（即 X 向）的板面（或板底）应力云图（图 6-125）。同样的方法选为"S22"可以查看 Y 向板应力云图（图 6-126）。

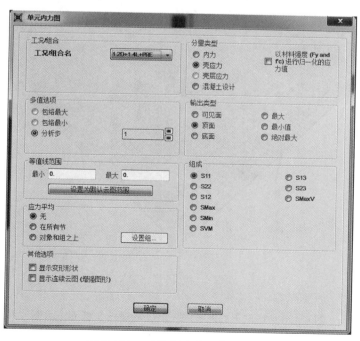

图 6-124　【单元内力图】对话框

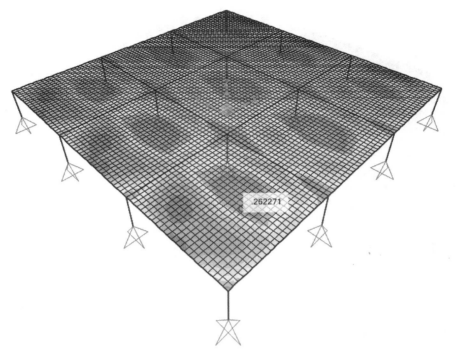

图 6-125　1.4D＋1.2L＋PRE 工况下楼板 X 向板面应力图

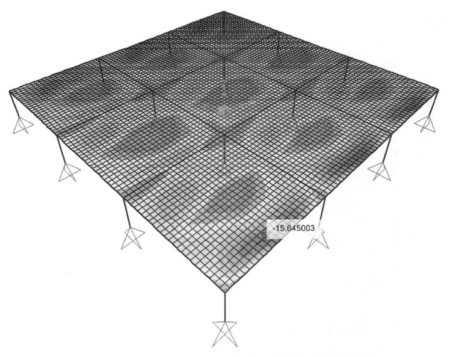

图 6-126　1.4D＋1.2L＋PRE 工况下楼板 Y 板面应力图

6.4　预应力密肋楼板受力分析

6.4.1　问题说明

大跨楼板有时候会采用另一种结构形式——密肋楼板，但由于跨度过大以及实际建筑功能限制，普通密肋楼板不能满足楼板变形及裂缝要求时，需要对密肋楼板施加预应力，形成无粘结预应力密肋楼盖结构。本小节建立一个由混凝土框架梁和无粘结预应力密肋楼板所组成的楼盖体系。本小节方法可以用来模拟无粘结预应力密肋楼盖结构受力以及现浇预应力混凝土空心楼盖拟梁法计算。模型平面为 3 跨×3 跨（图 6-127），每跨跨度 12.0m，一层，层高 4.0m，主梁截面 0.5m×0.6m，肋梁截面 0.2m×0.38m，楼板厚度 0.08m，肋梁双向布置，肋梁中心线间距为 1.2m，材料为：C40 混凝土，普通钢筋采用 HRB400，

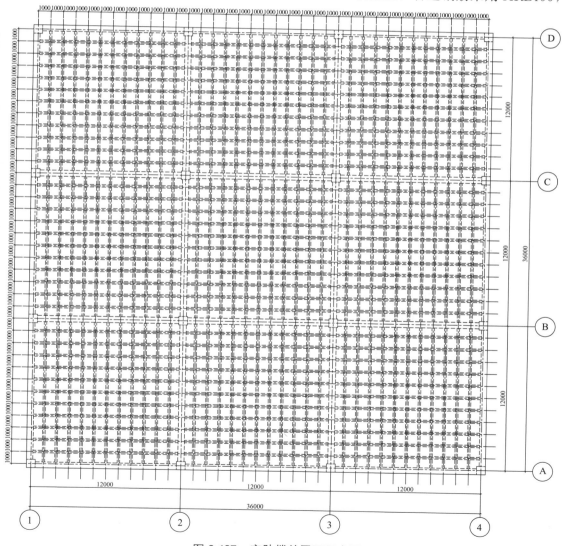

图 6-127　密肋楼盖平面示意图

预应力束采用高强低松弛钢绞线φ^s15.2，3 根为一束，钢束面积为 417mm²，其强度 f_{ptk} = 1860MPa，孔道成型方式为预埋金属波纹管。采用后张法，张拉控制应力值为 $0.7f_{ptk}$，采用两边张拉。锚固端采用夹片式锚具。钢束模拟为单元。预应力钢筋索形采用四段抛物线形，整个索形的控制点为顶点标高，最低点标高，以及反弯点位置。

6.4.2　几何建模

本例采用 SAP2000 自带模板建模。运行 SAP2000，出现【新模型】对话框，在新模型初始化下方选择"从现有文件初始化模型"，选择"三维框架"模板，以上小节例子初始化模型，进入【三维框架】对话框（图 6-128）。其中"三维框架类型"选"Beam-Slab Building"，梁板结构尺寸下，"层数"填"1"，"楼层高度"填"4"，"跨数，X"填"3"，"X 方向跨度"填"12"，"跨数，Y"填"3"，"Y 方向跨度"填"12"，"分段数，X"填"4"，"分段数，Y"填"4"，勾选左下角"约束"，在"截面属性"下定义梁、柱和楼板。点击梁右侧的"＋"号，进入"框架属性"对话框，选择已有的截面"CON _ 50 _ 90"，点击"修改/显示属性"，弹出【矩形截面】对话框（图 6-129），修改截面名称为"CON _ 50 _ 60"，高度改为"0.6"，点击"确定"，返回前一个对话框，可以看到框架属性列表里面已经只有名称为"CON _ 50 _ 60"的截面。点击柱右侧的"▼"，选择"COL _ 70 _ 70"作为柱截面。点击面右侧的"＋"号，进入【面截面】对话框，选择已有截面"S _ 250"点击"修改/显示截面"，在弹出的【壳截面数据】对话框（图 6-130）中，修改截面名称为"S _ 80"，厚度下"膜"和"弯曲"均填"0.08"，点击"确定"，返回前一个对话框，可以看到截面列表里面已经只有名称为"S _ 80"的截面。点击"确定"，返回前一对话框，再点击"确定"，即生成一 3 跨×3 跨的梁板模型。点击"定义→截面属性→框架截面"，弹出【框架属性】对话框，点击"添加新属性"，弹出的对话框中，框架截面类型选

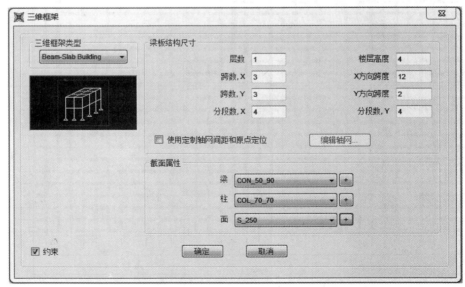

图 6-128　【三维框架】对话框

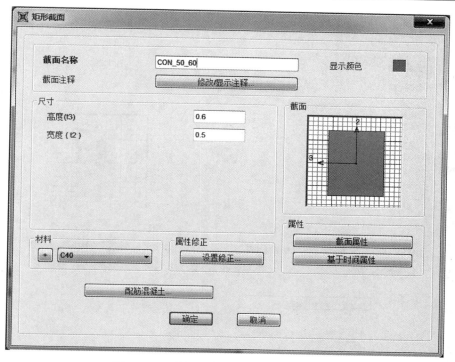

图 6-129 【矩形截面】对话框（定义梁）

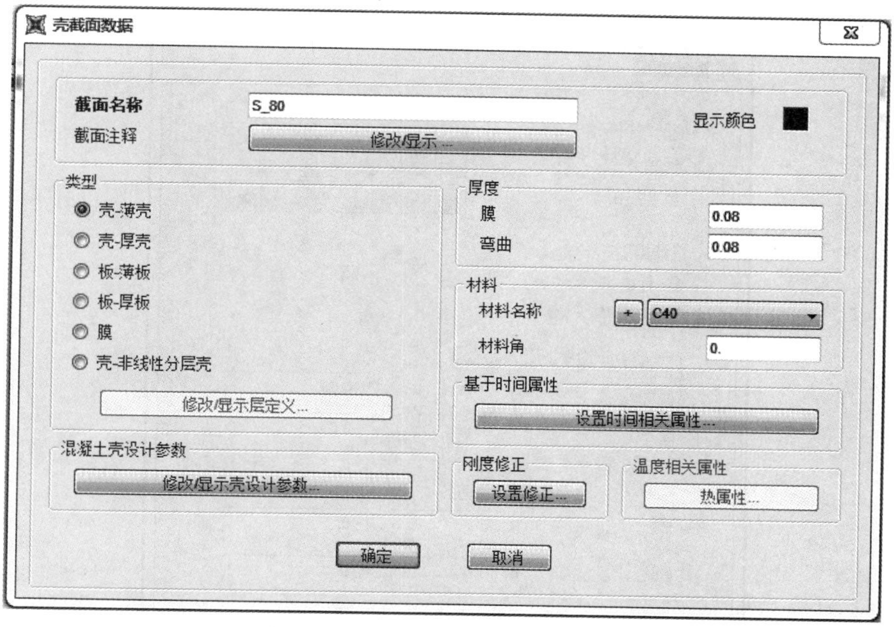

图 6-130 【壳截面数据】对话框

择"Concrete"，点击矩形截面，弹出【矩形截面】对话框，修改截面名称为"CON _ 20 _ 38"（图 6-131），高度改为"0.38"，宽度改为"0.2"，材料选为"C40"，点击"配筋混凝土"，弹出【配筋数据】对话框（图 6-132），钢筋材料均选为 HRB400，设计类型选为

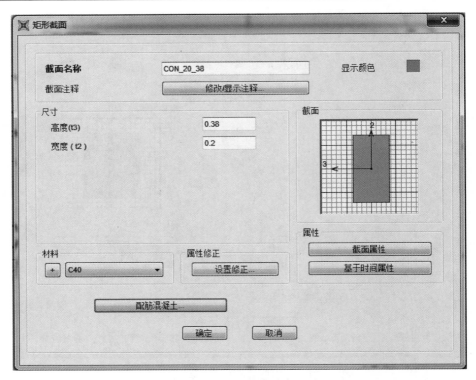

图 6-131　肋梁【矩形截面】

图 6-132　肋梁【配筋数据】

"梁（仅 M3 设计）"，到纵筋中心边保护层顶、底均填"0.03"，点击"确定"，返回前一个对话框，可以看到框架属性列表里面已经只有名称为"CON＿20＿38"的截面。

点击"定义→材料"，可以看到【定义材料】对话框里面已经有上一小节定义的材料，所以本节不再重复。点击"定义→截面属性→钢束截面"，弹出【钢束截面】对话框，可以看到【钢束截面】对话框里面已经有上一小节定义的钢束"TEN1"，本节可以在此基础上修改使用，点击"修改显示截面"在弹出的【钢束截面数据】对话框中，修改指定钢束面积为"4.17E-4"，点击"确定"，即完成钢束的修改。

选择 A 轴上三跨梁，点击"编辑→带属性复制"，弹出【复制】对话框，增量下 dx 填"1.2"，数量填"1"，先复制第一个三跨肋梁，选择复制生成的三跨肋梁，点击"指定→框架→框架截面"，弹出的【框架属性】对话框中，选择"CON＿20＿38"截面，完成了第一个肋梁的定义。点击"绘图→绘制框架/索/钢束"，弹出"对象属性窗口"，线对象类型选择"钢束"，截面选择"TEN1"，XY 平面偏移垂直，填 0，其余默认。单击肋梁的起点和终点，进入【线对象钢束数据 47】对话框，点击"快速开始"，弹出【钢束快速开始模板】对话框，平面选择"1-2"，角度和默认，跨数选 3，"选择快速开始选项"下，选择"抛物线钢束 1"，点击确定，进入【定义线对象抛物线钢束布局 41】对话框，此对话框用于详细定义抛物线的线型，"控制点数"填 13，"钢束布局数据"下，修改 Coord1 下数据为对应控制点的水平坐标，Coord2 下数据为对应控制点的竖向坐标，在支座和跨中处"Slope Type"为"Specified"，"Slope"填为 0，其余关键点处，"Slope Type"为"Prog Calc"，程序自动计算"Slope"的值。修改完后，点击"计算结果"下面刷新，即可看到新的线型，勾选"对此钢束使用计算结果"，点击完成，回到【线对象钢束数据 47】对话框（图 6-133），可以看到定义的线型已经出现在小窗口中，在钢束荷载右侧点击"添加"，

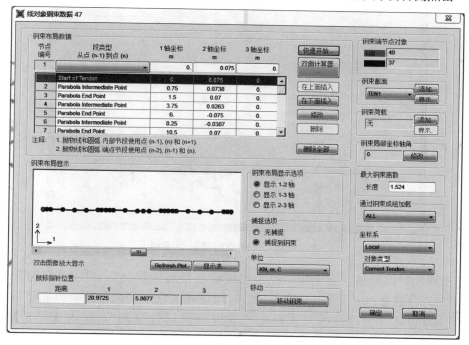

图 6-133 【线对象钢束数据 47】对话框

弹出【钢束荷载】对话框，荷载模式名称选择"PRE"，单位不变，张拉位置选择"两端同时地"，荷载类型选择"力"，钢束荷载输入"543"（kN）（图 6-134）。预应力损失各项数值同上小节，同样，和距离及线型有关的损失由程序根据给定的参数自动计算，其他损失预先计算好填入相应表格，此处我们依然假设混凝土弹性压缩损失为 0，点击确定，完成钢束荷载的定义。点击"Show Prestress Losses"，弹出【钢束响应表格】对话框（图 6-135），在此对话框中，可以查看预应力损失。至此，完成了一根三跨预应力筋的定义以及预应力荷载的定义。此时，通过"设置显示选项"的控制，可以看到带预应力筋的三跨连续梁。

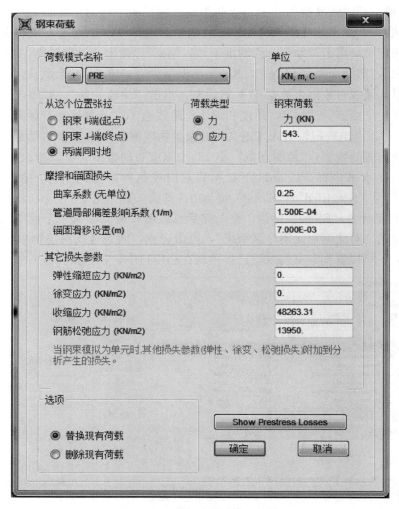

图 6-134　【钢束荷载】对话框

　　选定三跨肋梁以及预应力钢束，点击"编辑→带属性复制"，弹出【复制】对话框，增量 dx 填 1.2，数量填 8，确定（图 6-136），即完成 X 向一跨内带预应力筋肋梁的布置。选定最后一跨肋梁以及预应力筋，点击"编辑→带属性复制"，弹出【复制】对话框（图 6-137），增量 dx 填"2.4"，数量填"1"，点击"确定"，即完成 X 向第二跨内第一根

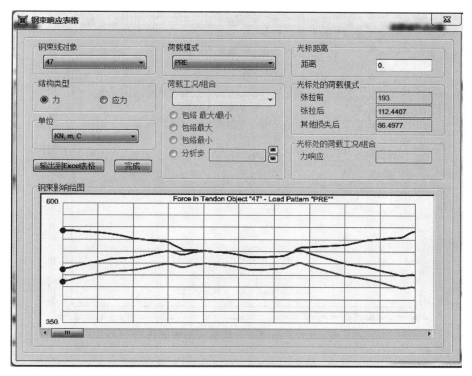

图 6-135 【钢束响应表格】对话框

图 6-136 带预应力的单跨简支梁模型

带预应力的肋梁的布置，同样的方法，复制 8 根肋梁及预应力筋，完成 X 向第二跨内所有带预应力筋肋梁的布置。同样的方法布置 X 向的三跨沿 Y 向带预应力的肋梁。模型完成后的如图 6-138 所示。

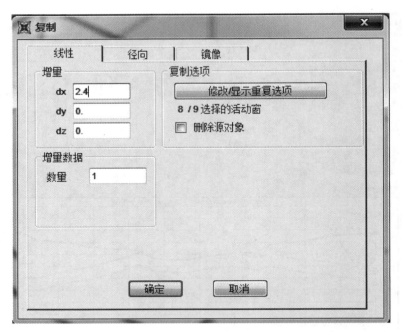

图 6-137 带预应力的单跨简支梁模型

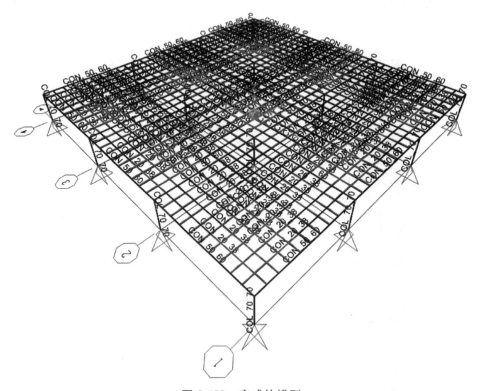

图 6-138 完成的模型

Ⓟ Tips：

➡可以单击【线对象钢束数据47】对话框中显示表，来显示预应力筋各个点的坐标。

➡由于本模型是在上小节模型基础上初始化而来的，所以荷载模式中已有定义的预应力类型"PRE"，在【线对象钢束数据47】对话框中定义钢束荷载时直接选择"PRE"荷载模式即可，如果是首次建模，需要先定义相应荷载模式。

几何模型建模完成后，点击"选择→选择→属性→框架属性"，弹出【选择截面】对话框，选择"CON＿20＿38"，点击"OK"（图6-139），选择所有肋梁，同样的方法选择"CON＿50＿60"，选择所有框架梁，点击"指定→框架→自动框架划分"，弹出【指定自动的框架划分】对话框，点选"自动剖分框架"，勾选下面的"内部节点"和"与其他框架，面的边及体的边的交点"，点击"确定"，完成梁的划分（图6-140）。同样的方法，选

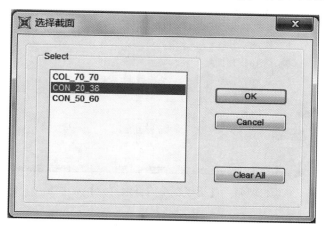

图6-139　【选择截面】对话框

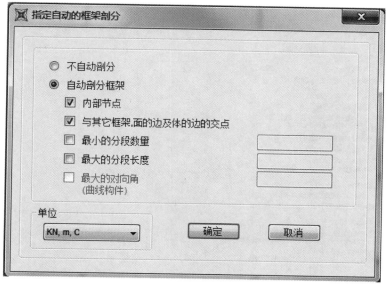

图6-140　【指定自动的框架剖分】对话框

定柱子截面"CON_70_70"，在"自动剖分框架"，勾选下面的"内部节点"和"最大的分段长度"，分段长度填"8"，完成柱子的划分（图6-141）。点击"选择→选择→属性→面截面"，弹出【选择截面】对话框，选择"S_80"，点击"OK"，选择所有楼板，点击"指定→面→自动面网格划分"，弹出【指定自动的面网格划分】对话框，点选"基于剖分组中直线对象使用切割方法剖分面"（图6-142），勾选下面的"延伸所有线与面周边相交"，点击"确定"，完成楼板的划分（图6-143）。

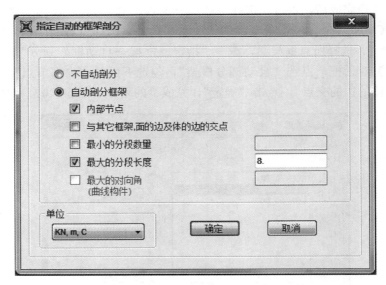

图6-141 【指定自动的框架剖分】对话框

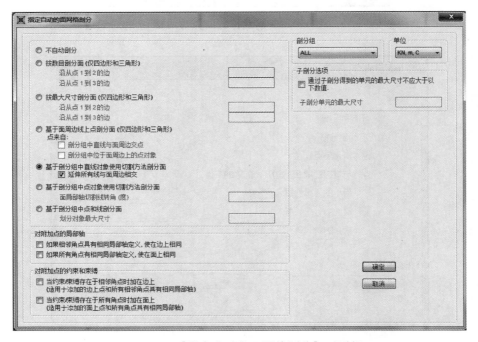

图6-142 【指定自动的面网格划分】对话框

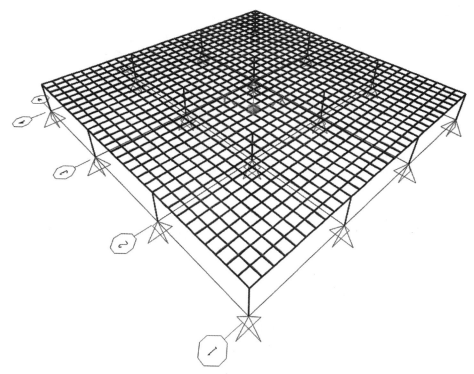

图 6-143 已划分单元的模型

6.4.3 荷载及荷载组合定义

选择下拉菜单：定义/荷载模式，在弹出的【定义荷载模式】对话框中，荷载模式列表下可以看到之前定义的荷载模式，本例不再另外定义。

选择下拉菜单：显示→显示荷载指定→框架/索/钢束，弹出【显示框架荷载】对话框，荷载模式名称选"PRE"（图 6-144），其余默认，点击"确定"，即可看到肋梁上已经施加的预应力（图 6-145）。

通过选择→选择→属性→面截面菜单选定名为"S_80"的所有楼板，选择下拉菜单：指定/面荷载/均匀（壳），弹出【面均布荷载】对话框，荷载模式名称选择"DEAD1"，单位默认"kN，m，C"，坐标系选"GLOBAL"，方向选"Z"，荷载输入"-2.5"，点击"确定"，完成了面荷载（恒载）的施加（图 6-146）。同样的方法，选定楼板，选择下拉菜单：指定/面荷载/均匀（壳），弹出【面均布荷载】对话框，荷载模式名称选择"LIVE"，单位默认"kN，m，C"，坐标系选"GLOBAL"，方向选"Z"，荷载输入"-3.5"，点击"确定"，完成了面荷载（活载）的施加（图 6-147）。

此时，需要施加的荷载已经完成。选择下拉菜单：显示→显示荷载指定→面，弹出【显示框架荷载】对话框，荷载模式名称分别选择"DEAD1"和"LIVE"，均布荷载等值线下，坐标系选"GLOBAL"，方向选"Z"，其余默认，即可看到以等值线显示的施加在楼板上的恒载和活载，预应力筋上的预应力查看方法同上小节。如果想看面荷载的方向，选择"均布荷载合成"，即可看到荷载的方向（图 6-148、图 6-149）。

图 6-144　【显示框架荷载】对话框

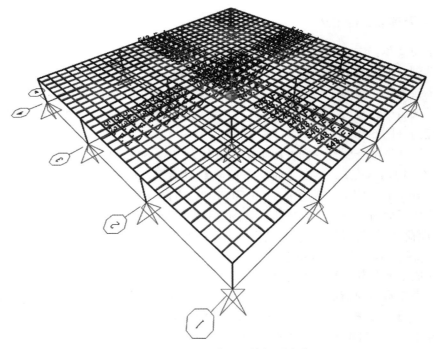

图 6-145　显示肋梁已施加预应力

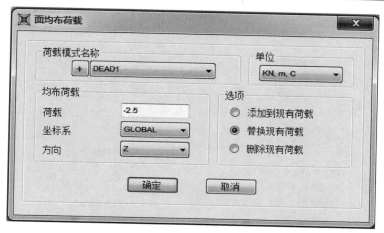

图 6-146 【面均布荷载】恒载指定对话框

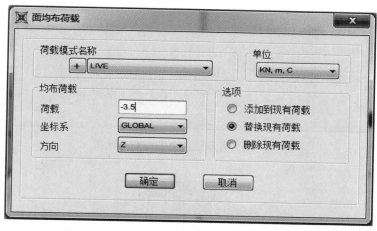

图 6-147 【面均布荷载】活载指定对话框

选择下拉菜单：定义/荷载工况，在弹出的【定义荷载工况】对话框中，荷载工况列表下，已经存在"DEAD""MODAL""PRE""DEAD1""LIVE"五种荷载工况，不需另行定义。

选择下拉菜单：定义/荷载组合，在弹出的【定义荷载组合】对话框中，看到九种组合，关心的荷载组合上小节例子已定义，本例不另行定义。

6.4.4 计算分析及结果查看

选择下拉菜单：分析/运行分析，进入【设置运行的荷载工况】对话框，点击"运行分析"，开始分析计算，或者直接按 F5 进入该对话框。

计算结束后，可以查看相应结果。选择下拉菜单：显示/显示变形，进入【变形形状】对话框，选择"工况/组合"为"D＋D1＋L""PRE"等，比例选自动，勾选"面等值线"，面等值线分量下选择"结果幅值"，选项下"未变型形状"和"立方曲线"均勾选，点击"确定"，视窗中即显示各个对应工况下楼板的变形，将鼠标放到节点上，即可查看

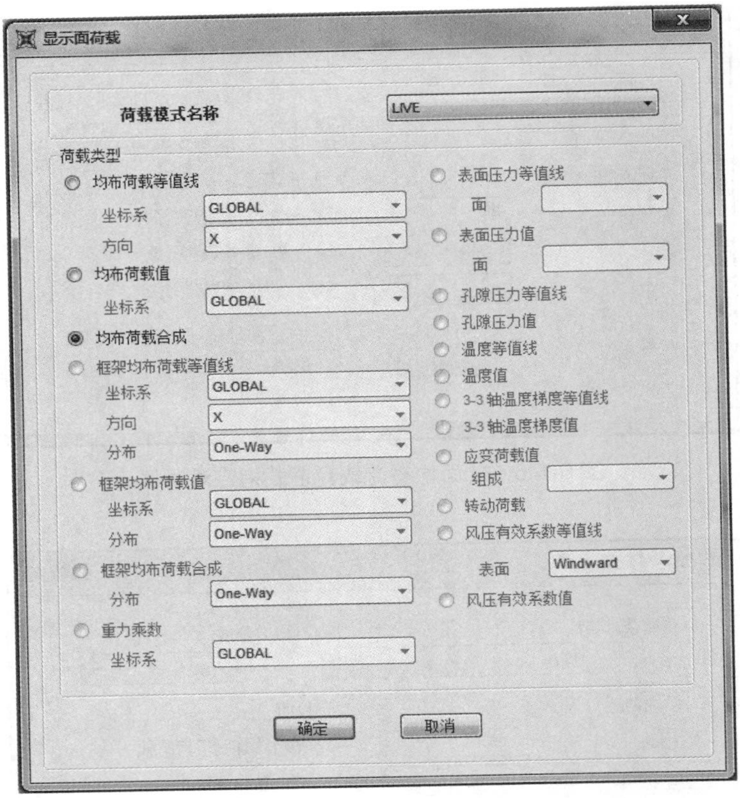

图 6-148 显示预应力筋荷载对话框

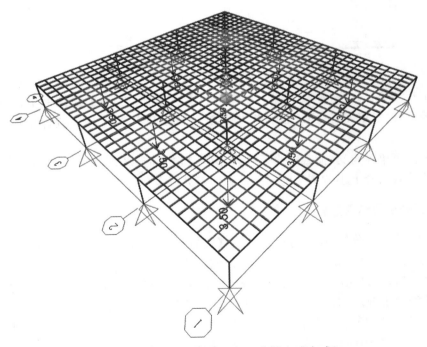

图 6-149 楼板上活载示意（荷载合成方式）

该节点的变形值（图 6-150～图 6-152）。由图可见，在竖向荷载作用下，楼板变形方向为－Z 向，边跨楼板跨中变形最大，中间楼板跨中变形相对较小，最大变约为 33mm，而在预应力荷载作用下则相反，楼板变形方向为＋Z 向，中间楼板跨中变形最大，边跨楼板跨中变形相对较小，最大变约为 10mm，综合作用下，楼板总体变形方向为－Z 方向，最大变形发生在边跨，最大变形约为 25mm，中间跨最大变形约为 12mm。此计算结果为弹性变形，在实际应用中，可以指导调节预应力筋的布置及预加力的大小。同时，可以直观地反映楼板变形趋势。

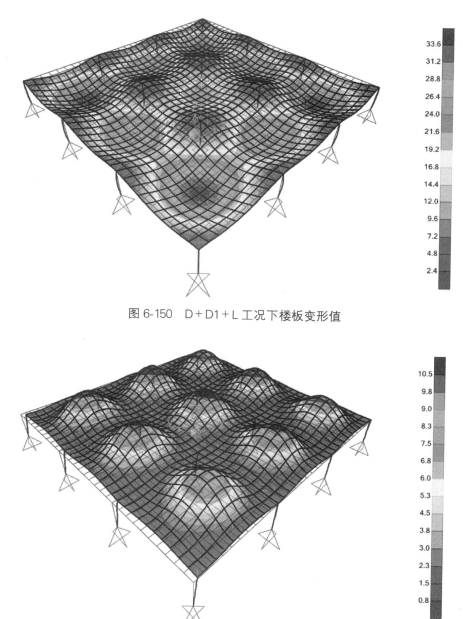

图 6-150　D＋D1＋L 工况下楼板变形值

图 6-151　预应力工况下楼板变形值

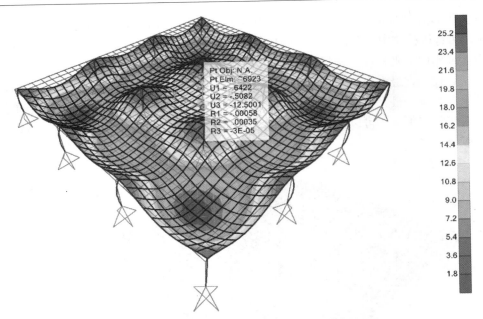

图 6-152　D＋D1＋L＋PRE 组合工况下楼板变形值

按上小节同样的方法，进入【单元内力图】对话框，选择关心的"工况/组合"，分量类型选择"内力"或者"壳应力"等，即可查看关心的内容（图 6-153～图 6-155）。

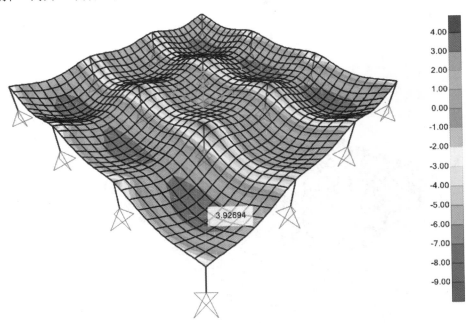

图 6-153　1.4D＋1.2L 工况下楼板 M11 弯矩图

按 F9，进入【单元内力图】对话框，选择"工况/组合"为"D＋D1＋L"，分量类型选择"壳应力"，输出类型选择"底面"，组成选择"S11"（图 6-156），其余按上小节方法设定，点击"确定"，显示楼板在恒载加活载标准值作用下的楼板应力，可以看到，跨中

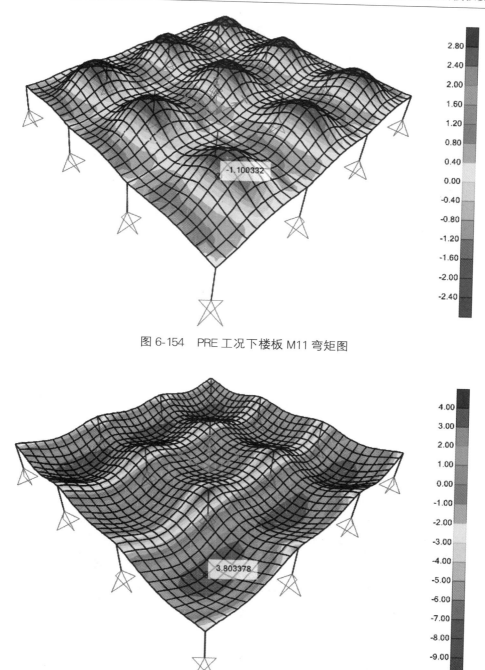

图 6-154　PRE 工况下楼板 M11 弯矩图

图 6-155　1.4D＋1.2L 工况下楼板 M22 弯矩图

板底拉应力已经达到 2.67MPa（图 6-157）；同样的方法，选择"工况/组合"为"D＋D1＋L＋PRE"，显示楼板在恒载加活载标准值作用下的楼板应力，可以看到，跨中板底应力为压应力 1.95MPa（图 6-158）。由图 6-157 和图 6-158 可以看出，楼板拉应力得到了很好的控制，即施加预应力后，裂缝得到了控制。

图 6-156　【单元内力图】对话框

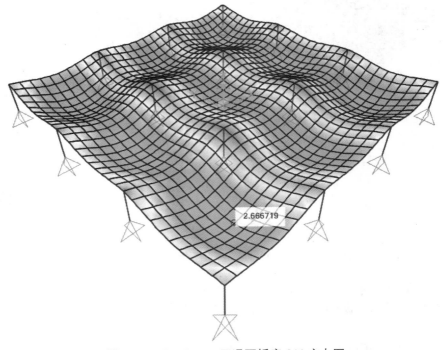

图 6-157　D＋D1＋L 工况下板底 S11 应力图

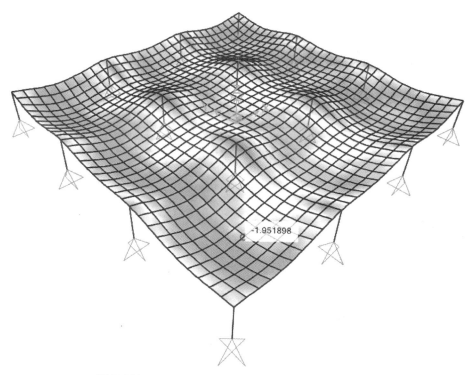

图 6-158 D＋D1＋L＋PRE 工况下板底 S11 应力图

选择下拉菜单：视图→设置显示选项，弹出【激活窗口选项】对话框，勾选"不显示钢束"，窗口只显示梁，为了方便看弯矩，将单位切换到"kN，m，C"，选择 X＝0 以及 Y＝0 两条线上肋梁，单击右键，在弹出的快捷菜单中单击"只显示选择对象"，按 F8 快捷键，弹出【框架的构件内力图/应力图】对话框，选择"工况/组合"为"1.2D＋1.4L""PRE""1.2D＋1.4L＋PRE"，类型选择"力"，组成选择"M33"，比例选自动，选项选"填充图"点击"确定"，即显示各工况下肋梁的弯矩图。由图 6-159～图 6-161 可以看出，在预应力作用下，支座弯矩有所减小。

对框架单元，SAP2000 可以详细地读取到每一个截面的内力值，将鼠标放在框架上，单击右键，即弹出【框架对象图＊】对话框（图 6-162），在此对话框中，可以选择定义的任意工况、关心的项目。可以用鼠标左键单击应力图中任意位置，即可在应力图右侧看到相应位置的内力值，也可以在"显示选项下"点选"显示最大"，显示最大的内力值。

选择下拉菜单：设计→混凝土框架设计→查看/修改首选项，弹出【混凝土框架设计首选项-Chinese 2010】对话框（图 6-163），将结构体系改为"框架结构"，高层建筑选"否"，抗震设计等级改为"非抗震"，超配筋系数改为"1"，其余默认，点击"确定"。选择下拉菜单：设计→混凝土框架设计→选择设计组合，弹出【Design Load Combinations Selection】对话框（图 6-164），分别选定"1.2D＋1.4L""1.2D＋1.4L＋PRE""1.35D＋0.98L""1.35D＋0.98L＋PRE"四个组合，点击"Add"，添加到设计组合，其余默认，点击"确定"，完成了设计荷载组合的选定。选择下拉菜单：设计→混凝土框架设计→开

337

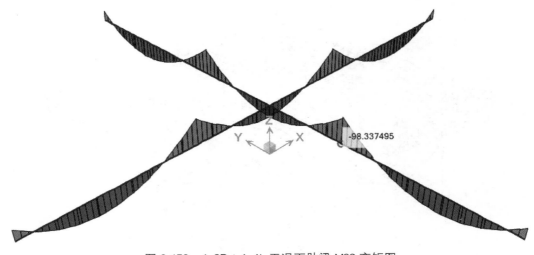

图 6-159　1.2D＋1.4L 工况下肋梁 M33 弯矩图

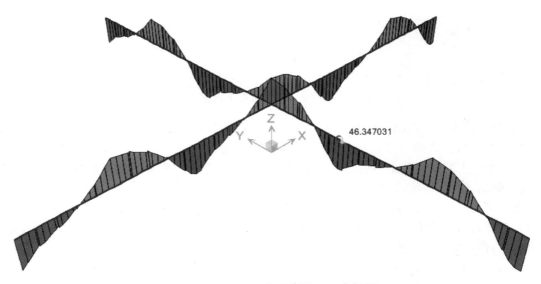

图 6-160　PRE 工况下肋梁 M33 弯矩图

始结构设计/校核，程序即根据之前的设定进行配筋计算。计算完成后，把单位改为"N，mm，C"，即可看到肋梁的配筋值，此时，竖向荷载组合起控制作用。同样的方法，【Design Load Combinations Selection】对话框，分别选定"1.2D＋1.4L""1.35D＋0.98L"两个组合，点击"Remove"，不勾选"Automatically Generate Code-Based Design Load Combination"，将竖向荷载组合移出设计组合，点击"确定"。重新设计，程序即根据现在的设定重新进行配筋计算。可以看出，施加了预应力后，肋梁配筋减小了（图 6-165、图 6-166）。

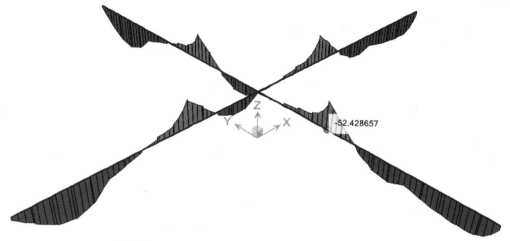

52.428657

图 6-161 1.2D + 1.4L + PRE 工况下肋梁 M33 弯矩图

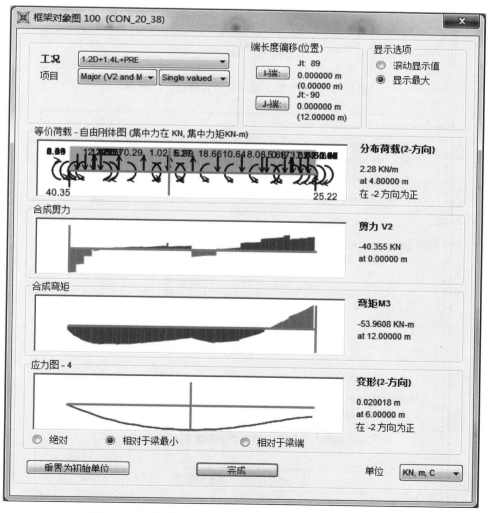

图 6-162 【框架对象图 100】显示肋梁最大内力及位置

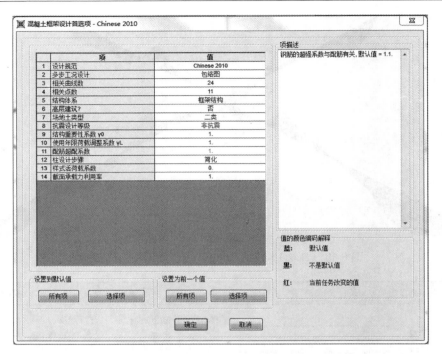

图 6-163　【混凝土框架设计首选项】对话框

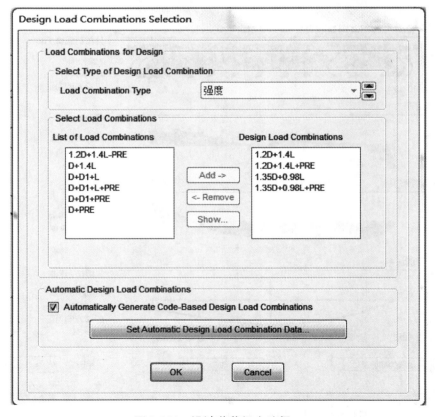

图 6-164　设计荷载组合选择一

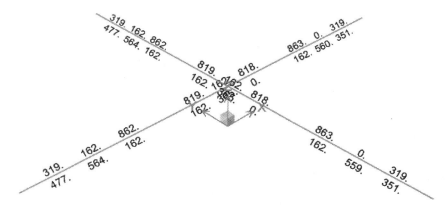

图 6-165　竖向荷载组合下所选定肋梁配筋值

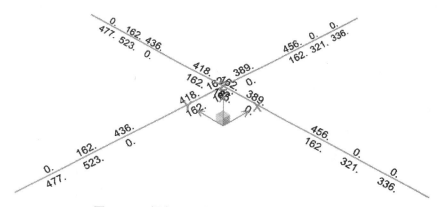

图 6-166　添加预应力组合下所选定肋梁配筋值

第 7 章 舒适度验算

近年来大跨楼盖、大悬挑楼盖的应用逐渐增多，楼盖的舒适度控制已引起广泛关注，《高层建筑混凝土结构技术规程》[1] 第 3.7.7 条对楼盖结构的舒适度作了规定。对于常规楼盖结构，可以采用《高层建筑混凝土结构技术规程》附录 A 的方法近似计算竖向振动加速度，当结构平面布置较为复杂时或者结构比较重要时，需要借助有限元软件进行时程分析来计算竖向振动加速度，验算楼盖的舒适度。

7.1 大悬挑楼盖舒适度验算

7.1.1 问题说明

本小节选取一相对规则的工程实例，演示 SAP2000 中舒适度验算的基本方法。舒适度验算部位为图 7-1 中悬挑部分，选取结构相邻两跨进行建模，单层，层高 5.3m。平面布置及构件尺寸如图 7-1 所示。混凝土强度等级为 C30，钢筋采用 HRB400 热轧钢筋。SAP2000 舒适度验算分为以下基本步骤：（1）建立有限元模型；（2）进行模态分析得到结构自振频率，根据模态分析变形形状，选取不利荷载作用点；（3）进行稳态分析，得到不利作用点的自振频率和位移谱峰值曲线，据此选出不利点的控制自振频率；并根据共振原理，构造模拟荷载；（4）进行时程分析，得到楼板在模拟荷载作用下的振动响应。

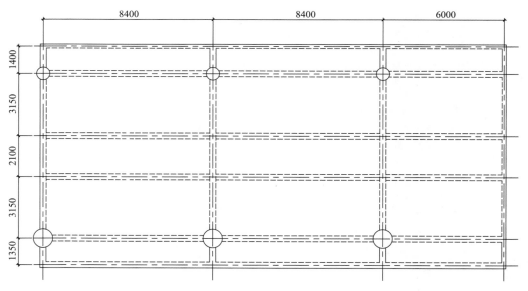

图 7-1 长连廊平面布置图

7.1.2 几何建模

由于实际模型较为简单，本例采用默认初始化模型的轴网方式建模。运行 SAP2000，点击"文件→新模型"，弹出的【新模型】对话框，修改单位为"N，mm，C"，选择"轴网"，进入【快速网格线】对话框，按前面章节的方法输入轴网线数量和轴网间距，如图 7-2 所示。按照前面章节方法，修改轴网间距。首先需要定义材料和截面，定义方法同前面章节。定义如下截面：梁截面：200×500，300×500，300×600，300×700；柱截面：圆柱 1，$D=950\text{mm}$，圆柱 2，$D=650\text{mm}$；楼板：$h=120\text{mm}$。在 X-Y Plane Z=5300 视图窗口，布置梁板，在三维视图中，布置柱子。此时，整个几何模型完成。点击"选择→选择→属性→框架截面"，弹出【选择截面】对话框（图 7-3），依次点击选中所有梁截面，确定；点击"指定→框架→插入点"，弹出的【框架插入点】对话框中，控制基点选"8（Top Center）"，确定，此时指定插入点为梁顶面。切换到"X-Y Plane @ Z=−3000"平面，选择此面上所有节点，点击"指定→节点→约束"，在【节点约束】对话框中，指定节点为固支（图 7-4）。

图 7-2 【快速网格线】对话框

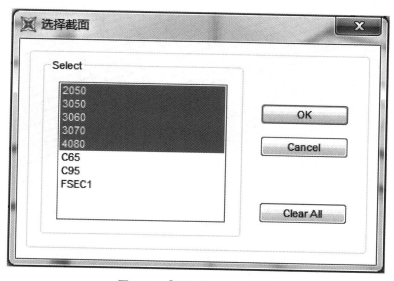

图 7-3 【选择截面】对话框

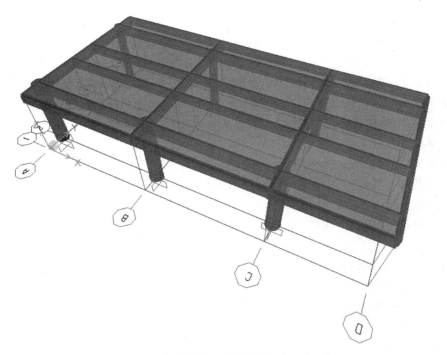

图 7-4　几何模型

　　为了计算达到一定的精度，需要对框架及截面进行网格划分，划分后单元有限元模型如图 7-5 所示。

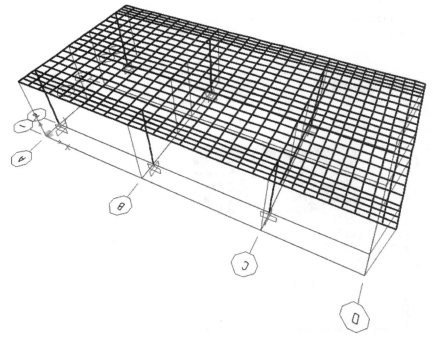

图 7-5　有限元模型

7.1.3 荷载及质量源定义

按前面小节的方法，定义荷载模式 DEAD1 来指定结构板面附加恒载，定义 LIVE 来指定结构附加活荷载，定义 LIVE1、LIVE2 来指定结构动力激励荷载。按前面小节的方法施加板面恒载 $2.0kN/m^2$，板面活载 $2.5kN/m^2$。

对于结构动力分析来说，结构的质量会很大程度上影响结构的动力特性，SAP2000 中采用了质量源的概念来得到用于结构模态分析的结构质量。点击"定义→质量源"，弹出【质量源】对话框（图 7-6），系统默认的质量源为"MSSSRC1"，点击"修改/显示质量源"，弹出【质量源数据】对话框（图 7-7），此处可以看到默认的质量源为"单元自身质量和附加质量"，此质量源为结构的自重，不包括荷载对质量的贡献。勾选"指定荷载模式"来自定义质量源，在荷载模式质量乘数下，荷载模式选择"DEAD"，乘数为 1，点击添加；同理，荷载模式选择"DEAD1"，乘数为"1"；荷载模式选择"LIVE"，乘数为"0.2"；点击"确定"，完成质量源的定义。

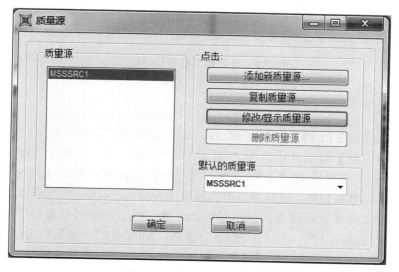

图 7-6 【质量源】对话框

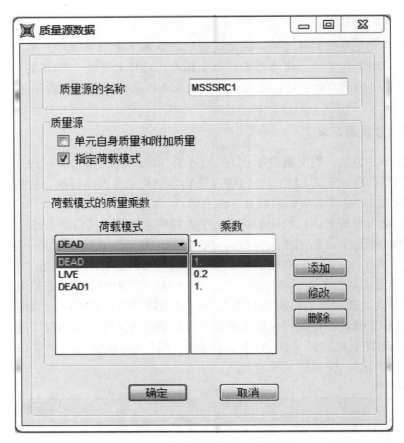

图 7-7　【质量源数据】对话框

7.1.4　模态分析

程序默认的模态分析工况名称为 Modal，通过选择下拉菜单：定义/荷载工况，在弹出的【定义荷载工况】对话框中选中"MODAL"工况，点击右侧的"修改/显示荷载工况"，弹出【荷载工况数据-振型】对话框，此对话框里面可以修改工况名称、使用的刚度、模态类型、振型数目等，此处可以看到质量源为之前定义的"MSSSRC1"。

荷载工况定义完成，可以直接运行计算。计算完成后，即可查看振型图。按 F6，弹出【变形形状】对话框（图 7-8），工况/组合选择"MODAL"，振型数选择"1"（根据关心阶数填），比例自动，勾选"在面对象上绘制位移等值线"，面等值线分量选择"结果幅值"，其余默认，确定，即可看到各阶振型变形形状及相应周期、频率，前四级振型对应变形如图 7-9～图 7-12 所示。最大变形点发生位置为悬挑端角部或者中部，最小频率接近规范限值 3Hz。

7.1.5　稳态分析

稳态分析是 SAP2000 中频域分析的一种，可以在若干个频率处求得结构的响应，从而得到一个响应量和与频率的关系。这个关系可以通过图形表达，可以直观地在图上确定峰值响应，以及对应的频率。当需要求解可能引起结构在一定频率的明显响应时，频率的直接指定更为重要，一般可仅考虑楼板最不利位置处作用行走荷载引起的振动加速度。根据模态分析结果，本小节选取悬挑端中点和角点为最不利点做稳态分析，确定不利点的自振频率。

考虑到行走激励作用下，混凝土的弹性模量要大于静荷载作用时的弹性模量，计算时，将其放大1.2倍。选择下拉菜单"定义→材料"，选择"C30"，点击"修改/显示材料"，弹出的【材料属性数据】对话框（图7-13）中，"弹性模量，E"值修改为"36000000"，确定，完成了弹性模量的修改。

稳态分析的第一步需要先定义稳态分析函数，此函数横坐标为频域范围，纵坐标为对应荷载值。根据模态分析结果，角点和中点的频率为 3.8126 和 4.3336，所以取频域范围为 1～10Hz，由于我们只关心峰值响应对应的频率，所以纵坐标取值为单位荷载，响应函数公式为 $f(x)=1$，函数图像如图7-14所示。

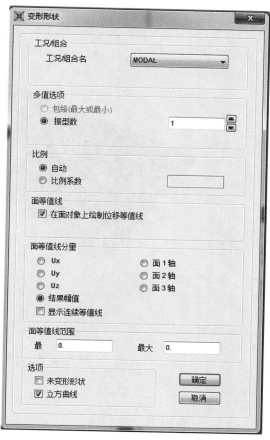

图 7-8　【变形形状】对话框（查看振型）

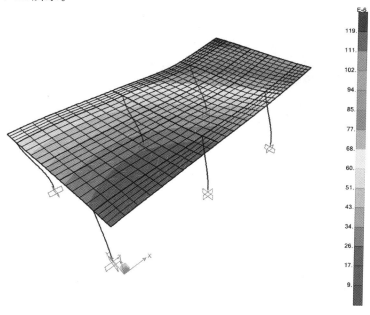

图 7-9　一阶振型（$f=3.8126$）

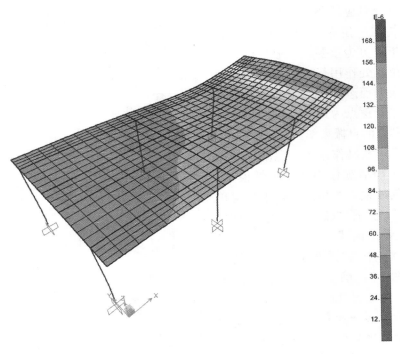

图 7-10 二阶振型（$f = 4.3336$）

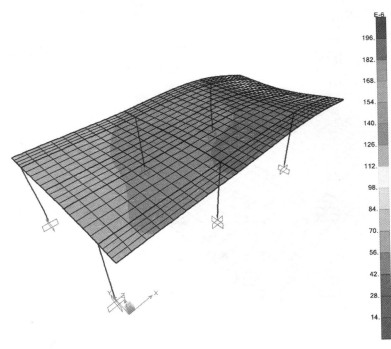

图 7-11 三阶振型（$f = 4.9995$）

稳态分析按如下步骤进行：（1）定义稳态函数；（2）施加荷载；（3）定义稳态分析工况；（4）运行分析。

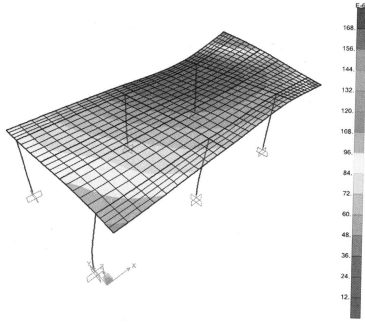

图 7-12   四阶振型（$f = 5.6504$）

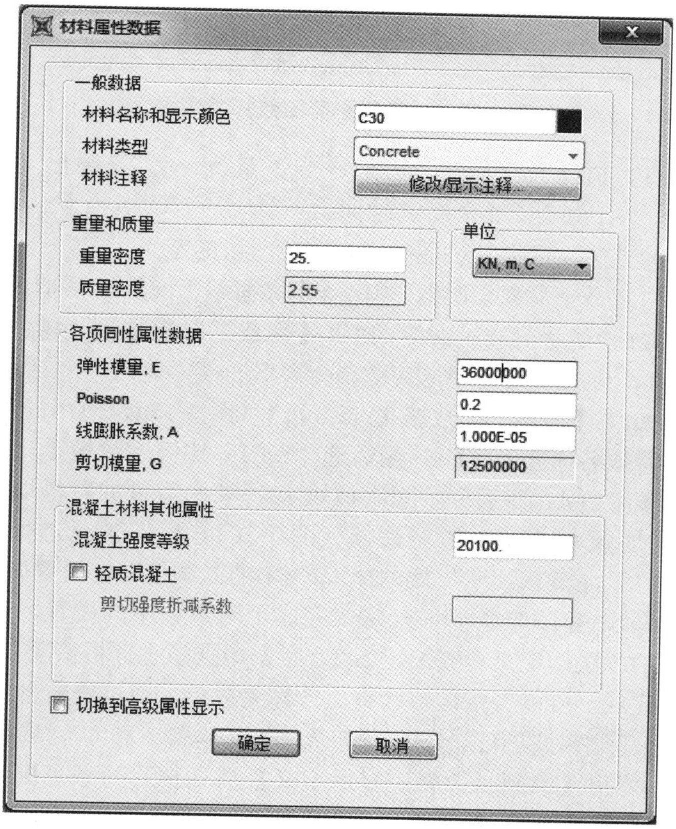

图 7-13   修改混凝土弹性模量

选择下拉菜单"定义→函数→稳态",弹出【定义稳态函数】对话框(图 7-15),"选择添加函数类型"选"User",点击"添加新函数",弹出【Steady State 函数定义】对话框(图 7-16),函数名称填写"S-F1",定义函数下方频率填写"1",值填写"1",点击右边"添加",依次修改频率 2~10,值均为 1,频率单位为 Hz,按同样的方法添加所有点。点击"函数图形"下"显示图形",即可看到定义的函数为一条直线。

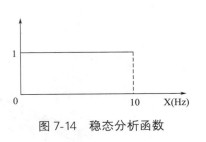

图 7-14　稳态分析函数

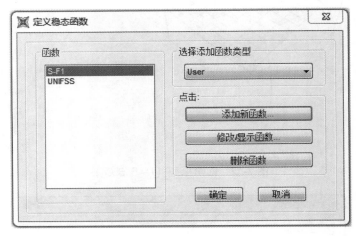

图 7-15　【定义稳态函数】对话框

选择悬挑端角点,选择下拉菜单"指定→节点荷载→力",弹出【节点力】对话框,"荷载模式名称"选"LIVE1","全局 Z 轴向力"填"—1",其余默认,确定,完成了角点荷载定义,同样的方法,选择悬挑端中点,完成荷载的定义。

选择下拉菜单"定义→荷载工况",弹出【定义荷载工况】对话框,选择 LIVE1 荷载工况,点击右侧"修改/显示荷载工况",弹出【荷载工况数据-线性静力】对话框,荷载工况名称修改为 St1,荷载工况类型选为"Steady State",此时,对话框名称由【荷载工况数据-线性静力】变为【荷载工况数据-稳态分析】(图 7-17),使用的刚度和求解类型默认,施加的荷载下荷载名称选 LIVE1,函数选"S-F1"比例系数填 1,点击右边添加,频率步数据下第一个频率填 1,最后一个频率值填 10,频率增量的数量填 1,点击"设置附加频率",弹出【附加频率 LIVE1】对话框(图 7-18),模态工况选择默认的 MODAL,添加选项下,勾选"添加模态频率""添加模态频率的微调值"并设置微调比例为 0.1,勾选"添加指定的频率",并添加 2~9,确定,完成了附加频率的设置,至此,完成了分析工况的定义。同样的方法,定义荷载工况 St2,考察中点稳态分析情况。

荷载工况定义完成,可以直接运行计算。计算完成后,即可查看各节点处的位移谱曲线。选择最不利点,分别对应节点号为 2 和 37。选定节点 2 和 37,选择下拉菜单"显示→显示绘图函数",弹出【绘制函数轨迹显示定义】对话框,荷载工况选择"St1",点选量级,选择绘图函数下,可以看到函数列表里已经有"Joint2"和"Joint37",点击"定义绘图函数",弹出【绘图函数】对话框,在左边绘图函数列表里面选定 Joint2,点击"修

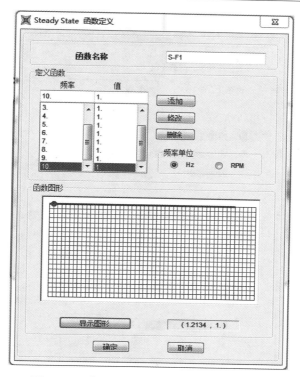

图 7-16 【Steady State 函数定义】对话框

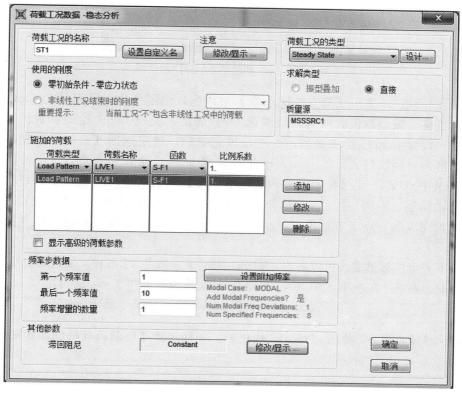

图 7-17 【荷载工况数据-稳态分析】对话框

图 7-18　【附加频率 LIVE1】对话框

改/显示绘图函数",弹出【节点绘图函数】对话框,绘图函数名称默认为 Joint2,向量类型选择位移,振型数包含所有,组成选 UZ,确定,完成 Joint2 绘图函数的设置,同样的方法,设置 Joint37 绘图函数,所有设置完成后,确定返回【绘制函数轨迹显示定义】对话框,将函数列表里的 Joint2 和 Joint37 添加到竖向方程列表,水平绘图函数选择"FREQUENCY"。在【绘制函数轨迹显示定义】对话框中"频域"下可以设置频域范围以及轴标签,本例按默认,"选择线对象绘图函数"可以设定图像的线型及颜色和比例,设置完成后,点击右下角"显示",即可显示两不利点处位移谱曲线(图 7-19~图 7-23)。

由最不利点位移谱曲线可以看出,在 St1 工况下,角点(Joint2)最大响应发生在 $f=4.594\mathrm{Hz}$ 时,在 St2 工况下,中点(Joint37)最大响应发生在 $f=4.594\mathrm{Hz}$。

✎ Tips:
➠绘制位移谱曲线时,也可以按 F12 快捷键,一样弹出【绘制函数轨迹显示定义】对话框。

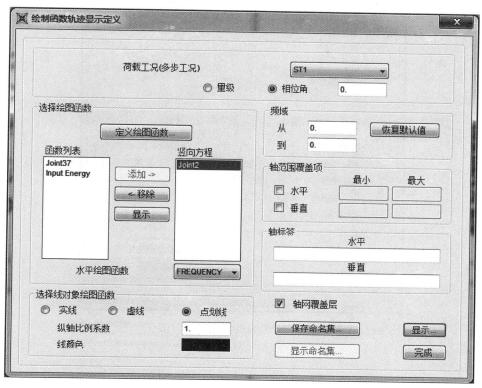

图 7-19　【绘制函数轨迹显示定义】对话框

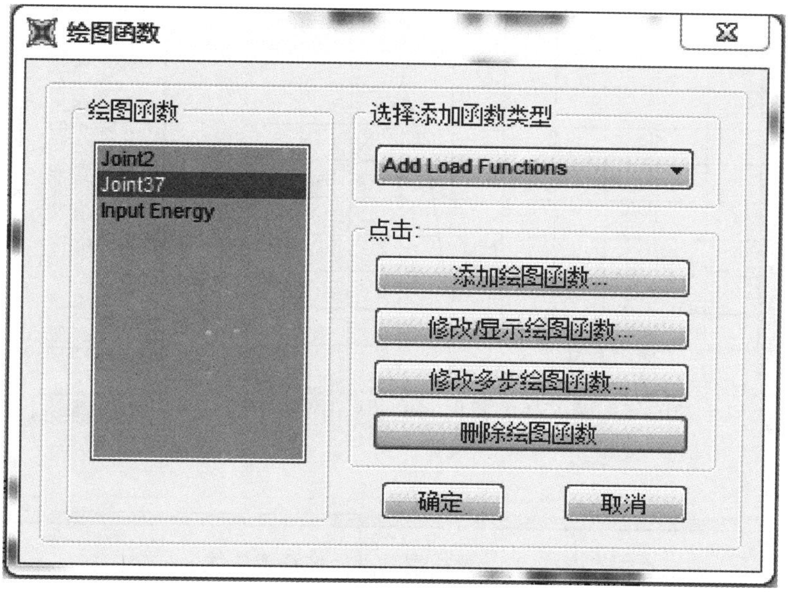

图 7-20　【绘图函数】对话框

图 7-21　【节点绘图函数】对话框

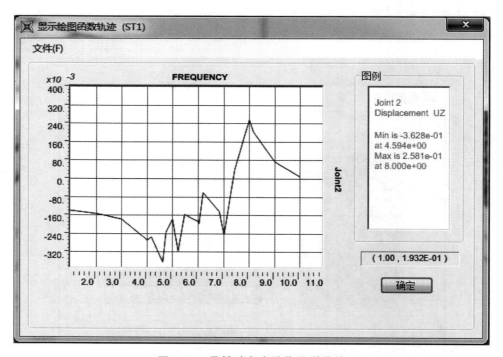

图 7-22　悬挑端角点处位移谱曲线

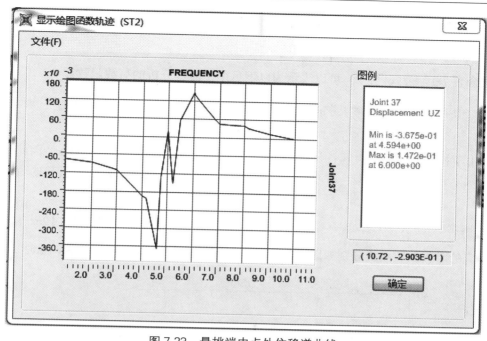

图 7-23　悬挑端中点处位移谱曲线

7.1.6　时程分析

计算由于人的行走引起结构的振动响应时，需要定义步行曲线，前人对步行曲线做了很多研究[18]，Allen 和 Rainer 对单人和多人连续行走产生的动力荷载进行了实测，并在实测基础上得出如下简化公式：

$$F(t) = P_0 [1 + \sum \alpha_i \cos (2\pi \overline{f}_i t + \varphi_i)] \qquad (7-1)$$

式中　P_0——人的体重，一般取 0.7kN；

　　　α_i——第 i 阶荷载频率的动力因子；

　　　$\overline{f}_i$——第 i 阶荷载频率；

　　　t——时间；

　　　φ_i——第 i 阶荷载频率的相位。

对于动力因子以及和荷载频率等的关系，Allen 和 Rainer 也给出了实验数据，见表 7-1。

人行走简谐波的模型参数　　　　　　　　　　　　　　　　　表 7-1

荷载频率阶数	人的行走		
	$\overline{f}_i$（Hz）	α_i	φ_i
1	1.6~2.2	0.5	0
2	3.2~4.4	0.2	$\pi/2$
3	4.8~6.6	0.1	$\pi/2$
4	6.4~8.8	0.05	$\pi/2$

行走荷载可以考虑前三节荷载频率的响应，荷载函数采用下式：

$$F(t) = \sum_{i=1}^{3} \alpha_i P_0 \cos(2\pi \overline{f}_i t + \varphi_i) \tag{7-2}$$

结合表 7-1，公式（7-2）可以表示为以下可用于时程分析的荷载函数：

$$F(t) = 0.29 \times \left[e^{-0.35\overline{f}_i} \cos(2\pi \overline{f}_i t) + e^{-0.70\overline{f}_i} \cos\left(4\pi \overline{f}_i t + \frac{\pi}{2}\right) + e^{-1.05} \cos\left(6\pi \overline{f}_i t + \frac{\pi}{2}\right) \right] \tag{7-3}$$

由上节稳态分析结果可知，角点和中点的竖向振动频率分别为 4.594Hz。因此取第一阶荷载频率分别为 1.531Hz，带入公式（7-3），可以得到不利点由人行走引起的荷载函数分别为：

$$F_1(t) = 0.29 \times \left[e^{-0.536} \cos(3.06\pi t) + e^{-1.072} \cos\left(6.12\pi t + \frac{\pi}{2}\right) + e^{-1.608} \cos\left(9.19\pi t + \frac{\pi}{2}\right) \right]$$

对应的时程函数曲线分别如图 7-24 所示。本例选取时间步长为 0.005s，总时长为 10s 共 2000 步。

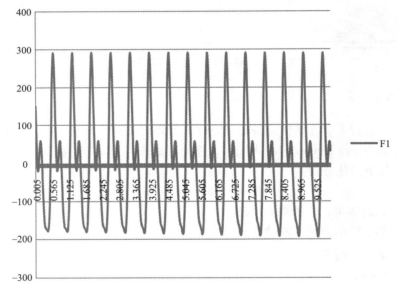

图 7-24　1 点的荷载函数曲线

时程分析按如下步骤进行：（1）定义时程函数；（2）施加荷载；（3）定义时程分析工况；（4）运行分析。

选择下拉菜单"定义→函数→时程"，弹出【定义时程函数】对话框，选择添加函数类型选"From File"，点击"添加新函数"，弹出【Time History 函数定义】对话框，函数名称填写"T-F1"，函数文件下方点击浏览，找到之前自己做好的函数文件，打开，即可看到函数图形下方已经显示出图形形状，此处可以设置对函数文件内数据的控制，右侧数值是下方选择"时间与函数值"，格式类型选择"自由格式"，完成后点击"转化为用户定义"，即完成了函数的定义（图 7-25～图 7-27）。

选择下拉菜单"定义→荷载模式"，弹出【定义荷载模式】对话框，按前面章节方法定义名称为 H-T1，类型为 OTHER，自乘系数为 0 的荷载模式。选择角点处节点，选择

图 7-25　【定义时程函数】对话框

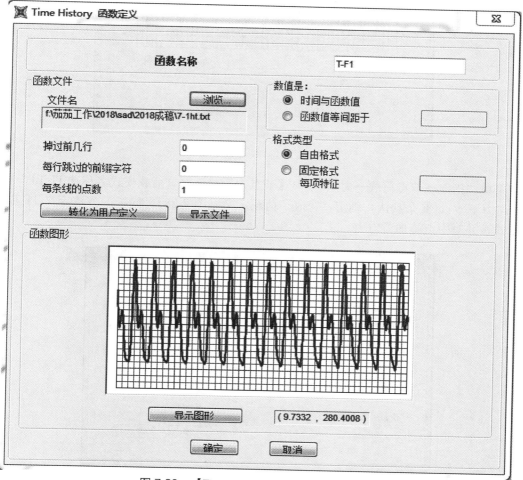

图 7-26　【Time History 函数定义】对话框

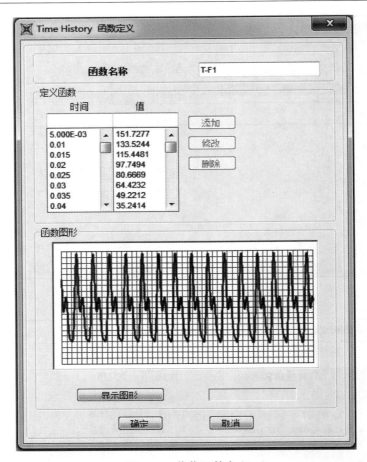

图 7-27　荷载函数定义

下拉菜单"指定→节点荷载→力",弹出【节点力】对话框,荷载模式名称选 H-T1,全局 Z 轴向力填−1,其余默认,确定,完成了荷载定义(图 7-28)。同样的方法定义 H-T2 荷载模式,并对中点施加节点力。

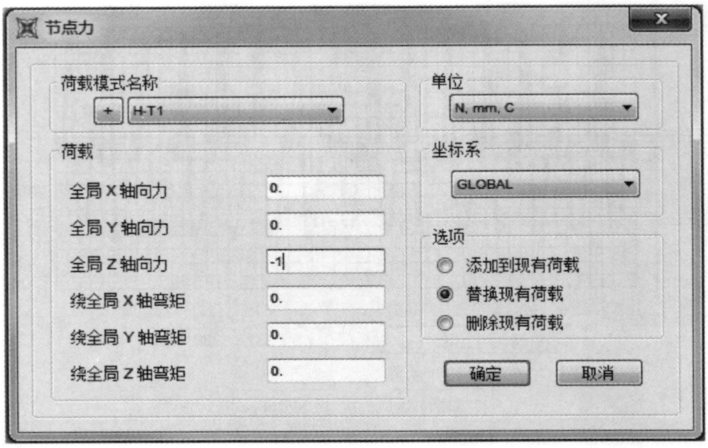

图 7-28　【节点力】对话框

选择下拉菜单"定义→荷载工况",弹出【定义荷载工况】对话框,选择"HT-1"荷载工况,点击右侧"修改/显示荷载工况",弹出【荷载工况数据-线性静力】对话框,荷载工况类型选为"Time History",初始条件默认,分析类型选择"线性",时程类型选择"瞬态",求解类型选用"振型叠加法",施加的荷载下荷载名称选"HT-1",函数选"T-F1"比例系数填"1",点击右边"添加",时间步数据下输出时间步的数量填"100",输出时间步的大小填"0.1",确定,完成了时程分析工况的定义(图 7-29)。同样的方法定义 HT-2 荷载工况(图 7-30)。

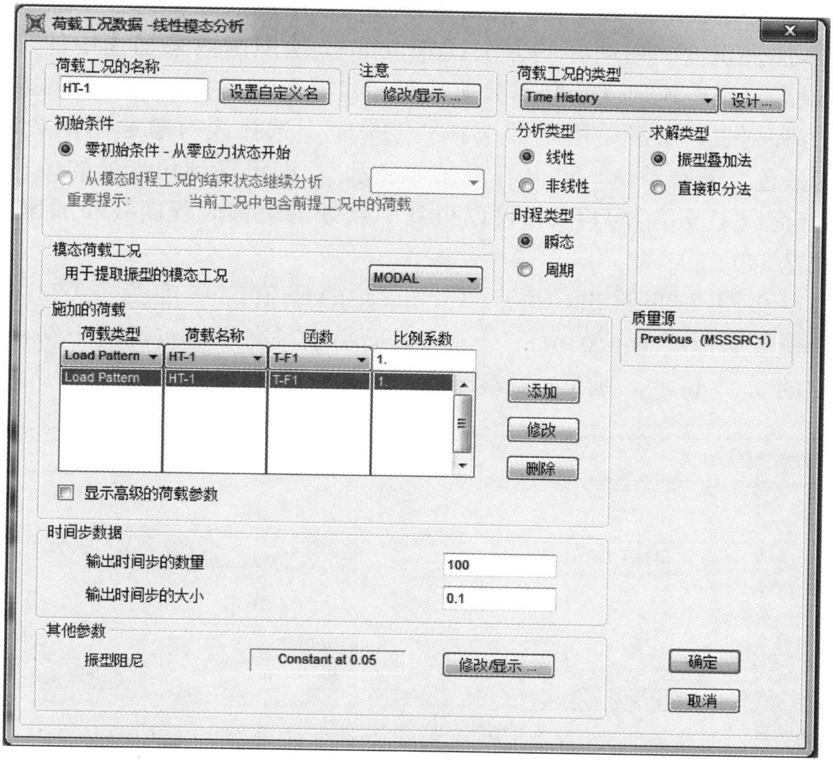

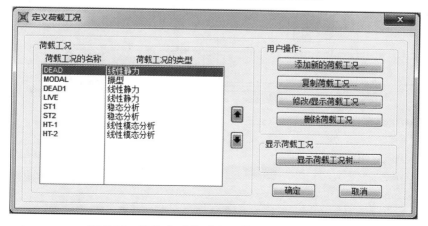

图 7-29 定义不利点 1 处时程分析工况

图 7-30 修改完成的【定义荷载工况】对话框

荷载工况定义完成，可以直接运行计算。计算完成后，即可查看各节点处的加速度时程曲线以及位移时程曲线。选择最不利点，分别对应节点号为 2 和 37。选定节点 2 和 37，选择下拉菜单"显示→显示绘图函数"，弹出【绘制函数轨迹显示定义】对话框，荷载工况选择"HT-1"，选择绘图函数下，可以看到函数列表里已经有"Joint2"和"Joint37"，点击"定义绘图函数"，弹出【绘图函数】对话框，选择添加函数类型改为"Add Joint Disps/Forces"，点击修改/显示绘图函数，弹出【节点绘图函数】对话框，绘图函数名称默认为 Joint2，向量类型选择加速度，振型数包含所有，组成选 UZ，确定，完成 Joint2 加速度绘图函数的设置，此时可以看到绘图函数列表里已经增加 Joint2 绘图函数，为了增加辨识度，用同样的方法设置 Joint37 绘图函数来描述中的加速度时程。所有设置完成后，确定返回【绘制函数轨迹显示定义】对话框，将函数列表里的 Joint2 添加到竖向方程列表，水平绘图函数选择"TIME"，选择线对象绘图函数线型为"实线"，颜色为黑色，其余默认，点击右下角"显示"，即可得到角点处的位移时程曲线。同样的方法，荷载工况选为 HT-2，可以得到中点处的位移时程曲线和加速度时程曲线（图 7-31～图 7-34）。

由图 7-35 和图 7-36 看出，角点（Joint2）的峰值加速度为 $0.0281m/s^2$，中点（Joint37）的峰值加速度为 $0.0191m/s^2$，均远远小于《高层建筑混凝土结构技术规程》3.7.7 条规定的 $0.15\ m/s^2$，满足舒适度要求。

图 7-31　绘制角点处位移时程曲线

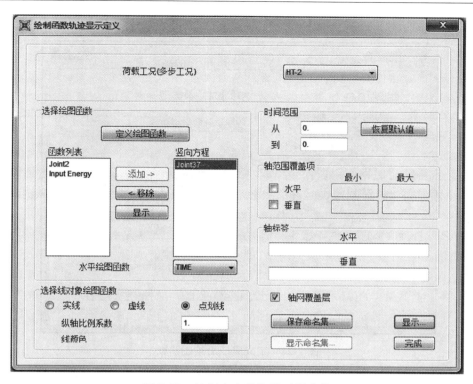

图 7-32　绘制中点处位移时程曲线

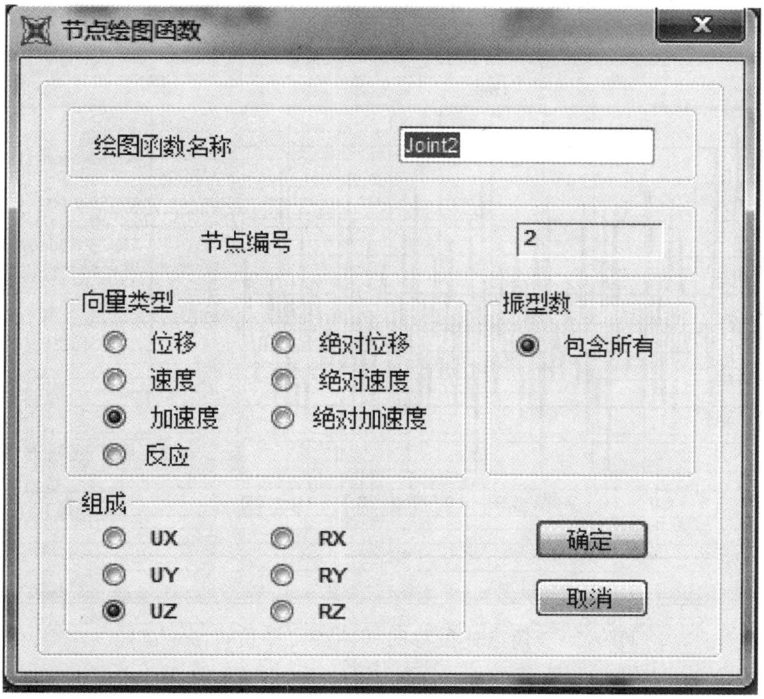

图 7-33　【节点绘图函数】对话框

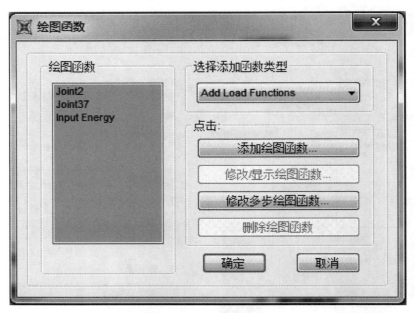

图 7-34　定义完成后绘图函数

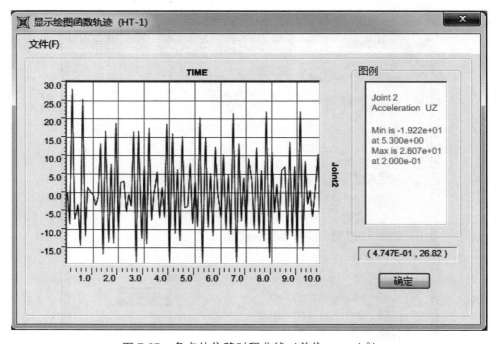

图 7-35　角点处位移时程曲线（单位：mm/s²）

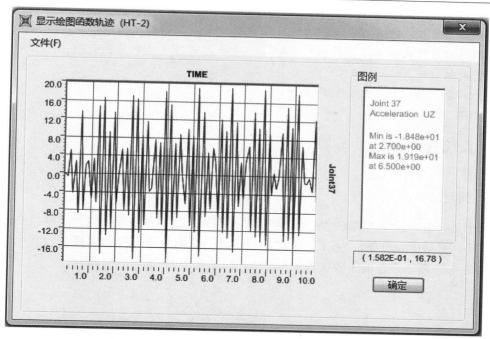

图 7-36 中点处加速度时程曲线（单位：mm/s²）

✎ Tips：

➠时程函数定义时，添加函数类型有很多种，包括标准的正弦余弦函数 Cosine，Sine，三角形函数 Triangular 等，用户可以根据需要选择，一般简单函数可以选择 User，由用户自定义函数值，手动输入，复杂函数常用的方法是预先做好函数文件，使用 From File 方式读入数据，然后转化为用户定义。稳态函数定义也是遵循相同的原则。

➠时程类型选项目前有瞬态和周期两个选项。这两个选项是指动力荷载的类型以及分析中荷载的使用方法。"瞬态"一般用于无规律的振动（例如地震荷载）。选择该项时，分析时间长度是由输入的"分析时间"控制的。"周期"一般用于有规律的振动（例如简谐振动）。选择该项时，时间荷载可只定义一个周期。例如：周期为 1s 的无衰减的正弦波荷载，如果用户想要分析一直重复振动的结果，那么可以在定义时间荷载时只定义 1 个周期长度的时间荷载（即时间荷载长度为 1s），然后在时程荷载工况对话框中的"分析时间"中输入 1s，在"时程类型"中选择"周期"，程序分析结果就会给出循环加载的效果。当然，也可以在定义时间荷载时重复定义多次循环，在时程荷载工况对话框中的"分析时间"中输入很长的时间，在"时程类型"中选择"瞬态"，两者效果是相同的。

➠求解类型选项目前有振型叠加法和直接积分法两个选项。振型叠加法是将多自由度体系的动力反应问题转化为一系列单自由度体系的反应，然后再线性叠加的方法。其优点是计算速度快节省时间，但是由于采用了线性叠加原理，原则上仅适用于分析线弹性问题，当进行非线性动力分析时或者因为装有特殊的阻尼器而不能满足阻尼正交（刚度和质量的线性组合）时是不能使用振型叠加法的。直接积分法是将时间作为积分参数解动力方程式的方法，又称为时域逐步积分法。直接积分法的优点是可以考虑刚度和阻尼的非线性特点，计算相对准确，但是因为要对所有时间步骤都要积分，所以分析时间相对较长。

➡施加荷载时要确保荷载单位的统一。

7.2　大跨连廊舒适度验算

7.2.1　问题说明

　　本小节选取一较复杂的工程实例，演示结构布置及边界条件复杂时舒适度验算的常规处理方法。舒适度验算部位为图 7-37 中的长连廊，选取长连廊周边两跨进行建模。平面布置如图 7-37 所示。混凝土强度等级为 C30，钢筋采用 HRB400 热轧钢筋。

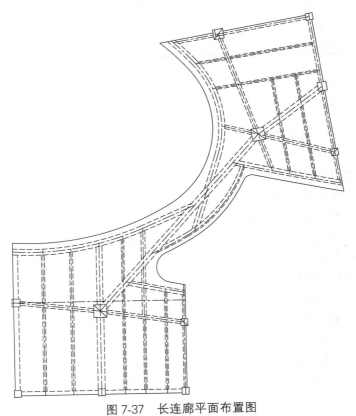

图 7-37　长连廊平面布置图

7.2.2　几何建模

　　由于实际模型较为复杂，本例采用导入 CAD 文件的方法建模。运行 SAP2000，点击"文件→导入→AutoCad. dxf 文件"，选择预先准备好的 dxf 文件，点击打开，弹出的【导入信息】对话框（图 7-38）中，全局向上方向选择"Z"，单位选择"N，mm，C"，确定。

弹出【DXF 导入】对话框（图 7-39）中，框架一栏选择对应图层，确定，所选图层的相应构件已经导入。此时导入的构件被默认指定为默认截面，需要按实际需要重新指定截面属性。本例为框架结构，按表 7-2 定义框架截面并指定给相应构件。构件指定方法前面章节多次介绍，本节不再赘述。

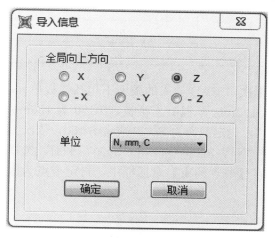

图 7-38 【导入信息】对话框

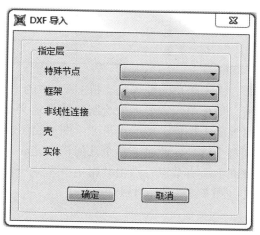

图 7-39 【DXF 导入】对话框

框架截面编号　　　　　　　　　　　　　　　　　　　　　　表 7-2

截面类型	截面编号	截面尺寸($b \times h$)
梁	B-2575	250×750
梁	B-2590	250×900
梁	B-30105	300×1050
梁	B-3595	350×950
梁	B-4060	400×600
梁	B-4075	400×750
梁	B-4090	400×900
梁	B-40100	400×1000
梁	B-40110	400×1100
梁	B-5060	500×600
梁	B-50110	500×1100
梁	B-50120	500×1200
梁	B-50130 ·	500×1300
梁	B-6060	600×600
梁	B-60140	600×1400
梁	B-70100	700×1000
梁	B-70110	700×1100

续表

截面类型	截面编号	截面尺寸($b \times h$)
梁	B-70120	700×1200
梁	B-70130	700×1300
柱	C-700	700×700
柱	C-900	900×900
柱	C-1300	1300×1300

由于壳单元导入只支持 CAD 中的三维面，本次由 CAD 导入的模型不包括楼板单元，所以楼板单元需要另外绘制，首先定义 S-120 为 120mm 厚混凝土楼板，S-150 为 150mm 厚混凝土楼板，然后点击"绘图→绘制多边形面"，选定截面为 S-120 或者 S-150，依次绘制每个楼板，此时，整个几何模型完成。切换到"X-Y Plane @ Z＝－3000"平面，选择此面上所有节点，点击"指定→节点→约束"，在【节点约束】对话框中，指定节点为固支（图 7-40、图 7-41）。

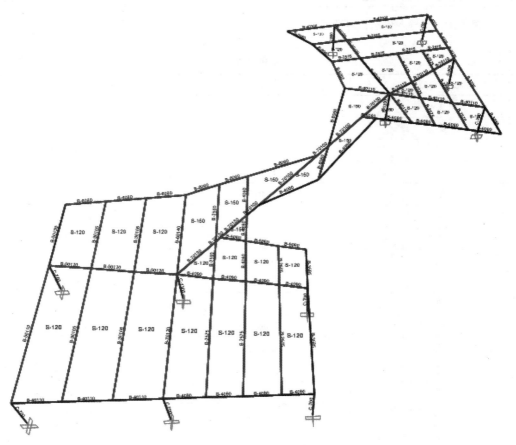

图 7-40　几何模型（截面）

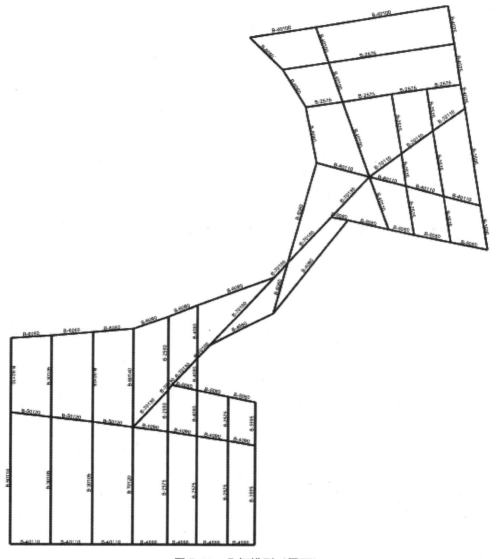

图 7-41 几何模型（平面）

为了计算达到一定的精度，需要对框架及截面进行网格划分，本小节框架和面都按"1m"的尺寸划分（图 7-42、图 7-43），划分后单元示意如图 7-44 所示。由图可以看出，同一边两侧面单元不一定共节点，所以，为了保证变形协调，对所有面指定自动边束缚，

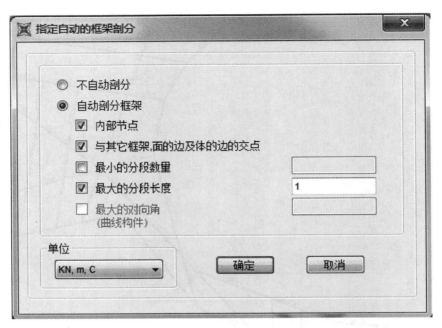

图 7-42　【框架分布荷载】对话框

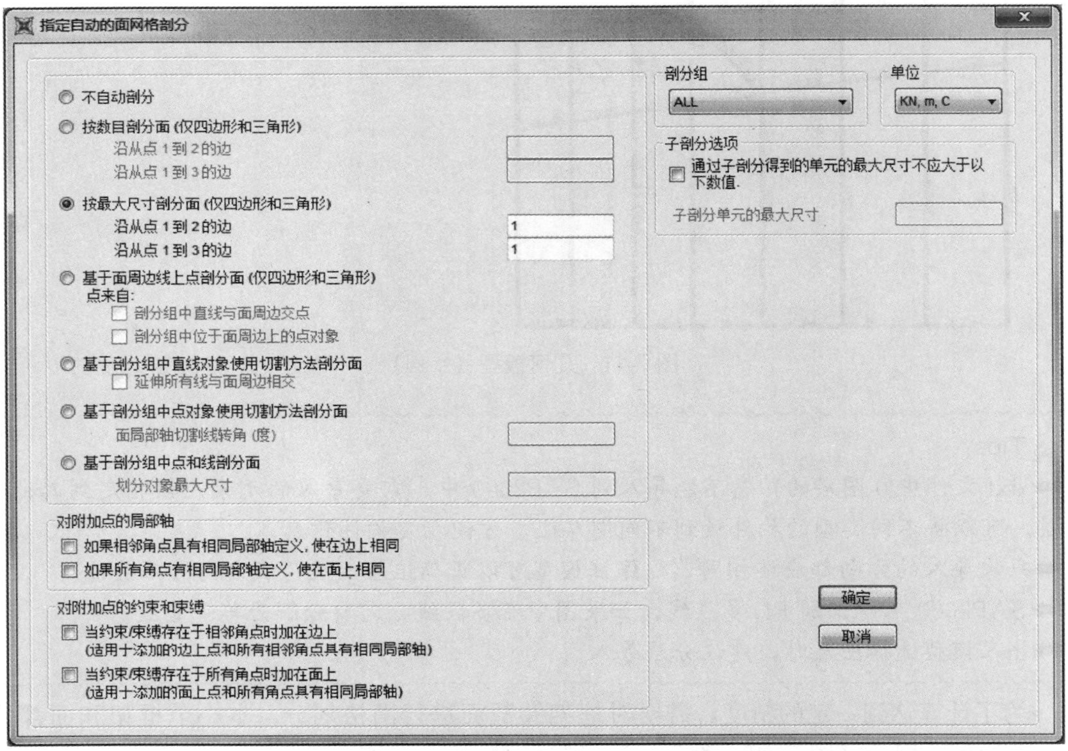

图 7-43　显示预应力筋荷载对话框

指定方法为，选定所有面截面，点击"指定→面→生成边束缚"，在【指定边束缚】对话框中，选择"沿对象边生成束缚"。

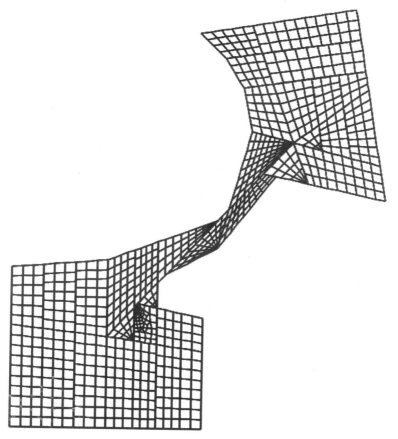

图 7-44 几何模型（平面）

7.2.3 荷载及质量源定义

按前面小节的方法，定义荷载模式 DEAD1 来指定结构板面附加恒载，定义 LIVE 来指定结构附加活荷载、S-LOAD1、S-LOAD2 来指定结构稳态分析动力激励荷载，H-T1、H-T2 来指定结构时程分析动力激励荷载。按前面小节的方法施加板面恒载 2.0kN/m²，板面活载 2.5kN/m²。

按照前面小节的方法，定义质量源，此实例为一商场，比较空旷，所以质量源定义的时候活荷载取为 0。质量源定义完成之后（图 7-45），即可以进行接下来的分析。

7.2.4 模态分析

按照上一小节的方法设定模态分析工况，设定完成后，可以直接运行计算。计算完成后，即可查看振型图（图 7-46～图 7-48）。前 12 阶振动均为竖向振动，即沿 Z 轴变形。模态分析时，网格的精细度对计算结果影响较大，为了考察网格划分对计算结果的影响，另

图 7-45　【质量源数据】对话框

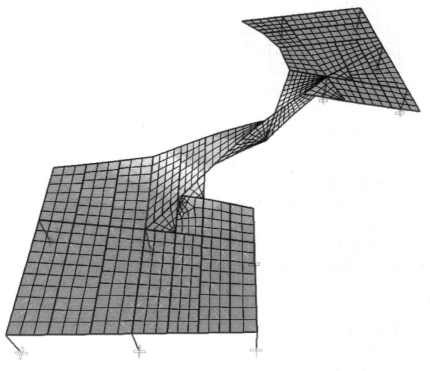

图 7-46　一阶振型（$f = 4.96333$）

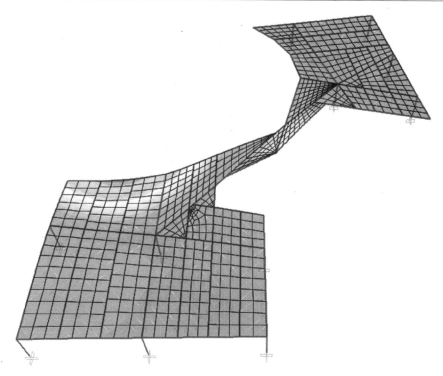

图 7-47 二阶振型 (f = 7. 39071)

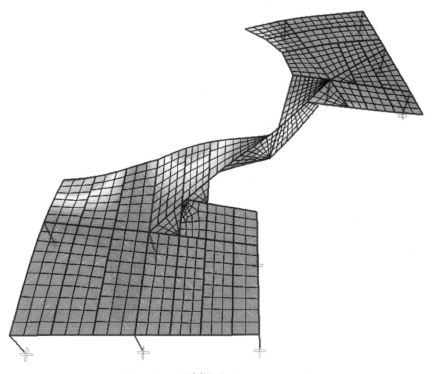

图 7-48 三阶振型 (f = 10. 15455)

外建一模型（模型二），平面布置及约束情况均相同，只是对所有单元不进行网格划分。最大变形点发生位置一般为连桥跨中，悬挑端，或者梁跨中，图 7-49 示意最大变形点平面位置。各阶振型对应频率及最大变形节点情况见表 7-3。

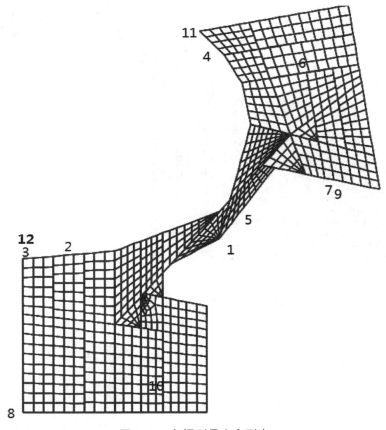

图 7-49　各振型最大变形点

振型　　　　　　　　　　　　　　　　　　　　　　　　　　　　表 7-3

振型	频率（Hz）		最大变形点	
	划分网格后	不划分网格	划分网格后	不划分网格
1 阶	4.96333	4.77806	1	1
2 阶	7.39071	6.87745	2	2
3 阶	10.15455	9.54307	3	3
4 阶	10.24324	9.65526	4	4
5 阶	10.96192	11.32051	5	11
6 阶	11.3311	12.31326	6	7
7 阶	12.84971	13.35506	7	11
8 阶	13.27211	13.61728	8	11
9 阶	13.77276	13.821564	9	8

振型	频率（Hz）		最大变形点	
	划分网格后	不划分网格	划分网格后	不划分网格
10 阶	14.09143	14.11209	10	3
11 阶	14.80823	15.00653	11	6
12 阶	15.00148	16.27379	12	6

由图表可见，低阶振型对应最大变形处均在连桥跨中或者悬挑端部，一阶振型对应最大变形点发生在连桥跨中 1 点，二阶振型对应最大变形点发生在悬挑较大端的端部。两个模型前四阶振动规律一致，频率也接近，模型二频率稍小，且高阶振型更倾向于局部振动。由图 7-50 可以发现，不对单元进行网格划分时，构件间的变形协调较困难，造成模态分析结果失真，没有参考意义。

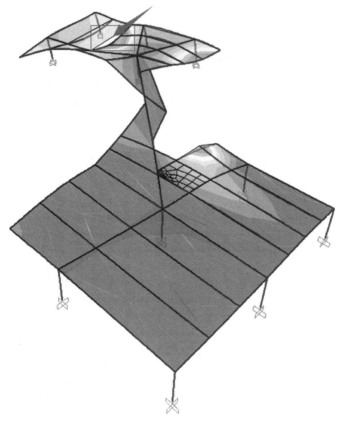

图 7-50　不划分网格第 12 阶振型

✎ Tips：
➡模态分析时，需要设定适合的网格密度，且对截面施加边束缚，以保证得到正确合理的解。

7.2.5　稳态分析

根据模态分析结果，本小节选取 1、2 点为最不利点做稳态分析，确定不利点的自振频率。模态分析的设定和方法同上小节。

根据模态分析结果，1、2 点的频率为 4.96333 和 7.39071，所以取频域范围为 1～15Hz，由于我们只关心峰值响应对应的频率，所以纵坐标取值为单位荷载，响应函数公式为 $f(x)=1$，函数图像如图 7-51 所示。

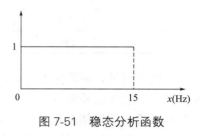

图 7-51　稳态分析函数

选择下拉菜单"指定→节点荷载→力"，弹出【节点力】对话框，荷载模式名称选 S-LOAD1，全局 Z 轴向力填－1，其余默认，确定，完成了 1 点荷载定义，同样的方法，选择不利点 2 处节点，完成荷载的定义。

按照上小节的方法，定义 Steady1 以及 Steady2 荷载工况进行稳态分析，以考察 1、2 点稳态分析情况（图 7-52）。

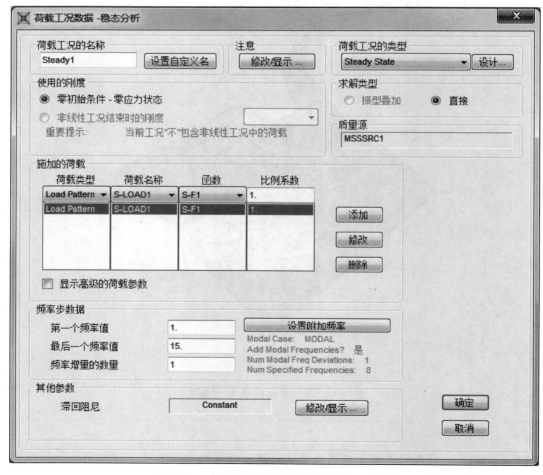

图 7-52　【荷载工况数据-稳态分析】对话框

荷载工况定义完成，可以直接运行计算。计算完成后，即可查看各节点处的位移谱曲线。选择最不利点 1 和 2 点，分别对应节点号为 36 和 21（图 7-53、图 7-54）。

由最不利点位移谱曲线可以看出，在 Steady1 工况下，1 点（Joint36）最大响应发生在 $f=4.963\text{Hz}$ 时，在 Steady2 工况下，2 点（Joint21）最大响应发生在 $f=7.391\text{Hz}$。

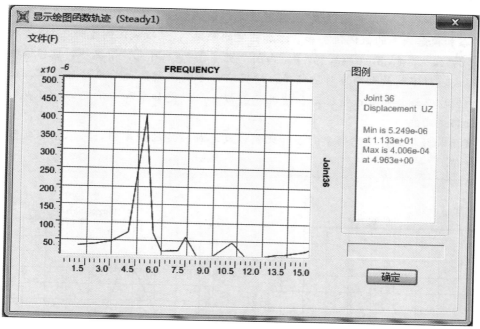

图 7-53 最不利点 1 处位移谱曲线

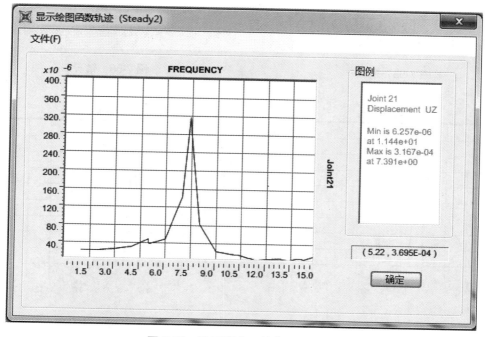

图 7-54 最不利点 2 处位移谱曲线

✎ Tips:

➡ 荷载工况定义时,在频率步数据下有一个"设置附加频率"按钮,为了考察此对话框中各添加选项的作用,设置四种情况,考察最不利变形点 1 处位移谱曲线。情况一:不勾选任何添加选项;情况二:勾选"添加模态频率";情况三:勾选"添加模态频率"和"添加模态频率的微调值",且微调比例设为 0.1;情况四:勾选"添加模态频率""添加模态频率的微调值"和"添加指定的频率",且微调比例设为 0.1,添加的指定频率为 2,3,4,5,6,7,8,9。由图 7-55~图 7-58 可见,情况一,位移谱曲线由两点形成,得不到最大响应对应频率;情况二,可以得到最大响应对应频率,位移谱曲线由较少点连接而成;情况三和情况二类似,曲线更加柔和;情况四,可以得到较好的位移谱曲线。

➡ 设置附加频率时,模态频率的添加比例以及添加指定的频率值,可以根据实际需要调整数值。

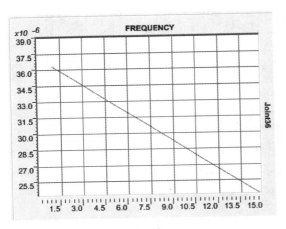

图 7-55　情况一

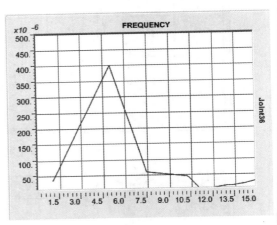

图 7-56　情况二

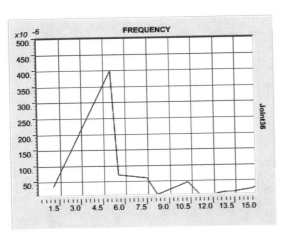

图 7-57　情况三

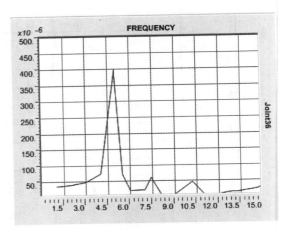

图 7-58　情况四

7.2.6　时程分析

按照上一小节的方法定义时程曲线。由上节稳态分析结果可知，1（Joint36），2（Joint21）点的竖向振动频率分别为4.96Hz和7.39Hz。因此取1（Joint36），2（Joint21）点的第一阶荷载频率分别为1.65Hz和1.84Hz，代入公式（7-3），可以得到1（Joint36），2（Joint21）点由人行走引起的荷载函数分别为：

$$F_1(t)=0.29\times\left[e^{-0.5775}\cos(3.3\pi t)+e^{-1.155}\cos\left(6.6\pi t+\frac{\pi}{2}\right)+e^{-1.7325}\cos\left(9.9\pi t+\frac{\pi}{2}\right)\right]$$

$$F_2(t)=0.29\times\left[e^{-0.644}\cos(3.68\pi t)+e^{-1.288}\cos\left(7.36\pi t+\frac{\pi}{2}\right)+e^{-1.932}\cos\left(11.04\pi t+\frac{\pi}{2}\right)\right]$$

对应的时程函数曲线分别如图7-59和图7-60所示。本例选取时间步长为0.005s，总时长为15s共3000步。

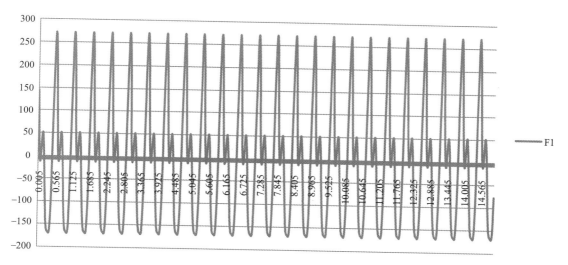

图 7-59　1点的荷载函数曲线

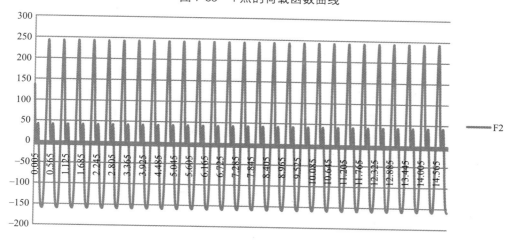

图 7-60　2点的荷载函数曲线

按照上一小节方法，定义时程分析函数"TF1"和"TF2"。选择不利点1处节点，选择下拉菜单"指定→节点荷载→力",弹出【节点力】对话框(图 7-61),荷载模式名称选 H-T1,全局 Z 轴向力填-1,其余默认,确定,完成了荷载定义。同样的方法定义 H-T2 荷载模式,并对 2 点施加节点力。

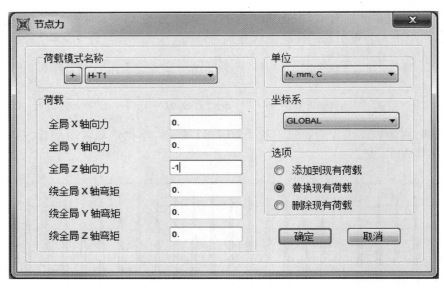

图 7-61　【节点力】对话框

按照上小节方法定义荷载工况 H-T1 和 H-T2,时间步数据下输出时间步的数量填 150,输出时间步的大小填 0.1,完成时程分析荷载工况的定义。

荷载工况定义完成,可以直接运行计算。计算完成后,即可查看各节点处的加速度时程曲线以及位移时程曲线。选择最不利点 1 和点 2,分别对应节点号为 36 和 21。选定节点 36 和 21,选择下拉菜单"显示→显示绘图函数",弹出【绘制函数轨迹显示定义】对话框,荷载工况选择"H-T1",选择绘图函数下,可以看到函数列表里已经有"Joint36"和 "Joint21",点击"定义绘图函数",弹出【绘图函数】对话框,选择添加函数类型改为 "Add Joint Disps/Forces",点击添加绘图函数,弹出【节点绘图函数】对话框,绘图函数名称默认为 Joint36-1,向量类型选择加速度,振型数包含所有,组成选 UZ,确定,完成 Joint36 加速度绘图函数的设置,此时可以看到绘图函数列表里已经增加 Joint36-1 绘图函数,为了增加辨识度,修改绘图函数名称为 Joint36-a,同样的方法,设置 Joint21-a 绘图函数,来描述不利点 2 的加速度时程。所有设置完成后,确定返回【绘制函数轨迹显示定义】对话框,将函数列表里的 Joint36 添加到竖向方程列表,水平绘图函数选择"TIME",选择线对象绘图函数线型为实线,颜色为黑色,其余默认,点击右下角"显示",即可得到不利点 1 处的位移时程曲线(图 7-62),将 Joint36 从竖向方程列表里移除,添加 Joint36-a 到竖向方程列表里,即可得到不利点 1 处的加速度时程曲线。同样的方法,荷载工况选为 H-T2,可以得到不利点 2 处的位移时程曲线和加速度时程曲线。

由图 7-63 和图 7-64 看出,1 点(Joint36)的峰值加速度为 0.01127m/s^2,2 点 (Joint21)的峰值加速度为 0.00469m/s^2,均远远小于《高层建筑混凝土结构技术规程》 3.7.7 条规定的 0.15 m/s^2,满足舒适度要求。

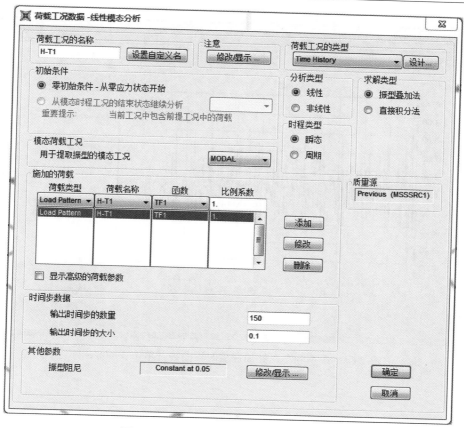

图 7-62　定义不利点 1 处时程分析工况

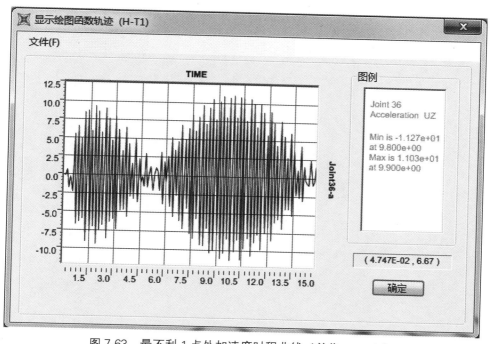

图 7-63　最不利 1 点处加速度时程曲线（单位：mm/s²）

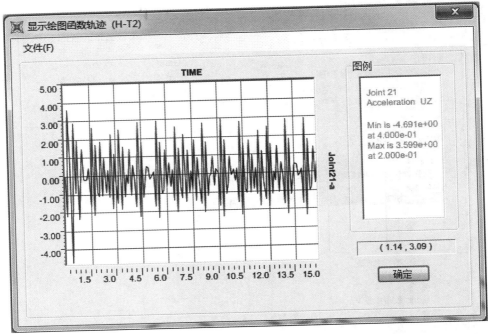

图 7-64　最不利 2 点处加速度时程曲线（单位：mm/s²）

第8章 相关计算说明

8.1 单元节点力与截面切割

SAP2000 中提供了截面切割功能，该功能可以通过快速截面切割或者定义组、定义截面的方式实现，该功能能够简便地获取模型中部分隔离体的内力，特别是快速截面切割功能，操作简便，结果直观，在结构分析中常常使用。但是，在实际操作中，部分使用者并不清楚该功能的使用规则，往往造成结果的异常或者错误，因此，有必要搞清楚截面切割功能的确切含义和取值方法。

8.1.1 单元节点力的概念

在明确截面切割功能之前，必须先清楚单元节点力的基本概念。根据有限元的基本求解过程和概念，有限元解答的基础结果是节点位移，单元的内力和应力是根据节点位移推导得到的（图 8-1）。在普通的静力分析中，对于非边界节点，在没有外荷载的作用下，所有单元节点力之和应为零。

8.1.2 截面切割的示例一

以下通过一个简单的示例给出截面切割的后台计算过程。

如图 8-2 所示，建立一个由四个壳单元组成的分析模型，壳单元斜向布置，斜率 2∶1，顶部作用不同的竖向集中力和水平集中力，底部固支，为去除自重内力的干扰，添加的外力均为 LIVE 工况，后续的单元节点力查看也在 LIVE 工况下进行（表 8-1）。

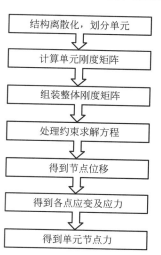

图 8-1 有限元分析流程图

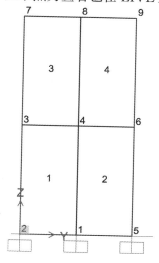

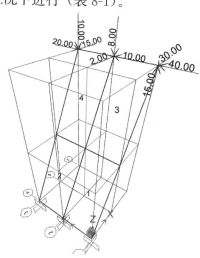

图 8-2 截面切割验证模型

节点荷载			表 8-1
节点号	F_x (kN)	F_y (kN)	F_z (kN)
7	-30	40	15
8	2	10	-8
9	-15	-20	-10

选择下拉菜单：显示/显示表，在【选择显示表】对话框（图 8-3）中，勾选分析结果/单元输出/面输出/Table：Element Joint Force-Area 选型，在荷载模式和荷载工况中均选中"LIVE"活载项，点击确定。系统给出指定项的值表（图 8-4）。

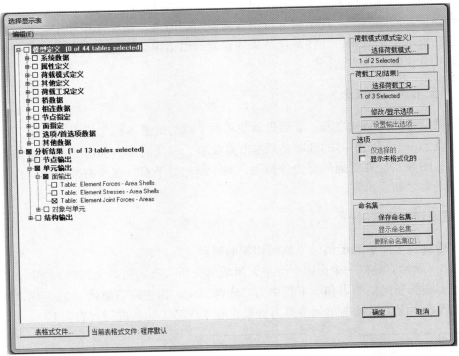

图 8-3　【选择显示表】对话框

切换视图为 3d 视图 YZ 方向，孔径角取 0°，选择下拉菜单：显示/显示力、应力/壳，在【构件内力图】中，选择工况为"LIVE"，分量类型选择"内力"，分量选择"F22"，点击确定，显示竖向壳应力。选择下拉菜单：绘制/绘制截面切割，在 3、4、6 节点上方绘制截面切割（图 8-5），系统给出【截面切割应力与力】对话框，给出力和弯矩的统计结果。

SAP2000 的截面切割功能相当于力学中划分隔离体的概念，通过截面切割，将单元划分出隔离体，系统统计出隔离体另一半对隔离体的外力，这个结果分别以力和弯矩的分量形式给出（图 8-6）。以下分别说明各项内容：

1. 截面切割线投影坐标

是指在当前视图角度下，切割线起点与终点在 Z＝0 平面的投影点坐标。

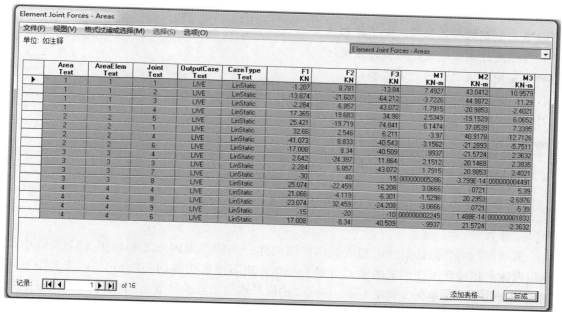

图 8-4 对应值的输出表

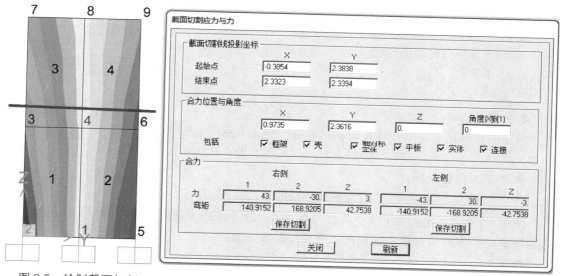

图 8-5 绘制截面切割

图 8-6 【截面切割应力与力】对话框

2. 合力位置与角度

自动生成的合力位置是指起点与终点投影坐标的中点，系统自动将截面切割的内力向该点集中，内力以局部坐标分量的形式给出，局部坐标以起点到终点投影坐标形成的矢量方向为 1 轴，系统的 Z 方向为 3 轴，右手定则确定 2 轴。系统给出局部 1 轴与系统 X 轴的夹角，即"角度（X 到 1）"，为便于查看合力，可手动修改"角度（X 到 1）"为"0"，点击刷新，此时内力的局部坐标系即与系统坐标系完全一致。

✎ Tips:

➡截面切割的合力位置不是力学概念的合力位置，前者是剖切线的投影中点，后者是将弯矩通过偏心等效后的合力点坐标。

➡本例中合力位置的计算过程：

$$P_A^x = (P_S^x + P_E^x)/2 = (-0.3854 + 2.3323)/2 = 0.9735$$
$$P_A^y = (P_S^y + P_E^y)/2 = (2.3838 + 2.3394)/2 = 2.3616$$

➡本例中局部 1 轴方向的计算过程：

$$\theta = \arctan\left(\frac{P_E^y - P_S^y}{P_E^x - P_S^x}\right) = \arctan\left(\frac{2.3394 - 2.3838}{2.3323 + 0.3854}\right) = 359.0640°$$

图 8-6 中的 0° 是为统计内力方便修改后的结果。

3. 合力

截面切割的合力是指被切割线剖切的隔离体一侧的节点内力之和，在 SAP2000 中这个隔离体是指被切割线切割的单元（对于壳单元应有两条边与切割线相交）。本例中被切割线相交的单元是单元 3 和单元 4，单元 3 的统计点是节点 3 和节点 4，单元 4 的统计点是节点 4 和节点 6。

以 f_{ij}^k 表示 i 单元的 j 节点的单元节点力在 k 方向的分量。则隔离体外力可以表达为：

力 1：$F_1 = \sum (f_{ij}^1) = f_{33}^1 + f_{34}^1 + f_{44}^1 + f_{46}^1 = 2.284 + 2.642 + 21.066 + 17.008 = 43\text{kN}$

力 2：$F_2 = \sum (f_{ij}^2) = f_{33}^2 + f_{34}^2 + f_{44}^2 + f_{46}^2 = 6.857 - 24.397 - 4.119 - 8.34$
$$= -29.999\text{kN}$$

力 3：$F_3 = \sum (f_{ij}^3) = f_{33}^3 + f_{34}^3 + f_{44}^3 + f_{46}^3 = -43.072 + 11.864 - 6.301 + 40.509$
$$= 3\text{kN}$$

4. 合弯矩

弯矩的计算稍微复杂，首先需要获取各个单元节点的坐标：

$$P_3 = (1, 0, 2)；P_4 = (1, 1, 2)；P_6 = (1, 2, 2)$$

合力点 A 位置坐标：

$$P_A = (0.9735, 2.3616, 0)$$

使用 d_{ij}^k 表达 i 单元的 j 节点与合力点 A 在 k 方向的坐标差，以 m_{ij}^k 表示 i 单元的 j 节点的弯矩在 k 方向的分量。则隔离体弯矩可以表达为：

弯矩 1：

$$M_1 = \sum(m_{ij}^1) + \sum(f_{ij}^3 \times d_{ij}^2 - f_{ij}^2 \times d_{ij}^3) = (m_{33}^1 + m_{34}^1 + m_{44}^1 + m_{46}^1) + (f_{33}^3 \times d_{33}^2 - f_{33}^2 \times$$
$$d_{33}^3 + f_{34}^3 \times d_{34}^2 - f_{34}^2 \times d_{34}^3 + f_{44}^3 \times d_{44}^2 - f_{44}^2 \times d_{44}^3 + f_{46}^3 \times d_{46}^2 - f_{46}^2 \times d_{46}^3)$$
$$= (1.7915 + 2.1512 - 1.5298 - 0.9937) + [-43.072 \times (0 - 2.3616) - 6.857 \times (2 -$$
$$0) + 11.864 \times (1 - 2.3616) + 24.397 \times (2 - 0) - 6.301 \times (1 - 2.3616) + 4.119 \times$$
$$(2 - 0) + 40.509 \times (2 - 2.3616) + 8.34 \times (2 - 0)]$$
$$= 140.9134\text{kN} \cdot \text{m}$$

弯矩 2：

$$M_2 = \sum(m_{ij}^2) + \sum(f_{ij}^1 \times d_{ij}^3 - f_{ij}^3 \times d_{ij}^1) = (m_{33}^2 + m_{34}^2 + m_{44}^2 + m_{46}^2) + (f_{33}^1 \times d_{33}^3 - f_{33}^3 \times$$

$$d_{33}^1 + f_{34}^1 \times d_{34}^3 - f_{34}^3 \times d_{34}^1 + f_{44}^1 \times d_{44}^3 - f_{44}^3 \times d_{44}^1 + f_{46}^1 \times d_{46}^3 - f_{46}^3 \times d_{46}^1)$$

$$= (20.9853 + 20.1469 + 20.2953 + 21.5724) + [2.284 \times (2-0) + 43.072 \times (1-0.9735) + 2.642 \times (2-0) - 11.864 \times (1-0.9735) + 21.066 \times (2-0) + 6.301 \times (1-0.9735) + 17.008 \times (2-0) - 40.509 \times (1-0.9735)]$$

$$= 168.9204 \mathrm{kN \cdot m}$$

弯矩 3：

$$M_3 = \sum (m_{ij}^3) + \sum (f_{ij}^2 \times d_{ij}^1 - f_{ij}^1 \times d_{ij}^2) = (m_{33}^3 + m_{34}^3 + m_{44}^3 + m_{46}^3) + (f_{33}^2 \times d_{33}^1 - f_{33}^1 \times$$

$$d_{33}^2 + f_{34}^2 \times d_{34}^1 - f_{34}^1 \times d_{34}^2 + f_{44}^2 \times d_{44}^1 - f_{44}^1 \times d_{44}^2 + f_{46}^2 \times d_{46}^1 - f_{46}^1 \times d_{46}^2)$$

$$= (2.4021 + 2.3835 - 2.6976 - 2.3632) + [6.857 \times (1-0.9735) - 2.284 \times (0-2.3616) - 24.397 \times (1-0.9735) - 2.642 \times (1-2.3616) - 4.119 \times (1-0.9735) - 21.066 \times (1-2.3616) - 8.34 \times (1-0.9735) - 17.008 \times (2-2.3616)]$$

$$= 42.7546 \mathrm{kN \cdot m}$$

> ✎ Tips：
> ➡ 以上弯矩的手工统计结果与系统给出的结果在小数点后两位有一些小出入，是由于显示的合力点坐标与单元节点力取值的精度不足造成。

8.1.3 截面切割的示例二

继续实例一的模型，换一个切割线，选择下拉菜单：显示/显示力、应力/壳，在【构件内力图】中，选择工况为"LIVE"，分量类型选择"内力"，分量选择"F22"，点击确定，显示竖向壳应力。选择下拉菜单：绘制/绘制截面切割，在 3、4 节点上方绘制截面切割（图 8-7），系统给出【截面切割应力与力】对话框，给出力和弯矩的统计结果（图 8-8）。

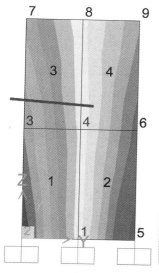

图 8-7 绘制截面切割

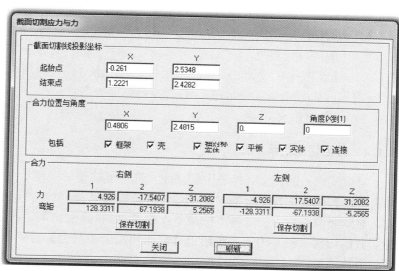

图 8-8 【截面切割应力与力】对话框

385

示例一已经给出合力位置和角度的说明，以下仅给出合力的计算过程。本例中被切割线有两条边相交的只有单元 3，单元 3 的统计点是节点 3 和节点 4。

1. 合力：

力 1：$F_1 = \sum(f_{ij}^1) = f_{33}^1 + f_{34}^1 = 2.284 + 2.642 = 4.926 \text{kN}$

力 2：$F_2 = \sum(f_{ij}^2) = f_{33}^2 + f_{34}^2 = 6.857 - 24.397 = -17.54 \text{kN}$

力 3：$F_3 = \sum(f_{ij}^3) = f_{33}^3 + f_{34}^3 = -43.072 + 11.864 = -31.208 \text{kN}$

2. 合弯矩

各个单元节点的坐标：

$P_3 = (1, 0, 2)$；$P_4 = (1, 1, 2)$。

合力点 A 位置坐标：

$P_A = (0.4806, 2.4815, 0)$。

弯矩 1：

$$M_1 = \sum(m_{ij}^1) + \sum(f_{ij}^3 \times d_{ij}^2 - f_{ij}^2 \times d_{ij}^3) = (m_{33}^1 + m_{34}^1) + (f_{33}^3 \times d_{33}^2 - f_{33}^2 \times d_{33}^3 + f_{34}^3 \times d_{34}^2 - f_{34}^2 \times d_{34}^3)$$

$$= (1.7915 + 2.1512) + [-43.072 \times (0 - 2.4815) - 6.857 \times (2 - 0) + 11.864 \times (1 - 2.4815) + 24.397 \times (2 - 0)]$$

$$= 128.3294 \text{kN} \cdot \text{m}$$

弯矩 2：

$$M_2 = \sum(m_{ij}^2) + \sum(f_{ij}^1 \times d_{ij}^3 - f_{ij}^3 \times d_{ij}^1) = (m_{33}^2 + m_{34}^2) + (f_{33}^1 \times d_{33}^3 - f_{33}^3 \times d_{33}^1 + f_{34}^1 \times d_{34}^3 - f_{34}^3 \times d_{34}^1)$$

$$= (20.9853 + 20.1469) + [2.284 \times (2 - 0) + 43.072 \times (1 - 0.4806) + 2.642 \times (2 - 0) - 11.864 \times (1 - 0.4806)]$$

$$= 67.1936 \text{kN} \cdot \text{m}$$

弯矩 3：

$$M_3 = \sum(m_{ij}^3) + \sum(f_{ij}^2 \times d_{ij}^1 - f_{ij}^1 \times d_{ij}^2) = (m_{33}^3 + m_{34}^3) + (f_{33}^2 \times d_{33}^1 - f_{33}^1 \times d_{33}^2 + f_{34}^2 \times d_{34}^1 - f_{34}^1 \times d_{34}^2)$$

$$= (2.4021 + 2.3835) + [6.857 \times (1 - 0.4806) - 2.284 \times (0 - 2.4815) - 24.397 \times (1 - 0.4806) - 2.642 \times (1 - 2.4815)]$$

$$= 5.2572 \text{kN} \cdot \text{m}$$

8.1.4 截面切割的示例三

继续实例一的模型，换一个切割线，选择下拉菜单：显示/显示力、应力/壳，在【构件内力图】中，选择工况为"LIVE"，分量类型选择"内力"，分量选择"F22"，点击确定，显示竖向壳应力。选择下拉菜单：绘制/绘制截面切割，在 3 节点上方到 4 节点下方绘制截面切割（图 8-9），系统给出【截面切割应力与力】对话框（图 8-10），给出力和弯矩的统计结果。

示例一已经给出合力位置和角度的说明，以下仅给出合力的计算过程。本例中被切割线相交的单元是单元 3 和单元 1，单元 3 的统计点是节点 3，单元 1 的统计点是节点 1、节

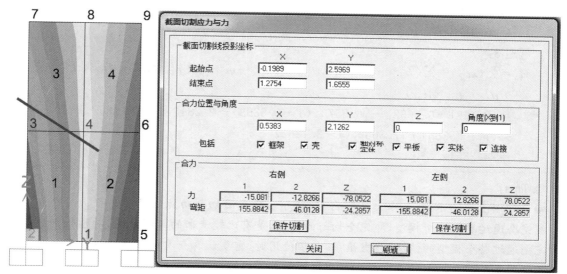

图 8-9　绘制截面切割　　　　　　图 8-10　【截面切割应力与力】对话框

点 2 和节点 3。由于本例为静力分析，对于单元 1，节点 1、节点 2、节点 3 的统计结果与节点 4 的结果大小相等、方向相反，为便于统计，在统计单元 1 的节点力时，可直接取节点 4 的单元节点力的负值。

两个节点。

1. 合力

力 1：$F_1 = \sum(f^1_{ij}) = f^1_{33} - f^1_{14} = 2.284 - 17.365 = -15.081\text{kN}$

力 2：$F_2 = \sum(f^2_{ij}) = f^2_{33} - f^2_{14} = 6.857 - 19.683 = -12.826\text{kN}$

力 3：$F_3 = \sum(f^3_{ij}) = f^3_{33} - f^3_{14} = -43.072 - 34.98 = -78.052\text{kN}$

2. 合弯矩

各个单元节点的坐标：

$P_3 = (1, 0, 2)$；$P_4 = (1, 1, 2)$。

合力点 A 位置坐标：

$P_A = (0.5383, 2.1262, 0)$。

弯矩 1：

$M_1 = \sum(m^1_{ij}) + \sum(f^3_{ij} \times d^2_{ij} - f^2_{ij} \times d^3_{ij}) = (m^1_{33} - m^1_{14}) + (f^3_{33} \times d^2_{33} - f^3_{33} \times d^3_{33} - f^3_{14} \times d^2_{14} + f^2_{14} \times d^3_{14})$

$= (1.7915 - 2.5349) + [-43.072 \times (0 - 2.1262) - 6.857 \times (2 - 0) - 34.98 \times (1 - 2.1262) + 19.683 \times (2 - 0)]$

$= 155.8828\text{kN} \cdot \text{m}$

弯矩 2：

$M_2 = \sum(m^2_{ij}) + \sum(f^1_{ij} \times d^3_{ij} - f^3_{ij} \times d^1_{ij}) = (m^2_{33} - m^2_{14}) + (f^1_{33} \times d^3_{33} - f^3_{33} \times d^1_{33} - f^1_{14} \times d^3_{14} + f^3_{14} \times d^1_{14})$

$= (20.9853 + 19.1529) + [2.284 \times (2 - 0) + 43.072 \times (1 - 0.5383) - 17.365 \times (2 -$

387

0)+34.98×(1−0.5383)]

=46.0128kN・m

弯矩 3：

$$M_3 = \sum(m_{ij}^3) + \sum(f_{ij}^2 \times d_{ij}^1 - f_{ij}^1 \times d_{ij}^2) = (m_{33}^3 - m_{14}^3) + (f_{33}^2 \times d_{33}^1 - f_{33}^1 \times d_{33}^2 - f_{14}^2 \times d_{14}^1 + f_{14}^1 \times d_{14}^2)$$

$$= (2.4021 - 6.0652) + [6.857 \times (1-0.5383) - 2.284 \times (0-2.1262) - 19.683 \times (1-0.5383) + 17.365 \times (1-2.1262)]$$

$$= 24.2851kN・m$$

> ✎ Tips：
> ➡通过以上三个示例，可以大致明白 SAP2000 的截面切割功能的计算过程。对于切割线完全通过整个分析模型，即完全切断的情况，是有比较清晰的工程含义，对于切割线未完全通过整个模型的情况，应当慎用，必须使用时，需要认真查看切割线划分情况并确定已经明确了截面切割功能的详细使用规则和计算过程。

8.2 壳单元类型说明

8.2.1 厚壳与薄壳

SAP2000 中壳分为厚壳与薄壳。以下建立一个 2 个单元的简支模型进行对比分析，跨度 2m，分别使用厚壳和薄壳属性，板厚分别取 100mm 与 500mm，为去掉干扰，自重乘子取为 0，即忽略自重。

厚壳与薄壳对比计算　　表 8-2

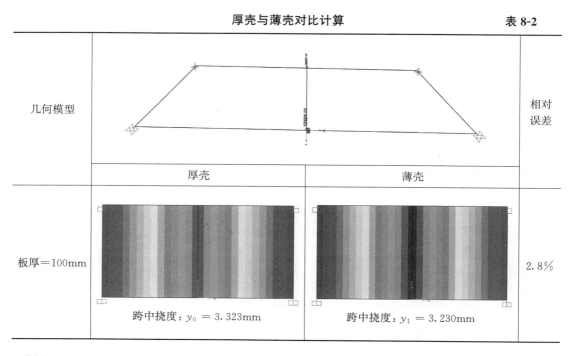

几何模型			相对误差
	厚壳	薄壳	
板厚=100mm	跨中挠度：$y_0 = 3.323$mm	跨中挠度：$y_1 = 3.230$mm	2.8%

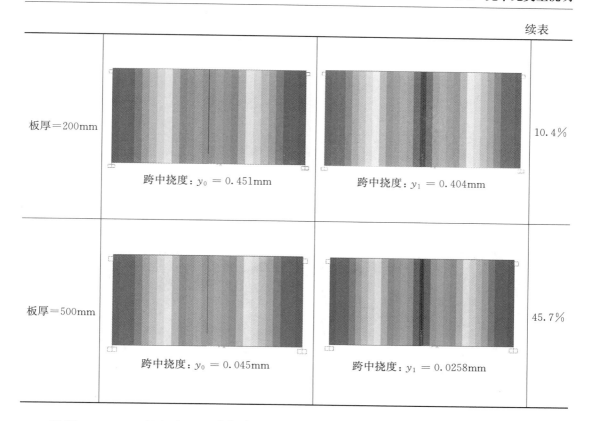

板厚=200mm	跨中挠度：$y_0 = 0.451$mm	跨中挠度：$y_1 = 0.404$mm 10.4%
板厚=500mm	跨中挠度：$y_0 = 0.045$mm	跨中挠度：$y_1 = 0.0258$mm 45.7%

根据 SAP2000 的软件说明[2]，厚壳采用 Mindlin 公式，而薄壳采用 Kirchhoff 公式，两者的区别在于是否在弯曲变形中考虑横向剪切变形。软件建议在板厚/跨度大于 1/10 时，剪切变形不应被忽略。从表 8-2 计算结果可以看出，当板厚为 200mm（即板厚/跨度＝1/10）时，跨中挠度的相对误差为 10.4%，剪切变形的影响不应被忽略；板厚为 100mm 时，相对误差只有 2.8%，可以认为在工程误差范围之内；但当板厚加为 500mm 时，相对误差高达 45.7%，如果不考虑剪切变形，已经属于计算错误的范畴。

8.2.2 壳、膜与板

SAP2000 中的壳分为壳属性、膜属性和板属性，为了更好地说明壳、膜、板的区别，以下建立一个 1×1 的标准单元，分别使用壳、膜、板属性，施加 X、Y、Z 向荷载进行计算分析。其中荷载大小和截面等属性均相同，根据加载方向不同，约束略有不同，为去掉干扰，自重乘子取为 0，即忽略自重。

从计算结果可以清楚地看出（表 8-3），相比于壳单元，膜单元忽略了平面外的刚度而板单元忽略了平面内的刚度，这种忽略可以有效地缩减结构自由度，提升计算效率，但用户应当清楚地明确这些属性并在结构中合理应用，如果在忽略了刚度的方向施加了荷载，则会出现位移无限大的情况，比如结构计算中常出现的楼板"掉板"的现象等。应当注意的是，壳单元的自重也是一种荷载，如果因为选择膜单元或者板单元而导致在自重方向没有刚度，也会引起计算错误。

壳、膜与板的对比计算　　　　　　　　　　　　　　　　表 8-3

	X 方向加载	Y 方向加载	Z 方向加载
几何模型			
壳单元	$U_X = 0.072$	$U_Y = 0.864$	$U_Z = 0.013$
膜单元	$U_X = 0.072$	$U_Y = \infty$	$U_Z = 0.013$
板单元	$U_X = \infty$	$U_Y = 0.864$	$U_Z = \infty$

8.3 壳单元配筋计算

8.3.1 配筋计算说明

SAP2000 中对壳单元给出了弯曲配筋结果，但该结果与规范要求的抗弯计算结果有一定的差距，在使用前必须搞清楚共同点和区别。

根据 SAP2000 的说明文档[19]，SAP2000 对混凝土板设计的大体思路是利用"三明治"模型（图 8-11），由钢筋层承担面内弯矩、扭矩，面内剪力和轴心拉力，而面外剪力和轴心压力由混凝土承担，具体的计算过程可参见说明文档和相关文献。

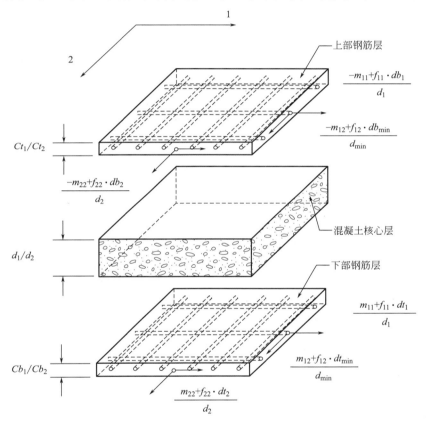

图 8-11 板单元的"三明治"模型[19]

为便于快速理清 SAP2000 板配筋的计算思路，以下给出最常见的单弯计算过程：

第一步，将弯矩折算成钢筋层的内力：

$$N_{11}(\text{bot}) = \frac{-m_{11}}{d_1}$$

$$N_{\text{DES1}}(\text{top}) = N_{11}(\text{top})$$

第二步，将该内力等效为钢筋的应力，并给出面积配筋：

$$A_{\text{st1}} = \frac{N_{\text{DES1}}(\text{top})}{0.9(f_y^*)} = \frac{-m_{11}}{d_1 0.9(f_y^*)} = \frac{-m_{11}}{(h - Ct_1 - Cb_1)0.9(f_y^*)}$$

为便于说明，取顶面和底面的钢筋中心到外皮距离均相同，转换相关符号为混凝土规范使用的符号，$a_s = Cb_1 = a'_s = Ct_1$。此外，需要注意 SAP2000 中板钢筋强度由 f_y^* 给出，此 f_y^* 为屈服强度标准值，并非规范计算需要的材料强度设计值 f_y，根据混凝土规范说明，钢筋的材料分项系数为 1.1，则：

$$f_y = \frac{f_{yk}}{1.1} = \frac{f_y^*}{1.1} \approx 0.9 f_y^*$$

$$A_s^{sap} = \frac{-m_{11}}{(h - Ct_1 - Cb_1)0.9(f_y^*)} = \frac{M}{(h - a'_s - a_a)0.9 f_{yk}} = \frac{M}{(h_0 - a'_s)f_y}$$

根据《混凝土结构设计规范》GB 50010—5010 公式（6.2.10-1）和（6.2.10-2）：

$$A_s = \frac{\alpha_1 f_c bx}{f_y} = \frac{M}{\left(h_0 - \dfrac{x}{2}\right)f_y}$$

对比两公式，容易看到，SAP2000 在单弯的计算中，将钢筋的力臂取为定值，忽略了混凝土受压区高度的不同，相当于直接简化取 $x = 2a'_s$，这种简化的做法，并非 SAP2000 独有，在初步估算和部分规范中有类似处理方法，例如《建筑地基基础设计规范》GB 50007—2011 中对基础底板的受弯配筋，给出了简化的计算公式（8.2.12）：

$$A_s = \frac{M}{0.9 h_0 f_y}$$

其做法相当于取 $x = 0.2 h_0$，这些简化方法不仅可以简化受弯计算过程，且能在一定程度内保证计算的大值准确性。

归纳 SAP2000 的板配筋计算的主要特点如下：

（1）钢筋承受面内弯矩、扭矩，面内剪力和轴心拉力；

（2）扭矩的计算与弯矩类似，以固定的钢筋力臂简化计算，配筋结果与弯矩结果叠加；

（3）面内剪力转化为扭矩，与扭矩叠加计算；

（4）轴心受拉根据钢筋层的厚度分配，当上下钢筋中心到表面的距离相同时（$a'_s = a_s$），计算面积平均分配到板底钢筋和板面钢筋。

8.3.2　配筋计算验证

为对比 SAP2000 板配筋计算结果与规范公式计算结果的差异大小，建立验证模型，如图 8-12 所示，由 4 个壳单元组成的单向板模型，板长 4m，板宽 1m，板厚 120mm，取 $a_s = a'_s = 20$mm。板两端设置简支支座，跨中 2 节点上分别作用等大的竖向荷载 N，忽略板自重，按标准值计算。根据结构力学公式，跨中的理论正弯矩：

$$M_x = \frac{1}{4}PL = \frac{1}{4} \times 2 \times N \times 4 = 2 \times N$$

对比混凝土规范计算的配筋面积 A_s 和 SAP2000 计算的配筋面积 A_{st1}，见表 8-4 及图 8-13。

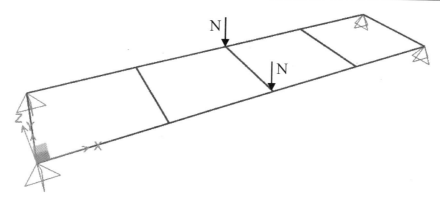

图 8-12 验证板配筋设计的模型

N	理论 M_x	SAP 计算 m_{11}	规范计算 A_s	SAP 计算 A_{stl}	$(A_{stl}-A_s)/A_s$
5	10	10	288	354	22.9%
10	20	20	601	708	17.8%
15	30	30	946	1061	12.2%
20	40	40	1336	1415	5.9%
25	50	50	1794	1769	−1.4%
27.4	54.8	54.8	2052	1939	−5.5%
30	60	60	—	2123	
35	70	70	—	2476	
40	80	80	—	2830	

SAP2000 板配筋结果（板厚 120mm）　　　　　　表 8-4

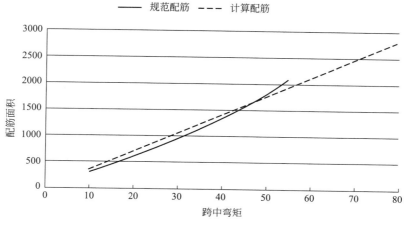

图 8-13 SAP2000 板配筋结果与规范结果对比（板厚 120mm）

　　继续考察不同板厚的对比分析，调整板厚为 200mm，整理计算结果见表 8-5 及图 8-14。

SAP2000 板配筋结果（板厚 200mm） 表 8-5

N	理论 M_x	SAP 计算 m_{11}	规范计算 A_s	SAP 计算 A_{st1}	$(A_{st1}-A_s)/A_s$
50	100	100	1760	1769	1%
55	110	110	1969	1946	−1%
60	120	120	2186	2123	−3%
65	130	130	2413	2300	−5%
70	140	140	2653	2476	−7%
75	150	150	2905	2653	−9%
80	160	160	3173	2830	−11%
85	170	170	3461	3007	−13%
88.85	177.7	177.7	3699	3143	−15%
90	180	180	—	3184	
95	190	190		3361	
100	200	200		3538	

—— 规范配筋 − − − 计算配筋

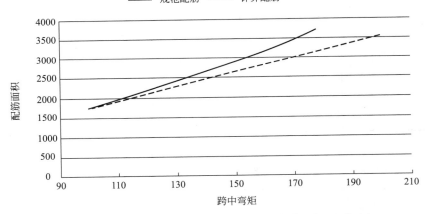

图 8-14 SAP2000 板配筋结果与规范结果对比（板厚 200mm）

可以看到，在板厚比较薄的时候，SAP2000 的计算配筋结果偏大，在板厚比较厚的时候，SAP2000 的计算配筋结果偏小。

为了进一步定性考察验证 SAP2000 结果的适用范围，简化取 $a_s=a_s'=20\text{mm}$，混凝土强度等级为 C30，受力钢筋为 HRB400 级，取 SAP2000 计算结果与混凝土规范计算结果完全相同，则有：

$$\frac{h_0-\dfrac{x}{2}}{h_0-a_s'}=\frac{h_0-\dfrac{\xi h_0}{2}}{h_0-a_s'}=1$$

解之得：

$$\xi=\frac{2a_s'}{h_0}$$

又根据混凝土规范单筋受弯公式，换算受压区高度为配筋率，$\rho = \dfrac{\alpha_1 f_c}{f_y}\xi$，故在规定的板厚下，只有当配筋率为某一确定值时，SAP2000 计算结果才与混凝土规范计算结果完全相同，暂称该配筋率为适用配筋率：

$$\rho = \frac{\alpha_1 f_c}{f_y}\xi = \frac{\alpha_1 f_c}{f_y}\frac{2a_s'}{h_0} = \frac{\alpha_1 f_c}{f_y}\frac{2a_s'}{h - a_s}$$

不同板厚下的适用配筋率　　　　　　　　　　表 8-6

板厚（mm）	100	120	150	200	250	300	350	400
适用配筋率	2.0%	1.6%	1.2%	0.9%	0.7%	0.6%	0.5%	0.4%

由表 8-6 可以看到，如果板厚较薄，则配筋率较高时，SAP2000 计算结果较为准确，如果板厚较厚，则配筋率较低时，SAP2000 计算结果较为准确。如果考虑常用的经济配筋率范围为 0.6%～1.6%，则对应的板厚范围为 120～300mm，在此范围内，配筋结果可作为计算参考或定性比较，如果板厚超过此范围，则应格外留意 SAP2000 的板配筋计算结果，进行必要的手动复核。

✎ Tips：

➡️ 需要说明的是，SAP2000 的板配筋计算过程，是基于上下均配筋的双筋配置，对于双筋截面，当忽略混凝土的抗弯能力时，采用钢筋间距作为固定力臂进行计算是合适的。但是实际工程中，并不是所有截面都按双筋配置，并且 SAP2000 的计算结果也将受压区的钢筋面积直接输出为 0，这就造成了理解上的误会。所以，如果要直接采用 SAP2000 的板配筋结果，需要格外留意。

附录 A　SAP2000 交换文件说明

A. 1　SAP2000 输入输出方式

A. 1. 1　SAP2000 输入方式

作为一个通用有限元软件，SAP2000 的接口是开放的、广泛的，可以以多种方式与其他软件或者中间文档相互通讯。

SAP2000 可以对计算模型、规范标准、详图文件等进行输入，在交换需求中主要考察模型输入的功能，SAP2000 中主要的模型输入格式见表 A-1。

主要模型输入格式　　　　　　　　　　　　　　　　　　　　表 A-1

输入格式	交换软件	内容
AutoCAD. dxf 文件	AutoCAD	几何信息
MS Access 数据库. mdb 文件	MS Access	全部模型数据
MS Excel 电子表格. xls 文件	MS Excel	全部模型数据
SAP2000. S2k 文本文件	通用文本	全部模型数据
ProSteel Exchange 数据库文件	ProSteel（钢结构分析软件）	全部模型数据
NSTRAN. dat 文件	NASTRAN（NASA 有限元分析软件）	全部模型数据
STAAD/GTSTRUDL. std/gti	STAAD/GTSTRUDL（Bentley/Georgia 有限元分析软件）	全部模型数据
StruCAD * 3D 文件	StruCAD * 3D（有限元分析软件）	全部模型数据

可以看到，在较为通用的软件格式 CAD、Access、Excel 和文本文件中，CAD 格式只能传导几何信息，其余三个格式可以较好地传递完整的模型内容，其余的通讯格式，只能用于专用软件，而且由于不同软件的设置不同，无法保证所有模型内容均能准确、有效地传递。

A. 1. 2　SAP2000 输出方式

SAP2000 的输出主要分为模型输出和计算结果输出两部分，在交换需求中主要考察模型输出的功能，SAP2000 中主要的模型输出格式见表 A-2。

主要模型输出格式　　　　　　　　　　　　　　　　　　　　表 A-2

输入格式	交换软件	内容
AutoCAD. dxf 文件	AutoCAD	几何信息

续表

输入格式	交换软件	内容
MS Access 数据库.mdb 文件	MS Access	全部模型数据
MS Excel 电子表格.xls 文件	MS Excel	全部模型数据
SAP2000.S2k 文本文件	通用文本	全部模型数据
ProSteel Exchange 数据库文件	ProSteel（钢结构分析软件）	全部模型数据
SAFE.F2K 文本文件	SAFE	全部模型数据
Perform3D 文本文件	Perform3D	全部模型数据

可以看到，在较为通用的软件格式 CAD、Access、Excel 和文本文件中，CAD 格式只能传导几何信息，其余三个格式可以较好地传递完整的模型内容，其余的通讯格式，只能用于专用软件，而且由于不同软件的设置不同，无法保证所有模型内容均能准确、有效地传递。

可以看到，只有部分格式可以同时输入和输出，而其中最为通用、程序编辑性最强的是 SAP2000.S2k 文本文件。

A. 2　S2k 文件格式说明

S2k 文件格式是 SAP2000 许可的输入输出格式，内容开放，格式规范，容易通过程序编译。文件的主要结构为一个个单独的表项，通过材料、截面、节点、单元、荷载等不同的组项，依次对结构模型进行解释，逻辑清晰，使用方便。

S2k 格式文件用于结构分析的主要表项的组织结构如图 A-1 所示。

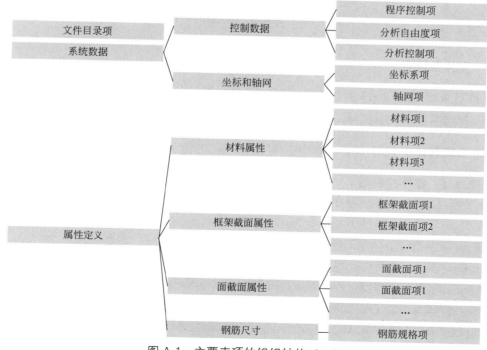

图 A-1　主要表项的组织结构 (一)

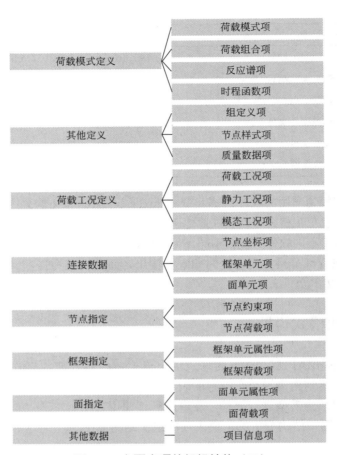

图 A-1　主要表项的组织结构（二）

A.2.1　文件目录项

文件目录项用以标识文件的存放目录，示例如下：

File E：\ 文本 \ 格式示例. s2k was saved on 5/14/18 at 20：52：59

A.2.2　系统数据

A.2.2.1　程序控制项

程序控制项用以标志程序的主要控制参数，需要注意的是其中单位的设置，示例如下：

TABLE：" PROGRAM CONTROL"

ProgramName＝SAP2000　Version＝15.1.0　ProgLevel＝" Advanced C"　License-Num＝28542　LicenseOS＝No　LicenseSC＝No　LicenseBR＝No　LicenseHT＝No　CurrUnits＝" KN，m，C"　SteelCode＝" Chinese 2010"　ConcCode＝" Chinese 2010"　_
　AlumCode＝" AA-ASD　2000"　ColdCode＝AISI-ASD96　BridgeCode＝JTG-D62-2004　RegenHinge＝Yes

A.2.2.2 分析自由度项

分析自由度项用以控制模型的分析类型，一般而言，建筑结构采用三维分析，因此三个方向自由度均应设置为许可。示例如下：

TABLE："ACTIVE DEGREES OF FREEDOM"

UX=Yes	UY=Yes	UZ=Yes	RX=Yes	RY=Yes	RZ=Yes

A.2.2.3 分析控制项

分析控制项用以控制程序的分析参数，一般选取高级求解器即可。示例如下：

TABLE："ANALYSIS OPTIONS"

Solver=Advanced	SolverProc=Auto	Force32Bit=No	StiffCase=None
GeomMod=No			

A.2.2.4 坐标系项

坐标系项用以控制模型的基本坐标，建筑结构建议采用世界坐标，原点取在零点。示例如下：

TABLE："COORDINATE SYSTEMS"

Name=GLOBAL	Type=Cartesian	X=0	Y=0	Z=0	AboutZ=0	AboutY=0
AboutX=0						

A.2.2.5 轴网项

轴网项用以定义模型的基本轴网。示例如下：

TABLE："GRID LINES"

CoordSys=GLOBAL	AxisDir=X	GridID=A	XRYZCoord=−.5	LineType=Primary	LineColor=Gray8Dark	Visible=Yes	BubbleLoc=End	AllVisible=Yes	BubbleSize=.25
CoordSys=GLOBAL	AxisDir=Y	GridID=1	XRYZCoord=1	LineType=Primary	LineColor=Gray8Dark	Visible=Yes	BubbleLoc=Start		
CoordSys=GLOBAL	AxisDir=Z	GridID=Z1	XRYZCoord=0	LineType=Primary	LineColor=Gray8Dark	Visible=Yes	BubbleLoc=End		

需要注意，SAP2000 默认使用正交轴网，即只需要定出 3 个方向的基本轴网，系统会自动组成空间的三向轴网。

A.2.3 属性定义

A.2.3.1 材料项

SAP2000 中使用不同的表项来联合表达材料定义，在建筑结构中主要使用的有通用项、基本项、钢材项、钢筋项、混凝土项和阻尼项。

（a）材料项-通用项

通用项中记录了材料的名称，种类（决定了材料的默认强度准则）等。示例如下：

TABLE："MATERIAL PROPERTIES 01-GENERAL"

	材料类型	*方向性*	*是否温度相关*
Material=C30	Type=Concrete	SymType=Isotropic	TempDepend=No

使用规范

Color＝Magenta　　　　　Notes＝" GB GB50010 C30 2017/5/14 20：51：11"

　　Material＝HPB300　　Type＝Rebar　　SymType＝Uniaxial　　TempDepend＝No　　Color＝White　　Notes＝" GB GB50010 HPB300 2017/5/14 21：25：11"

　　Material＝Q345　　Type＝Steel　　SymType＝Isotropic　　TempDepend＝No

Color＝Red　　Notes＝" GB Q345 2017/5/14 20：51：11"

　（b）材料项-基本项

基本项中记录了材料密度、弹性模量、泊松比等基本力学参数。示例如下：

TABLE：" MATERIAL PROPERTIES 02-BASIC MECHANICAL PROPERTIES"

　　　　　　重量密度　　　　　*质量密度*　　　　　*弹性模量*　　　　　*剪切模量*

　　Material＝C30　UnitWeight＝25　UnitMass＝2.55　E1＝30000000　G12＝12500000

泊松比　　*热膨胀系数*

U12＝.2　　A1＝.00001

　　Material＝HPB300　　UnitWeight＝78.5　　UnitMass＝8　　E1＝210000000　　A1＝.0000117　Material＝Q345　UnitWeight＝78.5　UnitMass＝8　E1＝200000000　G12＝76923076.9230769　U12＝.3　A1＝.0000117

　（c）材料项-钢材项

钢材项中记录了只属于钢材的材料属性，例如屈服强度、极限强度、本构关系等。示例如下：

TABLE：" MATERIAL PROPERTIES 03A-STEEL DATA"

　　　　　　屈服应力　　　　*极限应力*　　　　*有效屈服强度*　　*有效极限强度*

　　Material＝Q345　　Fy＝345000　　Fu＝510000　　EffFy＝380000　　EffFu＝560000

应力-应变曲线定义　　　　*本构关系*　　　　*硬化初始应变*　　*最大应力处应变*

SSCurveOpt＝Simple　　SSHysType＝Kinematic　　SHard＝.015　　SMax＝.11

开裂应变　　*最终坡度*

SRup＝.17　　FinalSlope＝－.1

　（d）材料项-钢筋项

钢筋项中记录了只属于钢筋的材料属性，例如屈服强度、极限强度等。示例如下：

TABLE：" MATERIAL PROPERTIES 03E-REBAR DATA"

　　　　　　屈服应力　　　　*极限应力*　　　　*有效屈服强度*　　*有效极限强度*

Material＝HPB300　　Fy＝300000　　Fu＝420000　　EffFy＝330000　　EffFu＝460000

应力-应变曲线定义　　　　*本构关系*　　　　*硬化初始应变*　　*极限应变*

SSCurveOpt＝Simple　　SSHysType＝Kinematic　　SHard＝.01　　SCap＝.1

最终坡度

FinalSlope＝－.1　　UseCTDef＝No

　（e）材料项-混凝土项

混凝土项中记录了只属于混凝土的材料属性，例如强度等级等。示例如下：

TABLE：" MATERIAL PROPERTIES 03B-CONCRETE DATA"

强度等级	是否轻质混凝土	应力-应变曲线定义
Material＝C30	Fc＝30000	LtWtConc＝No	SSCurveOpt＝Mander

本构关系	峰值强度应变	极限应变	最终坡度
SSHysType＝Takeda	SFc＝.002	SCap＝.005	FinalSlope＝－.1

摩擦角	剪胀角
FAngle＝0	DAngle＝0

（f）材料项-阻尼项

阻尼项中用以单独记录各个材料的阻尼特性。示例如下：

TABLE: " MATERIAL PROPERTIES 06-DAMPING PARAMETERS"

材料名称	阻尼比	粘滞阻尼质量系数
Material＝C30	ModalRatio＝0	VisMass＝0
Material＝HPB300	ModalRatio＝0	VisMass＝0
Material＝Q345	ModalRatio＝0	VisMass＝0

粘滞阻尼刚度系数	滞回阻尼质量系数	滞回阻尼刚度系数
VisStiff＝0	HysMass＝0	HysStiff＝0
VisStiff＝0	HysMass＝0	HysStiff＝0
VisStiff＝0	HysMass＝0	HysStiff＝0

A. 2. 3. 2 框架截面项

SAP2000 中使用不同的表项来联合表达截面定义，在建筑结构中主要使用的有通用项和设计项。

A. 2. 3. 3 框架截面项-通用项

通用项中定义了截面的大部分属性，以下将分截面类型分别说明，注意各类型均使用一个表头。表 A-3 中给出了建筑结构中常用的框架截面类型，每个类型均在后续给出详细说明。

框架截面类型 表 A-3

材料类型	截面类型	备注
混凝土	矩形	有梁柱设计
	圆形	有梁柱设计
钢结构	H 型钢（工字钢）	
	箱型截面	
	钢管	
	槽钢	
	角钢	

表头：

TABLE: " FRAME SECTION PROPERTIES 01-GENERAL"

（a）混凝土矩形截面

	材料名称	截面形状	截面高度	截面宽度
SectionName＝C_JX	Material＝C30	Shape＝Rectangular	t3＝600	t2＝300

截面面积	扭转常数	绕 3 轴惯性矩	绕 2 轴惯性矩
Area=180000	TorsConst=3707859375	I33=5400000000	I22=1350000000

2 轴方向抗剪截面	3 轴方向抗剪截面	3 轴方向截面模量	2 轴方向截面模量
AS2=150000	AS3=150000	S33=18000000	S22=9000000

3 轴方向塑性模量	2 轴方向塑性模量	3 轴方向回转半径	2 轴方向回转半径
Z33=27000000	Z22=13500000	R33=173.205080756888	R22=86.6025403784439

是否柱设计	是否梁设计			
ConcCol=No	ConcBeam=Yes	Color=Magenta	TotalWt=0	TotalMass=0

	拉压截面折减	2 轴抗剪截面折减	3 轴抗剪截面折减	抗扭折减
FromFile=Nc	AMod=1	A2Mod=1	A3Mod=1	JMod=1

2 轴抗弯折减	3 轴抗弯折减	质量折减	重量折减	
I2Mod=1	I3Mod=1	MMod=1	WMod=1	Notes="Added 2017/5/15 7:55:40"

（b）混凝土圆形截面

	材料名称	截面形状	截面直径
SectionName=C_YX	Material=C30	Shape=Circle	t3=500

截面面积	扭转常数	绕 3 轴惯性矩
Area=196349.540849362	TorsConst=6135923151.54256	I33=3067961575.77128

绕 2 轴惯性矩	2 轴方向抗剪截面	3 轴方向抗剪截面
I22=3067961575.77128	AS2=176714.586764426	AS3=176714.586764426

3 轴方向截面模量	2 轴方向截面模量	3 轴方向塑性模量
S33=12271846.3030851_	S22=12271846.3030851	Z33=20833333.3333333

2 轴方向塑性模量	3 轴方向回转半径	2 轴方向回转半径	是否柱设计
Z22=20833333.3333333	R33=125	R22=125	ConcCol=Yes

是否梁设计				
ConcBeam=No	Color=Blue	TotalWt=0	TotalMass=0	FromFile=No

拉压截面折减	2 轴抗剪截面折减	3 轴抗剪截面折减	抗扭折减	2 轴抗弯折减
AMod=1	A2Mod=1	A3Mod=1	JMod=1	I2Mod=1

3 轴抗弯折减	质量折减	重量折减	
I3Mod=1_	MMod=1	WMod=1	Notes=" Added 2017/5/15 7：56：19"

（c）H 形钢截面

	材料名称	截面形状	截面高度
SectionName=S_H	Material=Q345	Shape=" I/Wide Flange"	t3=600

上翼缘宽度	上翼缘厚度	腹板厚度	下翼缘宽度	下翼缘厚度	截面面积
t2=300	tf=20	tw=10	t2b=300	tfb=20	Area=17600

转常数	绕 3 轴惯性矩	绕 2 轴惯性矩
TorsConst=1717366.66666667	I33=1155946666.66667	I22=90046666.6666667

2 轴方向抗剪截面	3 轴方向抗剪截面	3 轴方向截面模量
AS2=6000	AS3=10000_	S33=3853155.55555555

2轴方向截面模量	3轴方向塑性模量	2轴方向塑性模量
S22=600311. 111111111	Z33=4264000	Z22=914000

3轴方向回转半径	2轴方向回转半径	是否柱设计
R33=256. 27873083576	R22=71. 5282313411137	ConcCol=No

是否梁设计（注意：钢结构均无混凝土梁柱设计）

ConcBeam=No	Color=White	TotalWt=0

		拉压截面折减	2轴抗剪截面折减	3轴抗剪截面折减
TotalMass=0	FromFile=No	AMod=1	A2Mod=1	A3Mod=1 _

抗扭折减	2轴抗弯折减	3轴抗弯折减	质量折减	重量折减
JMod=1	I2Mod=1	I3Mod=1	MMod=1	WMod=1

Notes=" Added 2017/5/15 7：52：32"

（d）箱形钢截面

材料名称	截面形状	截面高度
SectionName=S_FG　　Material=Q345	Shape=Box/Tube	t3=500

截面宽度	翼缘厚度	腹板厚度	截面面积	扭转常数
t2=300	tf=20	tw=20	Area=30400	TorsConst=950703157. 894737

绕3轴惯性矩	绕2轴惯性矩	2轴方向抗剪截面	3轴方向抗剪截面
I33=1016053333. 33333	I22=451253333. 333333	AS2=20000	AS3=12000

3轴方向截面模量	2轴方向截面模量	3轴方向塑性模量
S33=4064213. 33333333 _	S22=3008355. 55555555	Z33=4996000

2轴方向塑性模量	3轴方向回转半径	2轴方向回转半径
Z22=3476000	R33=182. 819055400535	R22=121. 835379299786

是否柱设计	是否梁设计（注意：钢结构均无混凝土梁柱设计）	
ConcCol=No	ConcBeam=No	Color=Cyan

			拉压截面折减	2轴抗剪截面折减
TotalWt=0	TotalMass=0	FromFile=No	AMod=1	A2Mod=1

3轴抗剪截面折减	抗扭折减	2轴抗弯折减	3轴抗弯折减	质量折减
A3Mod=1	JMod=1	I2Mod=1	I3Mod=1 _	MMod=1

重量折减

WMod=1　　Notes=" Added 2017/5/15 7：53：29"

（e）钢管截面

材料名称	截面形状	外直径	壁厚
SectionName=S_OG　　Material=Q345	Shape=Pipe	t3=500	tw=50

截面面积	扭转常数	绕3轴惯性矩
Area=70685. 8347057703	TorsConst=3622649028. 67073	I33=1811324514. 33536

绕2轴惯性矩	2轴方向抗剪截面	3轴方向抗剪截面
I22=1811324514. 33536	AS2=35632. 6133967613	AS3=35632. 6133967613

3 轴方向截面模量	2 轴方向截面模量	3 轴方向塑性模量
S33＝7245298.05734146	S22＝7245298.05734146	Z33＝10166666.6666667

2 轴方向塑性模量	3 轴方向回转半径	2 轴方向回转半径
Z22＝10166666.6666667	R33＝160.078105935821	R22＝160.078105935821

是否柱设计　是否梁设计（注意：钢结构均无混凝土梁柱设计）

ConcCol＝No	ConcBeam＝No	Color＝Blue

		拉压截面折减	2 轴抗剪截面折减
TotalWt＝0 TotalMass＝0	FromFile＝No	AMod＝1	A2Mod＝1

3 轴抗剪截面折减	抗扭折减	2 轴抗弯折减	3 轴抗弯折减	质量折减
A3Mod＝1	JMod＝1 ＿	I2Mod＝1	I3Mod＝1	MMod＝1

重量折减

WMod＝1　Notes＝" Added 2017/6/15 7：53：02"

（f）C 形槽钢截面

材料名称	截面形状	截面高度
SectionName＝S_C　Material＝Q345	Shape＝Channel	t3＝350

翼缘宽度	翼缘厚度	腹板厚度	截面面积
t2＝150	tf＝20	tw＝10	Area＝9100

扭转常数	绕 3 轴惯性矩	绕 2 轴惯性矩
TorsConst＝834033.333333333	I33＝188375833.333333	I22＝21291217.9487179

2 轴方向抗剪截面	3 轴方向抗剪截面	3 轴方向截面模量
AS2＝3500	AS3＝6000	S33＝1076433.33333333

2 轴方向截面模量	3 轴方向塑性模量	2 轴方向塑性模量
S22＝215397.535667964 ＿	Z33＝1230250	Z22＝381937.5

3 轴方向回转半径	2 轴方向回转半径	是否柱设计
R33＝143.877173400234	R22＝48.370386395799	ConcCol＝No

是否梁设计（注意：钢结构均无混凝土梁柱设计）

	ConcBeam＝No	Color＝Blue	TotalWt＝0

		拉压截面折减	2 轴抗剪截面折减	3 轴抗剪截面折减
TotalMass＝0	FromFile＝No	AMod＝1	A2Mod＝1	A3Mod＝1

抗扭折减	2 轴抗弯折减	3 轴抗弯折减	质量折减	重量折减
JMod＝1	I2Mod＝1	I3Mod＝1	MMod＝1	WMod＝1

Notes＝" Added 2017/5/15 7：54：37"

（g）角钢截面

材料名称	截面形状	垂直肢高
SectionName＝S_L　Material＝Q345	Shape＝Angle	t3＝300

水平肢长	水平肢厚度	垂直肢厚度	截面面积
t2＝200	tf＝16	tw＝16	Area＝7744

扭转常数	绕 3 轴惯性矩	绕 2 轴惯性矩
TorsConst＝644765.013333333	I33＝72857939.2176308	I22＝26656339.2176309

2轴方向抗剪截面	3轴方向抗剪截面	3轴方向截面模量	2轴方向截面模量
AS2＝4800	AS3＝3200	S33＝357175.700726575	S22＝173111.691999428 _

3轴方向塑性模量	2轴方向塑性模量	3轴方向回转半径
Z33＝642624	Z22＝306377.386666667	R33＝96.9964342990995

2轴方向回转半径	是否柱设计	是否梁设计（注意：钢结构均无混凝土梁柱设计）	
R22＝58.6702016722304	ConcCol＝No	ConcBeam＝No	
Color＝Magenta	TotalWt＝0	TotalMass＝0	FromFile＝No

拉压截面折减	2轴抗剪截面折减	3轴抗剪截面折减	抗扭折减	2轴抗弯折减
AMod＝1	A2Mod＝1	A3Mod＝1	JMod＝1	I2Mod＝1

3轴抗弯折减	质量折减	重量折减		
I3Mod＝1	MMod＝1 _	WMod＝1	Notes＝" Added 2017/5/15 7：54：03"	

A. 2. 3. 4　框架截面项-设计项

框架截面项中的设计项主要用以描述混凝土截面设计，分为梁设计和柱设计，示例如下（需要注意的是该设计项与弹塑性分析的配筋的概念不同，该项仅用于常规分析的截面设计）：

（a）混凝土柱设计

TABLE：" FRAME SECTION PROPERTIES 02-CONCRETE COLUMN"

截面名称	纵筋材料	箍筋材料
SectionName＝C _ YX	RebarMatL＝HPB300	RebarMatC＝HPB300

配筋截面	箍筋类型（绑扎）	保护层	纵筋数量
ReinfConfig＝Circular	LatReinf＝Ties	Cover＝40	NumBarsCirc＝8

纵筋直径	箍筋直径	箍筋间距	设计类型
BarSizeL＝25d	BarSizeC＝8d	SpacingC＝150	ReinfType＝Design

（b）混凝土梁设计

TABLE：" FRAME SECTION PROPERTIES 03-CONCRETE BEAM"

截面名称	纵筋材料	箍筋材料	顶面保护层
SectionName＝C_JX	RebarMatL＝HPB300	RebarMatC＝HPB300	TopCover＝60

底面保护层	梁顶左侧钢筋	梁顶右侧钢筋	梁底左侧钢筋
BotCover＝60	TopLeftArea＝25	TopRghtArea＝25	BotLeftArea＝25

梁底右侧钢筋
BotRghtArea＝25

A. 2. 3. 5　面截面项

SAP2000 中使用不同的表项来联合表达面截面项，具体分为通用项、设计项和分层项来分别定义。

A. 2. 3. 6　面截面项-通用项

通用项中定义了截面的大部分属性，SAP2000 中有多种常规面单元定义及分层壳单元（表 A-4）。

	主要面截面	表 A-4
材料类型	力学行为	使用说明
薄壳	面内刚度＋面外刚度	≈PKPM 弹性板 6
厚壳	面内刚度＋面外刚度＋剪切变形	
薄板	面外刚度	≈PKPM 弹性板 3
厚板	面外刚度＋剪切变形	
膜	面内刚度	≈PKPM 弹性膜
非线性分层壳	分层壳单元	剪力墙

以下将分截面类型分别说明，注意各类型均使用一个表头。

表头：

TABLE：" AREA SECTION PROPERTIES"

（a）薄壳

截面名称	材料定义	材料角	单元分类 1
Section＝BQ	Material＝C30	MatAngle＝0	AreaType＝Shell

单元分类 2		厚度	弯曲厚度
Type＝Shell-Thin	DrillDOF＝Yes	Thickness＝250	BendThick＝250

	$f11$ 刚度修正	$f22$ 刚度修正	$f12$ 刚度修正
Color＝Cyan	F11Mod＝1	F22Mod＝1	F12Mod＝1

$m11$ 刚度修正	$m22$ 刚度修正	$m12$ 刚度修正	$v13$ 刚度修正
M11Mod＝1	M22Mod＝1	M12Mod＝1	V13Mod＝1

$v23$ 刚度修正	质量修正	重量修正	
V23Mod＝1	MMod＝1 _	WMod＝1	Notes＝" Added 2017/5/14 20：51：24"

（b）厚壳

截面名称	材料定义	材料角	单元分类 1
Section＝HQ	Material＝C30	MatAngle＝0	AreaType＝Shell

单元分类 2		厚度	弯曲厚度
Type＝Shell-Thick	DrillDOF＝Yes	Thickness＝250	BendThick＝250

	$f11$ 刚度修正	$f22$ 刚度修正	$f12$ 刚度修正
Color＝Green	F11Mod＝1	F22Mod＝1	F12Mod＝1

$m11$ 刚度修正	$m22$ 刚度修正	$m12$ 刚度修正	$v13$ 刚度修正
M11Mod＝1	M22Mod＝1	M12Mod＝1	V13Mod＝1

$v23$ 刚度修正	质量修正	重量修正	
V23Mod＝1	MMod＝1 _	WMod＝1	Notes＝" Added 2017/5/15 10：19：35"

（c）薄板

截面名称	材料定义	材料角	单元分类 1
Section＝BB	Material＝C30	MatAngle＝0	AreaType＝Shell

单元分类 2	厚度	弯曲厚度	
Type＝Plate-Thin	Thickness＝250	BendThick＝250	Color＝Green

$f11$ 刚度修正	$f22$ 刚度修正	$f12$ 刚度修正	$m11$ 刚度修正
F11Mod＝1	F22Mod＝1	F12Mod＝1	M11Mod＝1

$m22$ 刚度修正	$m12$ 刚度修正	$v13$ 刚度修正	$v23$ 刚度修正
M22Mod＝1	M12Mod＝1	V13Mod＝1	V23Mod＝1

质量修正	重量修正		
MMod＝1	WMod＝1	Notes＝" Added 2017/5/15 10：19：44"	

（d）厚板

截面名称	材料定义	材料角	单元分类 1
Section＝HB	Material＝C30	MatAngle＝0	AreaType＝Shell

单元分类 2	厚度	弯曲厚度	
Type＝Plate-Thick	Thickness＝250	BendThick＝250	Color＝Green

$f11$ 刚度修正	$f22$ 刚度修正	$f12$ 刚度修正	$m11$ 刚度修正
F11Mod＝1	F22Mod＝1	F12Mod＝1	M11Mod＝1

$m22$ 刚度修正	$m12$ 刚度修正	$v13$ 刚度修正	$v23$ 刚度修正
M22Mod＝1	M12Mod＝1	V13Mod＝1	V23Mod＝1

质量修正	重量修正		
MMod＝1	WMod＝1	Notes＝" Added 2017/5/15 10：19：52"	

（e）膜

截面名称	材料定义	材料角	单元分类 1
Section＝Mo	Material＝C30	MatAngle＝0	AreaType＝Shell

单元分类 2		厚度	弯曲厚度
Type＝Membrane	DrillDOF＝Yes	Thickness＝250	BendThick＝250

	$f11$ 刚度修正	$f22$ 刚度修正	$f12$ 刚度修正
Color＝Green	F11Mod＝1	F22Mod＝1	F12Mod＝1

$m11$ 刚度修正	$m22$ 刚度修正	$m12$ 刚度修正	$v13$ 刚度修正
M11Mod＝1	M22Mod＝1	M12Mod＝1	V13Mod＝1

$v23$ 刚度修正	质量修正	重量修正	
V23Mod＝1	MMod＝1	WMod＝1	Notes＝" Added 2017/5/15 10：19：58"

（f）分层壳

截面名称	材料定义	材料角	单元分类 1
Section＝FCQ	Material＝C30	MatAngle＝0	AreaType＝Shell

单元分类 2	厚度	弯曲厚度	
Type＝Shell-Layered	Thickness＝300	BendThick＝250	Color＝Green

$f11$ 刚度修正	$f22$ 刚度修正	$f12$ 刚度修正	$m11$ 刚度修正
F11Mod＝1	F22Mod＝1	F12Mod＝1	M11Mod＝1

$m22$ 刚度修正	$m12$ 刚度修正	$v13$ 刚度修正	$v23$ 刚度修正
M22Mod＝1	M12Mod＝1	V13Mod＝1	V23Mod＝1

质量修正	重量修正		
MMod＝1	WMod＝1	Notes＝" Added 2017/5/15 10：21：38"	

407

A. 2. 3. 7　面截面项-设计项

面截面项中的设计项主要用以描述混凝土板的截面设计，示例如下：

TABLE:　" AREA SECTION PROPERTY DESIGN PARAMETERS"

截面名称	钢筋材料	钢筋分层	顶层 1 向保护层
Section=HQ	RebarMat=HPB300	RebarOpt=" Two Layers"	CoverTop1=25

顶层 2 向保护层	底层 1 向保护层	底层 2 向保护层
CoverTop2=25	CoverBot1=25	CoverBot2=25

A. 2. 3. 8　面截面项-分层项

面截面项中的分层项主要用以描述非线性分层壳单元的分层属性。一个标准的双层双向钢筋分层壳单元的壳组成见表 A-5，对应分层项示例如下：

典型分层壳组成　　　　　　　　　　　　　　表 A-5

序号	力学行为	材料	分层壳
1	面内	混凝土	混凝土面内层
2		钢筋	顶面 1 向钢筋面内层
3			顶面 2 向钢筋面内层
4			底面 1 向钢筋面内层
5			底面 2 向钢筋面内层
6	面外	混凝土	混凝土面外层
7		钢筋	顶面 1 向钢筋面外层
8			顶面 2 向钢筋面外层
9			底面 1 向钢筋面外层
10			底面 2 向钢筋面外层

TABLE:　" AREA SECTION PROPERTY LAYERS"

截面名称	分层名称	分层距离	层厚度
Section=FCQ	LayerName=ConcM	Distance=0	Thickness=300

力学行为（混凝土面内）	积分点	分层材料	材料角度
Type=Membrane	NumIntPts=1	Material=C30	MatAngle=0

1 向轴力非线性	2 向轴力非线性	剪切非线性
S11Opt=Nonlinear	S22Opt=Nonlinear	S12Opt=Linear

截面名称	分层名称	分层距离
Section=FCQ	LayerName=TopBar1M	Distance=114.999999924908

层厚度	力学行为（钢筋面内）	积分点
Thickness=.523333355117639	Type=Membrane	NumIntPts=1

分层材料	材料角度	1 向轴力非线性
Material=HPB300	MatAngle=0	S11Opt=Nonlinear

2 向轴力非线性	剪切非线性
S22Opt=Inactive	S12Opt=Linear

截面名称	分层名称	分层距离
Section＝FCQ	LayerName＝TopBar2M	Distance＝113.999999909889

层厚度	力学行为（钢筋面内）	积分点
Thickness＝.753333364691633	Type＝Membrane	NumIntPts＝1

分层材料	材料角度	1 向轴力非线性
Material＝HPB300	MatAngle＝90	S11Opt＝Nonlinear

2 向轴力非线性	剪切非线性
S22Opt＝Inactive	S12Opt＝Linear

截面名称	分层名称	分层距离
Section＝FCQ	LayerName＝BotBar1M	Distance＝−114.999999924908

层厚度	力学行为（钢筋面内）	积分点
Thickness＝.523333355117639	Type＝Membrane	NumIntPts＝1

分层材料	材料角度	1 向轴力非线性
Material＝HPB300	MatAngle＝0	S11Opt＝Nonlinear

2 向轴力非线性	剪切非线性
S22Opt＝Inactive	S12Opt＝Linear

截面名称	分层名称	分层距离
Section＝FCQ	LayerName＝BotBar2M	Distance＝−113.999999909889

层厚度	力学行为（钢筋面内）	积分点
Thickness＝.753333364691633	Type＝Membrane	NumIntPts＝1

分层材料	材料角度	1 向轴力非线性
Material＝HPB300	MatAngle＝90	S11Opt＝Nonlinear

2 向轴力非线性	剪切非线性
S22Opt＝Inactive	S12Opt＝Linear

截面名称	分层名称	分层距离	层厚度
Section＝FCQ	LayerName＝ConcP	Distance＝0	Thickness＝300

力学行为（混凝土面外）	积分点	分层材料	材料角度
Type＝Plate	NumIntPts＝2	Material＝C30	MatAngle＝0

1 向轴力非线性	2 向轴力非线性	剪切非线性
S11Opt＝Linear	S22Opt＝Linear	S12Opt＝Linear

截面名称	分层名称	分层距离
Section＝FCQ	LayerName＝TopBar1P	Distance＝114.999999924908

层厚度	力学行为（钢筋面外）	积分点
Thickness＝.523333355117639	Type＝Plate	NumIntPts＝1

分层材料	材料角度	1 向轴力非线性
Material＝HPB300	MatAngle＝0	S11Opt＝Linear

2 向轴力非线性	剪切非线性
S22Opt＝Inactive	S12Opt＝Linear

截面名称	分层名称	分层距离
Section＝FCQ	LayerName＝TopBar2P	Distance＝113.999999909889

层厚度	力学行为（钢筋面外）	积分点
Thickness＝.753333364691633	Type＝Plate	NumIntPts＝1

分层材料	材料角度	1 向轴力非线性
Material＝HPB300	MatAngle＝90	S11Opt＝Linear

2 向轴力非线性	剪切非线性	
S22Opt＝Inactive	S12Opt＝Linear	

截面名称	分层名称	分层距离
Section＝FCQ	LayerName＝BotBar1P	Distance＝－114.999999924908

层厚度	力学行为（钢筋面外）	积分点
Thickness＝.523333355117639	Type＝Plate	NumIntPts＝1

分层材料	材料角度	1 向轴力非线性
Material＝HPB300	MatAngle＝0	S11Opt＝Linear

2 向轴力非线性	剪切非线性	
S22Opt＝Inactive	S12Opt＝Linear	

截面名称	分层名称	分层距离
Section＝FCQ	LayerName＝BotBar2P	Distance＝－113.999999909889

层厚度	力学行为（钢筋面外）	积分点
Thickness＝.753333364691633	Type＝Plate	NumIntPts＝1

分层材料	材料角度	1 向轴力非线性
Material＝HPB300	MatAngle＝90	S11Opt＝Linear

2 向轴力非线性	剪切非线性	
S22Opt＝Inactive	S12Opt＝Linear	

A.2.3.9　钢筋规格项

钢筋规格项用于定义系统中设计需要的钢筋规格，我国规范设计的钢筋规格定义如下：

TABLE：" REBAR SIZES"

RebarID＝6d	Area＝28.3000004150781	Diameter＝6.00000009011096
RebarID＝8d	Area＝50.3000013308514	Diameter＝8.00000012014795
RebarID＝10d	Area＝78.5000032676458	Diameter＝10.0000001501849
RebarID＝12d	Area＝113.000004703745	Diameter＝12.0000001802219
RebarID＝14d	Area＝154.000006410413	Diameter＝14.0000002102589
RebarID＝16d	Area＝201.000008366838	Diameter＝16.0000002402959
RebarID＝20d	Area＝314.000013070583	Diameter＝20.0000003003699
RebarID＝25d	Area＝491.000020438396	Diameter＝25.0000003754623
RebarID＝26d	Area＝531.000022103439	Diameter＝26.0000003904808
RebarID＝28d	Area＝616.000025641654	Diameter＝28.0000004205178

A. 2. 4　荷载模式定义

A. 2. 4. 1　荷载模式项

荷载模式项用以定义常规的荷载模式，示例如下：

TABLE：" LOAD PATTERN DEFINITIONS"

	荷载类型	自重系数
LoadPat=DEAD	DesignType=DEAD	SelfWtMult=1
LoadPat=LIVE	DesignType=LIVE	SelfWtMult=0

注意：一般而言，无论有多少荷载定义，应保证只有一个荷载模式的自重系数为1，即只计算一次自重。

A. 2. 4. 2　荷载组合项

荷载组合项用以定义荷载组合，示例如下：

TABLE：" COMBINATION DEFINITIONS"

组合名称	组合类型	
ComboName=1.2D+1.4L	ComboType=" Linear Add"	AutoDesign=No

组合类型 1	组合分量 1	组合系数 1	
CaseType=" Linear Static"	CaseName=DEAD	ScaleFactor=1.2	SteelDesign=None
ConcDesign=None	AlumDesign=None	ColdDesign=None	ComboName=1.2D+1.4L

组合类型 2	组合分量 2	组合系数 2
CaseType=" Linear Static"	CaseName=LIVE	ScaleFactor=1.4

A. 2. 4. 3　反应谱项

SAP2000 集合了各国规范的反应谱，在图形界面可以直接选择，但是在文本文件中是通过周期、加速度的点对形式来给出，以下给出 7 度区的典型反应谱项示例：

TABLE：" FUNCTION-RESPONSE SPECTRUM-CHINESE 2010"

名称	周期点	速度点	阻尼比
Name=FYP	Period=0	Accel=.036	FuncDamp=.05

αmax	周地震烈度	特征周期	周期折减系数
AlphaMax=.08	SI=" 7 (0.10g) "	Tg=.45	PTDF=0.8
Name=FYP	Period=.1	Accel=.08	
Name=FYP	Period=.45	Accel=.08	
Name=FYP	Period=.675	Accel=5.55402530129286E-02	
Name=FYP	Period=.9	Accel=4.28709385014517E-02	
Name=FYP	Period=1.125	Accel=.035070663244327	
Name=FYP	Period=1.35	Accel=2.97632846409041E-02	
Name=FYP	Period=1.575	Accel=2.59076932953302E-02	
Name=FYP	Period=1.8	Accel=2.29739670999407E-02	
Name=FYP	Period=2.025	Accel=2.06632544931453E-02	
Name=FYP	Period=2.25	Accel=1.87939030894083E-02	
Name=FYP	Period=2.475	Accel=1.84339030894083E-02	

Name＝FYP	Period＝2.7	Accel＝1.80739030894083E-02
Name＝FYP	Period＝2.925	Accel＝1.77139030894083E-02
Name＝FYP	Period＝3.15	Accel＝1.73539030894083E-02
Name＝FYP	Period＝3.375	Accel＝1.69939030894083E-02
Name＝FYP	Period＝3.6	Accel＝1.66339030894083E-02
Name＝FYP	Period＝3.825	Accel＝1.62739030894083E-02
Name＝FYP	Period＝4.05	Accel＝1.59139030894083E-02
Name＝FYP	Period＝4.275	Accel＝1.55539030894083E-02
Name＝FYP	Period＝4.5	Accel＝1.51939030894083E-02
Name＝FYP	Period＝4.725	Accel＝1.48339030894083E-02
Name＝FYP	Period＝4.95	Accel＝1.44739030894083E-02
Name＝FYP	Period＝5.175	Accel＝1.41139030894083E-02
Name＝FYP	Period＝5.4	Accel＝1.37539030894083E-02
Name＝FYP	Period＝5.625	Accel＝1.33939030894083E-02
Name＝FYP	Period＝5.85	Accel＝1.30339030894083E-02
Name＝FYP	Period＝6	Accel＝1.27939030894083E-02

A.2.5　荷载工况定义

A.2.5.1　荷载工况项

SAP2000 中的具体分析是以荷载工况（LOAD CASE）来进行的，对于系统生成的荷载模式都会自动生成对应的荷载工况，这些工况通过荷载工况项来定义，示例如下：

TABLE：" LOAD CASE DEFINITIONS"

工况名称　　*分析类型（线性）*　　*初始状态（零应力）*

Case＝DEAD	Type＝LinStatic	InitialCond＝Zero	DesTypeOpt＝" Prog Det"

工况类型（恒载）

DesignType＝DEAD	DesActOpt＝" Prog Det"	DesignAct＝Non-Composite
AutoType＝None	RunCase＝Yes	CaseStatus＝" Not Run"

工况名称　　*分析类型（线性）*　　*初始状态（零应力）*

Case＝MODAL	Type＝LinModal	InitialCond＝Zero	DesTypeOpt＝" Prog Det"

工况类型（其他）

DesignType＝OTHER	DesActOpt＝" Prog Det"	DesignAct＝Other
AutoType＝None	RunCase＝Yes	CaseStatus＝" Not Run"

工况名称　　*分析类型（线性）*　　*初始状态（零应力）*

Case＝LIVE	Type＝LinStatic	InitialCond＝Zero	DesTypeOpt＝" Prog Det"

工况类型（活载）

DesignType＝LIVE	DesActOpt＝"Prog Det"	DesignAct＝"Short-Term Composite"
AutoType＝None	RunCase＝Yes	CaseStatus＝"Not Run"

A. 2. 5. 2　静力工况项

荷载工况项定义了分析工况的主要情况，其中静力分析工况需要单独定义分析参数，这些参数通过静力工况项表达，示例如下：

TABLE：" CASE-STATIC 1-LOAD ASSIGNMENTS"

工况名称	荷载类型	荷载名称	荷载比例
Case＝DEAD	LoadType＝" Load pattern"	LoadName＝DEAD	LoadSF＝1

工况名称	荷载类型	荷载名称	荷载比例
Case＝LIVE	LoadType＝" Load pattern"	LoadName＝LIVE	LoadSF＝1

A. 2. 5. 3　模态工况项

荷载工况项定义了分析工况的主要情况，其中模态分析工况需要单独定义分析参数，这些参数通过模态工况项表达，示例如下：

TABLE：" CASE-MODAL 1-GENERAL"

工况名称	模态类型（特征向量）	最大振型数	最小振型数
Case＝MODAL	ModeType＝Eigen	MaxNumModes＝1	MinNumModes＝1
频率偏移	截断频率	收敛容差	允许自振频率偏移
EigenShift＝0	EigenCutoff＝0	EigenTol＝.0000000	AutoShift＝Yes

A. 2. 5. 4　反应谱工况项

荷载工况项定义了分析工况的主要情况，其中反应谱工况需要单独定义分析参数，这些参数通过反应谱工况项表达，反应谱工况项分为两段，第一段为通用设置，第二段为荷载设置。一个典型的根据中国规范的单向地震反应谱工况定义如下（双向地震只需按 0.85 的系数叠加垂直向分量即可）：

TABLE：" CASE-RESPONSE SPECTRUM 1-GENERAL"

工况名称	振型组合（CQC）	GMC 方法参数 1	GMC 方法参数 2
Case＝FYP_X	ModalCombo＝CQC	GMCf1＝1	GMCf2＝0
周期刚性组合类型	方向组合类型	阻尼类型（常数）	阻尼
PerRigid＝SRSS	DirCombo＝SRSS	DampingType＝Constant	ConstDamp＝.05
偏心率			
EccenRatio＝0	NumOverride＝0		

TABLE：" CASE-RESPONSE SPECTRUM 2-LOAD ASSIGNMENTS"

工况名称	荷载类型（加速度）	荷载方向	坐标体系
Case＝FYP_X	LoadType＝Acceleration	LoadName＝U1	CoordSys＝GLOBAL
反应谱函数	作用角度	比例系数（重力加速度）	
Function＝FYP	Angle＝0	TransAccSF＝9.8	

A. 2. 6　连接数据

A. 2. 6. 1　节点坐标项

节点坐标项采用列表的形式给出各个节点定义，示例如下：

TABLE：" JOINT COORDINATES"

Joint＝1　CoordSys＝GLOBAL　CoordType＝Cartesian　XorR＝-500　Y＝0　Z＝0

SpecialJt＝No　GlobalX＝－500　GlobalY＝0　GlobalZ＝0

　Joint＝2　CoordSys＝GLOBAL　CoordType＝Cartesian　XorR＝500　Y＝0　Z＝0

SpecialJt＝No　GlobalX＝500　GlobalY＝0　GlobalZ＝0

　Joint＝3　CoordSys＝GLOBAL　CoordType＝Cartesian　XorR＝500　Y＝0　Z＝1000

SpecialJt＝No　GlobalX＝500　GlobalY＝0　GlobalZ＝1000

　Joint＝4　CoordSys＝GLOBAL　CoordType＝Cartesian　XorR＝－500　Y＝0　Z＝1000

SpecialJt＝No　GlobalX＝－500　GlobalY＝0　GlobalZ＝1000

A.2.6.2　框架单元项

框架单元项通过定义框架两端节点给出各个框架定义，示例如下：

TABLE：　"CONNECTIVITY-FRAME"

　Frame＝1　　　JointI＝4　　　JointJ＝2　　　IsCurved＝No　　　Length＝
1414.2135623731　CentroidX＝0　　CentroidY＝0　　CentroidZ＝500

A.2.6.3　面单元项

面单元项通过定义面单元的周边节点给出各个面单元定义，示例如下：

TABLE：　"CONNECTIVITY-AREA"

　Area＝1　　NumJoints＝4　　Joint1＝1　　Joint2＝2　　Joint3＝3　　Joint4＝4

Perimeter＝4000　AreaArea＝1000000　CentroidX＝0　CentroidY＝0　CentroidZ＝500

A.2.7　节点指定

A.2.7.1　节点约束项

SAP2000 中支座的定义是通过节点约束来实现的，节点约束项用以定义各个节点的约束，示例如下：

TABLE：　"JOINT RESTRAINT ASSIGNMENTS"

　Joint＝1　U1＝Yes　U2＝Yes　U3＝Yes　R1＝Yes　R2＝Yes　R3＝Yes

　Joint＝2　U1＝Yes　U2＝Yes　U3＝Yes　R1＝Yes　R2＝Yes　R3＝Yes

A.2.7.2　节点荷载项

节点荷载项用以指定添加到节点的荷载，一般采用世界坐标，示例如下：

TABLE：　"JOINT LOADS-FORCE"

节点编号　　　　_荷载模式_

　Joint＝3　　　LoadPat＝DEAD　　　CoordSys＝GLOBAL　　F1＝10000　　　F2＝20000

　F3＝30000　　　　M1＝0　　　　　　M2＝0　　　　　　M3＝0

A.2.8　框架指定

A.2.8.1　框架单元属性项

SAP2000 中单元定义和截面定义是分开的，先定义了框架单元，再给该单元赋予属性，框架单元属性项即用于框架单元截面的定义，示例如下：

TABLE：　"FRAME SECTION ASSIGNMENTS"

　　　　　　　　　　　　截面类型　　　　　　　　　　　　　　　　　　　_分析截面_

　Frame＝1　　SectionType＝"I/Wide Flange"　　AutoSelect＝N.A.　　AnalSect＝S_H

设计截面

DesignSect＝S＿H　　MatProp＝Default

注意：一般而言，分析截面和设计截面保持一致。

A. 2. 8. 2　框架荷载项

框架荷载项用以指定添加到框架的荷载，结构分析中常用的是 2 点式的分布荷载，梯形荷载可以通过多次叠加 2 点式分布荷载完成，示例如下：

TABLE：" FRAME LOADS-DISTRIBUTED"

框架编号	*荷载模式*	*坐标体系*	*荷载类型*
Frame＝1	LoadPat＝DEAD	CoordSys＝GLOBAL	Type＝Force
荷载方向	*距离类型（相对）*	*A 点位置*	*B 点位置*
Dir＝Gravity	DistType＝RelDist	RelDistA＝0	RelDistB＝1
A 点绝对位置	*B 点绝对位置*	*A 点荷载*	*B 点荷载*
AbsDistA＝0	AbsDistB＝1414. 2135623731	FOverLA＝10	FOverLB＝10

A. 2. 9　面指定

A. 2. 9. 1　面单元属性项

SAP2000 中单元定义和截面定义是分开的，先定义了面单元，再给该单元赋予属性，面单元属性项即用于面单元截面的定义，示例如下：

TABLE：" AREA SECTION ASSIGNMENTS"

Area＝1	Section＝BQ	MatProp＝Default

A. 2. 9. 2　面荷载项

建筑结构中最常用的面荷载是均布荷载，通过面荷载项以定义，示例如下：

TABLE：" AREA LOADS-UNIFORM"

Area＝1	LoadPat＝LIVE	CoordSys＝GLOBAL	Dir＝Gravity

UnifLoad＝. 0035

A. 2. 10　其他数据

A. 2. 10. 1　项目信息项

项目信息项用以记录项目的常规信息，无计算意义，可用以程序标记。示例如下：

TABLE：" PROJECT INFORMATION"

Item＝" Company Name"　　Data＝CSWADI

Item＝" Client Name"

Item＝" Project Name"

Item＝" Project Number"

Item＝" Model Name"

Item＝" Model Description"

Item＝" Revision Number"

Item＝" Frame Type"

Item＝Engineer

```
    Item=Checker
    Item=Supervisor
    Item=" Issue Code"
    Item=" Design Code"
```

参考文献

[1] 王勖成，邵敏.有限单元法基本原理和数值方法.北京：清华大学出版社，1997.

[2] 北京金土木软件技术有限公司，中国建筑标准设计研究院.SAP2000中文版使用指南.北京：人民交通出版社，2012.

[3] GB 50010—2010，混凝土结构设计规范.北京：中国建筑工业出版社，2010.

[4] 中国建筑科学研究院建筑工程软件研究所.PKPM-V2.1JCCAD用户手册.北京：中国建筑工业出版社，2009.

[5] GB 50007—2011，建筑地基基础设计规范.北京：中国建筑工业出版社，2010.

[6] GB 50009—2012，建筑结构荷载规范.北京：中国建筑工业出版社，2012.

[7] 住房和城乡建设部工程质量安全监管司，中国建筑标准设计研究院.全国民用建筑工程设计技术措施（结构 地基与基础）.北京：中国计划出版社，2010.

[8] GB 50069—2002，给水排水工程构筑物结构设计规范.北京：中国建筑工业出版社，2002.

[9] DBJ 15—101—2014，建筑结构荷载规范.北京：中国建筑工业出版社，中国城市出版社，2015.

[10] 北京市建筑设计研究院.建筑结构专业技术措施.北京：中国建筑工业出版社，2007.

[11] 曾国机.土层抗浮锚杆受力机理研究分析.重庆：重庆大学，2004.

[12] GB 50330—2013，建筑边坡工程技术规范.北京：中国建筑工业出版社，2013.

[13] GB 50086—2015，岩土锚杆与喷射混凝土支护工程技术规范.北京：中国计划出版社，2015

[14] JGJ/T 21—1993，V形折板屋盖设计与施工规程.北京：中国建筑工业出版社，2010.

[15] 杨伟锋.折板结构的结构与造型.哈尔滨：哈尔滨工程大学，2005.

[16] JGJ 3—2010，高层建筑混凝土结构技术规程.北京：中国建筑工业出版社，2010.

[17] CSI分析参考手册.北京：北京筑信达工程咨询有限公司，2015.

[18] 娄宇等.楼板体系振动舒适度设计.北京：科学出版社，2012.

[19] SAP2000 Documentation. Concrete Shell Reinforcement Design. COMPUTERS AND STRUC-TURES，INC. JANUARY 2014.

后　记

历时三载终成稿，尾跋片语未尽言

编者在设计院一线工作，常年从事结构设计工作，在实际做项目过程中会遇到各种各样的受力问题，有些问题是以前工程没有遇到过，无经验可参考的，有些问题是有前例但前人经验意见不一致的，想要明确受力机理并应用到实际工程中，就需要自己动手计算。大部分工程设计人员对设计软件掌握比较熟练，而对有限元计算软件应用则相对生疏，SAP2000 作为一种通用有限元软件，功能强大，上手相对容易，非常适合工程设计人员应用。

过去几年，编者结合自己和周边同事正在做的工程，试着推广 SAP2000 的应用，也在小范围内做过集中培训，希望更多的同仁可以学会应用这一工具。经过几年的积累，逐渐地将这些资料整理成册，期望可以给同仁做一些参考。由于涉及内容繁杂，加上编者生产任务繁忙，历时三年才将常用部分整理完成。

本书侧重于精细化分析，适合有一定力学基础的工程人员，也比较适合大专院校高年级学生以及研究生的学习入门。另外，本书的另一特点是关注构件层面的精细化，所以特别适合生产一线的工程技术人员。

阅读本书，期望可以让读者知其然，且知其所以然。

本书案例多数来源于实际工程的需求，编者选取了一些有代表性的案例并做了简化整理，力求明确求解过程及原理。本书未涉及的其他常用结构构件的精细化分析，编者将继续收集整理，也期待读者可以提出需求、建议和意见。

张晋芳

2019 年 1 月

四川　成都